工业和信息化
精品系列教材

图像处理
项目教程

(微课版)

伍辉 / 主编
涂家海 夏春芬 李渊 陈小艳 / 副主编

Image
Processing

人民邮电出版社
北京

图书在版编目（CIP）数据

图像处理项目教程 : 微课版 / 伍辉主编. -- 北京 : 人民邮电出版社, 2025. -- (工业和信息化精品系列教材). -- ISBN 978-7-115-65178-5

Ⅰ. TP391.413

中国国家版本馆 CIP 数据核字第 20244ZE938 号

内 容 提 要

本书以通俗明了的方式带领读者入门图像处理技术。教学团队联合企业专家，从企业项目中提取典型工作任务，精心设计了从简单到复杂的 9 个项目，包括搭建开发环境——图像基础、图像打码——图像基本操作、照片美化——图像变换、简易画图板——图形用户界面、图像融合——直方图与图像金字塔、图像换背景——图像分割、物品自动计数——图像轮廓、全景照片拼接——图像特征点、人脸检测与人脸识别。

本书可以作为高校信息技术或人工智能相关专业的教材，也可以作为图像处理应用的开发人员和从事图像处理技术研究的科研人员的参考书。

◆ 主　　编　伍　辉
副 主 编　涂家海　夏春芬　李　渊　陈小艳
责任编辑　初美呈
责任印制　王　郁　焦志炜

◆ 人民邮电出版社出版发行　　北京市丰台区成寿寺路 11 号
邮编　100164　　电子邮件　315@ptpress.com.cn
网址　https://www.ptpress.com.cn
北京市艺辉印刷有限公司印刷

◆ 开本：787×1092　1/16
印张：14　　2025 年 1 月第 1 版
字数：358 千字　　2025 年 1 月北京第 1 次印刷

定价：59.80 元

读者服务热线：(010)81055256　印装质量热线：(010)81055316
反盗版热线：(010)81055315

前言

图像处理与计算机视觉是当今计算机科学领域中的一个热门研究方向，在国民经济的各个领域得到广泛应用，例如人脸识别、无人驾驶、医疗影像分析、工业检测、图像生成等。图像处理技术也成为人工智能技术应用专业的核心课程。

本书使用 Python 结合 OpenCV 实现项目开发，读者使用本书只需要具备 Python 程序设计基础即可。Python 是一种面向对象的、解释型的计算机高级程序设计语言。Python 具有语法简洁、易于学习、功能强大、可扩展性强、跨平台等诸多优点。OpenCV 是用于开发图像处理与计算机视觉应用程序的最流行的库之一，可以轻松地开发各种图像处理、目标检测识别等应用程序，目前在工业以及科研领域应用广泛。本书在利用 Python 和 OpenCV 完成项目的过程中，引导读者掌握图像处理的各项技术：图像的读取、显示、写入，像素操作，几何变换，图形用户界面，直方图，图像金字塔，阈值处理，分水岭算法，边缘检测，轮廓查找和绘制，特征点检测与匹配，人脸检测与人脸识别等。

本书具有 3 个方面的突出特点。

1. 项目驱动，强调实战

本书建设时得到了人工智能领域的头部企业——上海商汤智能科技有限公司、科大讯飞（苏州）科技有限公司的大力支持，企业专家对课程内容开发给予了大量指导，提供了案例资源。编者以职业能力为本位，以应用为目的，从企业项目中提取典型工作任务，精心设计从简单到复杂的 9 个项目。在介绍技术原理时，避免使用复杂、抽象的公式，尽量使用通俗易懂的语言和贴近生活的示例来说明原理，使读者能够快速掌握图像处理的实用技术。

2. 精心设计，便于教学

本书内容划分为多个实战开发项目，每个项目设计有情景描述、知识准备、任务实现等环节，便于读者开展有目的的学习，灵活运用知识完成项目。项目中有机融入了社会主义核心价值观、中华优秀传统文化、工匠精神、社会责任、家国情怀等元素，便于教师因势利导地开展课程思政教育。每个项目设有“提高”环节，使读者能够举一反三，提高创新思维能力，此外，“拓展”环节主要介绍与计算机视觉领域相关的应用拓展知识。

3. 资源丰富，利于自学

本书提供课标、教案、教学 PPT 课件、习题及答案、视频、项目源代码、开发环境安装包等配套资源，同时也在智慧职教平台中开设了课程“智能图像处理技术”。

课程介绍

本书共有9个项目，主要内容如下。教师根据学生基础可以安排48～72课时。

项目名称	知识点	拓展
项目一 搭建开发环境——图像基础	开发环境的搭建，包括安装Python、OpenCV、PyCharm等	2022年北京冬奥会上的人工智能
项目二 图像打码——图像基本操作	图像和视频的读取、显示和写入，区域裁剪、图像加减等基本操作	ImageNet数据集
项目三 照片美化——图像变换	几何变换、滤波、形态变换等	眼见不一定为实——视错觉现象
项目四 简易画图板——图形用户界面	图形用户界面、绘制图形、鼠标交互、滑动条等	我国的人工智能产业简介
项目五 图像融合——直方图与图像金字塔	直方图、直方图均衡化、直方图相似度比较、图像金字塔等	图像缩放攻击
项目六 图像换背景——图像分割	阈值处理、边缘检测、分水岭算法、交互式前景提取等	无人驾驶技术中的道路标志检测
项目七 物品自动计数——图像轮廓	轮廓查找和绘制、轮廓的外包、轮廓的特征等	可以挑战专业画师的AI绘画
项目八 全景照片拼接——图像特征点	特征点检测、特征匹配、霍夫变换等	VR技术下的《清明上河图》，带你“穿越”回千年前的汴京
项目九 人脸识别考勤程序——人脸检测与人脸识别	基于Haar级联分类器的人脸检测、基于深度学习的人脸检测、人脸识别、HOG特征与行人检测等	这个大学的男生、女生的“平均脸”长这样

在教材编写与出版的过程中，我们有幸获批数字化学习技术集成与应用教育部工程研究中心2024年创新基金项目（立项编号：1411007）、教育部高等学校科学研究发展中心中国高校产学研创新基金项目（立项编号：2022BC087）。本书系基金资助的研究成果，在此深表谢意。本书由湖北开放大学（湖北科技职业学院）伍辉任主编，涂家海、夏春芬、李渊、陈小艳任副主编，科大讯飞（苏州）科技有限公司丁晓磊等参编。本书虽经几次修改，但由于编者能力有限，难免存在不足之处，敬请读者批评指正。

编者

2024年12月

目录

项目一

搭建开发环境——图像基础

在当今的“数字化时代”，图像处理与计算机视觉已经成了信息技术领域中的热门研究方向。随着图像处理技术和计算机视觉技术的不断发展，图像处理技术与计算机视觉技术已经被广泛应用于众多领域，如医学影像增强、人脸识别、自动驾驶、机器人等。

图像处理概述

“九层之台，起于累土；千里之行，始于足下”，想要开发、运行图像处理应用，首先要了解主流开发语言、开发工具，学会搭建开发环境。

本项目将带领大家了解图像处理技术的应用场景、主要开发语言 Python 以及计算机视觉库 OpenCV。学习完本项目，读者将能够搭建开发环境，运行 OpenCV 的示例程序，初步了解图像处理的基本流程。

知识目标

了解图像处理的相关基础知识。
了解图像处理的发展和图像处理技术的应用领域。
了解 OpenCV 的功能模块。
了解图像处理的基本流程。

技能目标

能独立搭建图像处理的开发环境。
能运行 OpenCV 的官方示例程序。

情景描述

搭建 Python 和 OpenCV 开发环境，运行 OpenCV 示例程序，初步领略图像处理的神奇功能。运行 OpenCV 官方示例程序的入口程序，将显示图 1-1 所示的窗口，窗口左侧是示例程序列表，可以在列表中选择一个示例程序，然后单击右侧的“Run”按钮开始运行，看看有什么结果。

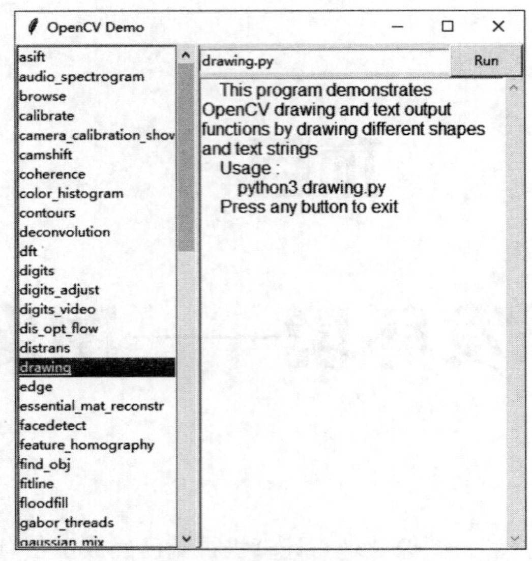

图 1-1　示例程序运行结果

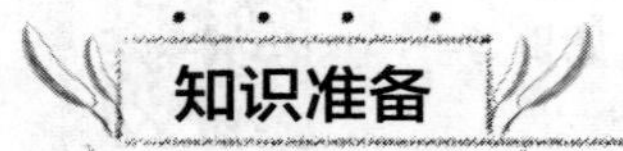

1.1　图像处理

1.1.1　初识图像处理

图像是人类视觉感知和处理的结果。人类的视觉感知是一个复杂的过程——眼睛捕获光线信号并将其转化为神经信号，然后大脑对其进行处理和解析，最终形成人类所看到的图像。数字图像是一种由数字信号表示的图像，它们通常是由数码相机、扫描仪等数字设备捕获或生成的。组成数字图像的基本单位是像素，像素的值代表该位置的属性，如亮度或颜色。灰度图像的像素值表示该位置的亮度，即灰度级别，称为灰度值。彩色图像的每个像素通常由多个颜色通道组成，每个通道的值表示颜色通道的强度。数字图像可以被存储在计算机中，数字图像像素的坐标和灰度值通常都是整数。

图像处理是使用计算机算法和技术对数字图像进行处理、转换和改善的过程。通过图像处理，可以对数字图像进行增强、滤波、分割等操作，以提取有用的信息，提高图像质量，从而实现更精确的视觉分析和应用。

在学习过程中，我们也会碰到两个与图像处理息息相关的概念：计算机视觉、机器视觉。**计算机视觉**是一种利用计算机对数字图像和视频进行自动分析、处理、理解和识别的技术，它的目的是模拟人类视觉感知的过程，实现计算机对图像和视频的理解和认知。**机器视觉**是指利用机器来模拟和自动化人类视觉感知的过程，是计算机视觉的一个分支，侧重于硬件设备（包括摄像头、传感器、机器人等）的设计和开发。

图像处理与计算机视觉之间并没有特别清晰的边界，图像处理和计算机视觉中的技术可分为 3 个级别：低级处理、中级处理和高级处理。低级处理的输入和输出都是图像，如图像的几何变换、图像去噪、对比度增强、锐化等。中级处理的输入是图像，输出是从图像中提取的特征，如边缘检测、轮廓检测、图像分割等。高级处理的输入是图像/视频，输出是知识，如分类的结果。本书主要涉及前两个级别，部分内容也会涉及高级处理，如人脸检测与人脸识别。

1.1.2 图像处理技术的发展

计算机图像处理技术的起源可以追溯到20世纪50年代至60年代，当时计算机技术刚刚开始发展。最初的图像处理是在计算机上进行的简单图像处理，如灰度转换、二值化、平滑滤波等。这些方法主要通过图像的离散化表示来处理和分析图像，是图像处理的基础。

20世纪60年代末至70年代初，图像处理技术开始受到更广泛的关注，并逐渐成为一个独立的学科领域。随着计算机技术的发展和计算机存储器容量的增加，人们开始使用更先进的图像处理算法和技术，如图像压缩、图像增强、图像分割、形态学处理和模式识别等。图像处理的应用领域不断扩展，扩展到医学影像处理、航空航天图像处理、地球物理图像处理、军事图像处理等。随着计算机硬件和软件技术的不断发展，图像处理技术也在不断创新和改进。

现在，图像处理已经成为人工智能（Artificial Intelligence，AI）的重要研究领域之一。随着AI和深度学习等技术的不断发展和应用，图像处理技术也不断更新和进化，为我们带来更多的惊喜和应用可能。

1.1.3 图像处理技术的应用领域

图像处理技术在许多领域中都有广泛的应用，以下是一些主要的应用领域。

（1）医学影像处理：图像处理技术可以帮助医生和研究人员对医学影像（如CT、MRI、X射线成像等）进行分析以便诊断，可以辅助医生对病变体及其他感兴趣的区域进行定性甚至定量分析，从而大大提高医疗诊断的准确率，例如用圆圈标记病变组织，如图1-2所示。

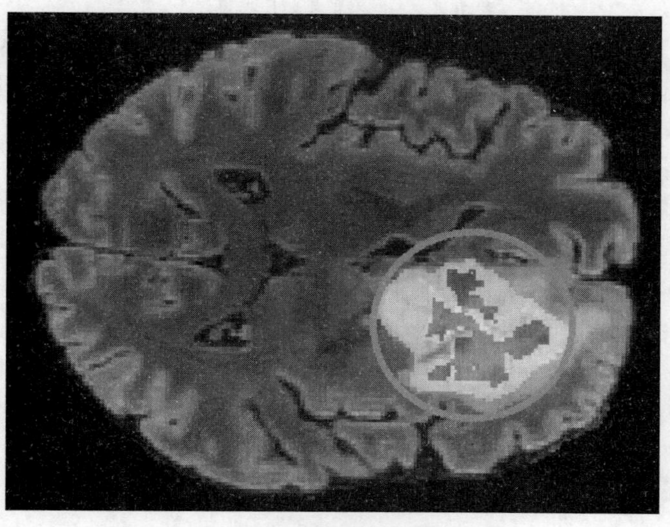

图1-2 用圆圈标记病变组织

（2）自动驾驶：图像处理技术可以帮助自动驾驶汽车实现环境感知和做出决策，包括目标检测、车道识别、交通标志识别等。汽车目标检测如图1-3所示。

图 1-3　汽车目标检测

（3）安防监控：通过对监控摄像头拍摄的图像进行处理，可以实现人脸识别、目标跟踪、异常检测等功能，从而提高安防监控的效率和准确率。安防智能视频监控系统如图 1-4 所示。

图 1-4　安防智能视频监控系统

（4）智能手机应用：图像处理技术可以用于智能手机应用中，如人脸识别解锁手机、拍照时添加滤镜、拍照搜索相似商品等。

（5）机器人和无人机：图像处理技术可以帮助机器人和无人机实现自主导航和环境感知，包括图像识别、路径规划等。

（6）工业检测和控制：图像处理技术可以用于工业检测和控制领域，如产品质量检测、自动化生产线控制等。

（7）信息搜索：图像处理技术还可用于搜索其他图像，例如，用于在线零售网站中搜索与最近购买的产品类似的产品。

除了以上应用领域，图像处理技术还可以用于文化遗产保护、艺术创作、地理信息系统监测、气象预报等领域。随着技术的不断进步和应用的不断拓展，图像处理技术的应用领域还将不断扩大。

1.2　计算机视觉库 OpenCV

OpenCV 是用于开发图像处理与计算机视觉应用程序的最流行的库之一，全称是 Open

Source Computer Vision Library（开源计算机视觉库），OpenCV 以伯克利软件包（Berkeley Software Distribution，BSD）许可证授权发行，可以在商业和研究领域中免费使用。OpenCV 支持多语言、跨平台、功能强大、开源，为学生、开发人员和研究人员提供了丰富的算法，可以帮助他们高效地开发各种图像处理、目标检测和识别等计算机视觉项目。OpenCV 的优点很多，以下列举几个。

1.2　计算机视觉库 OpenCV

1. 支持多种程序设计语言

OpenCV 支持多种程序设计语言，包括 C++、Python、Java、MATLAB 等。其中，C++是 OpenCV 的底层语言，其内核算法是用 C++开发的。除了 C++外，OpenCV 还提供了 Python、Java 的接口，使得开发人员可以选择适合自己的程序设计语言来开发计算机视觉应用程序。这也是 OpenCV 成为非常流行的计算机视觉库的原因之一。

2. 跨平台

OpenCV 支持跨平台，可在 Windows、Linux、macOS 等多种平台上运行。

3. 功能强大

OpenCV 具有 2000 多种算法，包括图像处理算法、计算机视觉算法和机器学习算法，可实现如图像滤波、图像几何变换、形态学操作、阈值处理、物体检测、目标跟踪、人脸识别、光流估计等功能。OpenCV 的底层是用 C++编写的，高效能也是它的一个显著特点。

1.2.1　OpenCV 的发展

OpenCV 项目于 1999 年由英特尔公司发起。

2000 年，OpenCV 的第一个版本发布，当时其主要功能是提供一些基本的图像处理算法，其主要目标是成为能被用户界面（User Interface，UI）实时调用的计算机视觉库，为 Intel 处理器做特定优化。

2006 年，OpenCV 1.0 发布，增加了许多新的功能和算法，如人脸识别、光流估计、相机标定等。

2009 年，OpenCV 2.0 发布，带来了许多重要的改进和新功能，如跟踪、多目标跟踪、形状分析等。

2010 年，OpenCV 2.2 发布，增加了 opencv_contrib 库，用于放置没有正式发布、有待进一步完善的算法以及受专利保护的算法；增加了 opencv_gpu 库，用于放置使用 CUDA（计算机统一设备体系结构）加速的 OpenCV 功能模块；增加了多线程支持和图形处理单元（Graphics Processing Unit，GPU）加速等功能，提高了 OpenCV 的性能。

2015 年，OpenCV 3.0 发布，OpenCV 3.x 与 OpenCV 2.x 不完全兼容，主要的不同之处在于 OpenCV 3.x 中的大部分算法都使用了 OpenCL 加速，此外，SIFT、SURF 等算法被移到了 opencv_contrib 库中。OpenCV 3.3 引入了深度学习模块 DNN。

2018 年，OpenCV 4.0 发布，重写了几百个基础函数，性能获得提升，此外，还引入了许多新的功能和算法，如二维码的检测和识别、全景图像拼接算法等，DNN 模块也在持续改善和扩充。

2022 年 12 月 29 日，OpenCV 4.7.0 发布。OpenCV 4.7.0 支持 OpenVINO 2022.1，支持二维码检测并提高解码质量，支持 FFmpeg 5.x 分支版本、NVIDIA CUDA 12.0，为自建的 libjpeg-turbo 库提供单指令多数据流（Single Instruction Multiple Data，SIMD）加速。OpenCV

4.7.0 还在 Android 系统中支持 H.264 / H.265，为 DNN 模块提供华为昇腾 CANN 后端支持。

2023 年 7 月 2 日，OpenCV 4.8.0 发布。OpenCV 4.8.0 增加了 DNN 模块中对 TensorFlow Lite 模型的支持、FP16 精度推理的支持，FaceDetectorYN 的速度与精度进一步提升。

注意 OpenCV 版本兼容性问题。由于专利保护等，一些算法在不同版本中的位置可能会发生变化。例如 SIFT、SURF 等特征点检测算法，在 3.x 版本中被放在了 opencv_contrib 库中（4.0.1 版本中由于专利保护而不能将其用于商业，SIFT 算法和 SURF 算法不在发布的 release 版本中）；4.4.0 版本中由于专利保护到期，SIFT 算法回归 OpenCV 主库。

1.2.2 OpenCV 的功能模块

OpenCV 包含多个功能模块，这些功能模块提供了丰富的计算机视觉和图像处理的算法和工具。以下是常用的 OpenCV 功能模块。

核心模块（core module）：包含 OpenCV 的基本数据结构和算法，如矩阵操作、图像处理、数学运算等。

图像处理模块（imgproc module）：包含许多与图像处理相关的函数和算法，如图像滤波、边缘检测、形态学操作等。

图像读写（I/O）模块（imgcodecs module）：包含图像读取和图像保存的函数，支持多种图像格式。

图形用户界面模块（highgui module）：包含与图形用户界面相关的函数和算法，可以用于显示图像和播放视频、处理用户输入等。

形状分析模块（shape module）：包含与形状分析相关的函数和算法，如轮廓查找、形状匹配等。

特征点检测和描述符模块（features2d module）：包含特征点检测、特征点描述符计算等函数和算法，如 SIFT、SURF、ORB、FAST 等。

目标检测模块（objdetect module）：包含与目标检测相关的函数和算法，如物体检测、Haar 特征分类器、HOG 特征检测等。

图像匹配模块（flann module）：包含与快速近似最近邻搜索库（FLANN）相关的函数和算法，可以用于图像匹配和检索。

人脸识别模块（face module）：包含与人脸检测、人脸识别相关的函数和算法，如基于特征脸方法的人脸识别器、基于 LBP 特征的人脸识别器等。

视频模块（video module）：包含与视频处理相关的函数和算法，如光流估计、视频稳定等。

机器学习模块（ml module）：包含常用的机器学习算法，如支持向量机、随机森林、神经网络等。

深度学习模块（dnn module）：包含与深度学习相关的函数和算法，如 DNN 模型加载、推理等。

图像拼接模块（stitching module）：包含图像拼接、接缝估计、图像融合等函数和算法。

三维（3D）重建模块（sfm module）：包含与三维重建相关的函数和算法，可以由多张二维（2D）图像重建出三维模型。

相机标定模块（calib3d module）：包含与相机标定相关的函数和算法，可以用于相机的内参数和外参数标定。

异构计算模块（ocl module）：包含与 OpenCL 加速相关的函数和算法，可以使用 OpenCL

对一些算法进行加速。

GPU 加速模块（gpu module）：包含与 GPU 加速相关的函数和算法，可以提高 OpenCV 的计算性能。

总之，OpenCV 的功能模块非常丰富，可以满足各种计算机视觉和图像处理的需求。开发人员可以根据自己的需要选择相应的模块进行使用。同时，OpenCV 还提供了丰富的文档和示例代码，方便开发人员学习和使用。

1.2.3 OpenCV-Python

Python 是一种面向对象的、解释型的计算机高级程序设计语言，Python 具有简洁、易读、易维护等特点，被广泛应用于科学计算、数据分析、Web 开发、AI 等领域。

OpenCV-Python 是 OpenCV 的 Python 接口，提供了一些方便、易用的高级应用程序接口（Application Program Interface，API），可以帮助使用 Python 的开发人员快速开发各种计算机视觉和图像处理的应用。

OpenCV-Python 支持 Python 2 和 Python 3 两个版本，并且可以在 Windows、Linux、macOS 等平台上运行。使用 OpenCV-Python，可以方便地读取和处理图像、视频，进行图像识别、对象检测等计算机视觉任务。

OpenCV-Python 的安装方式非常简单，可以使用 pip 安装，或者从 OpenCV 官网下载预编译的二进制包进行安装。

1.3 开发环境

PyCharm 是一款功能强大、专业级的 Python 集成开发环境（Integrated Development Environment，IDE），带有一整套可以帮助用户在使用 Python 开发时提高其效率的工具，比如代码调试、语法高亮、项目管理、代码跳转、智能提示、自动完成、单元测试、版本控制等。此外，该 IDE 提供了一些高级功能，用于支持专业 Web 开发。

本书的开发环境所使用的系统和软件版本如表 1-1 所示。考虑到 OpenCV 与 Python 之间的兼容性，建议安装 Python 3.9.x 和 OpenCV 4.8.x。

表 1-1　系统和软件版本

类别	版本	说明
Windows	Windows 10	可以使用 Windows 7 及以上版本
Python	Python 3.9.12	建议使用 Python 3.9 及以上版本
OpenCV	OpenCV 4.8.1	建议使用 OpenCV 4.8 及以上版本
PyCharm	Community Edition	建议使用免费的社区版本

1.4 图像处理的基本流程

图像处理的基本流程包括 3 个步骤，如图 1-5 所示。

（1）图像获取：将图像从物理世界（通过摄像头、扫描仪、传感器等）或数字世界（如数字图像库等）中捕获到计算机中。

（2）图像处理：通过应用图像处理技术来处理图像，以实现所需的功能，这是主要的步骤，可能包括以下一种或多种操作。

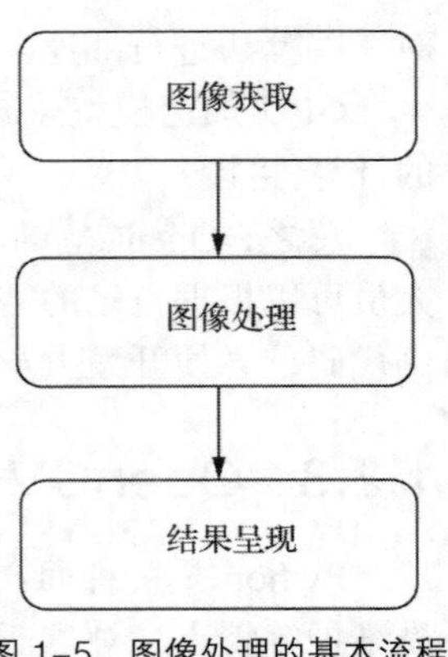

图 1-5 图像处理的基本流程

- 图像预处理：对图像进行去噪、增强、归一化、滤波等操作，以便后续的处理和分析。
- 特征提取：从图像中提取有用的特征，如边缘、纹理、形状、运动状态等，这些特征可以用于图像分类、目标检测、图像识别等应用。
- 图像分割：将图像分割成不同的区域或对象，以便对它们进行独立的处理和分析。例如，可以使用分水岭算法将图像分割成不同的部分。
- 目标检测和识别：在图像中检测和识别特定的目标，如人脸、车辆等。这种操作通常涉及图像分类、特征匹配、机器学习等技术。
- 图像后处理：对处理后的图像进行进一步的操作和处理，以获得更好的效果或满足特定的需求。例如，可以使用图像融合技术将多张图像合并成一张图像。

（3）结果呈现：将图像处理完成后的结果以人类可读的方式进行呈现，例如在屏幕显示处理结果，或者将结果保存到磁盘。

总的来说，图像处理的基本流程是多个步骤的组合和迭代，需要根据具体的应用需求和处理目标进行选择和调整。

任务实现

【任务分析】

在项目中，利用 Python 解释器以及 OpenCV 库实现绘图功能，可分为 5 个子任务：

- 任务 1：下载并安装 Python
- 任务 2：下载并安装 OpenCV
- 任务 3：下载并安装 PyCharm
- 任务 4：新建项目并配置环境
- 任务 5：运行 OpenCV 的示例程序

【工作步骤】

本项目较为简单，工作流程如图 1-6 所示。

下载并安装Python
下载并安装OpenCV
下载并安装PyCharm
新建项目并配置环境
运行OpenCV的示例程序

图 1-6 工作流程

任务 1.1 下载并安装 Python

1. 下载并安装

打开 Python 的官方网站，找到 Python 3.9.12 安装包下载链接，如图 1-7 所示，单击“Download”按钮进行下载。根据本机操作系统类型（64 位或 32 位），选择对应版本的安装包，如图 1-8 所示。

打开下载的安装包进行安装。安装过程中一般可以保持默认选项，在图 1-9 所示的对话框中，要注意勾选“Add Python 3.9 to PATH”复选框，表示将 Python 的路径增加到环境变量中，然后单击“Install Now”。

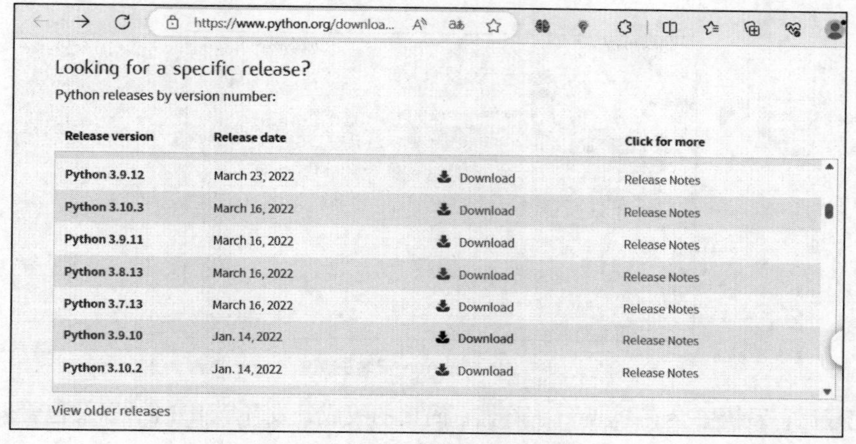

Looking for a specific release?

Python releases by version number:

Release version	Release date		Click for more
Python 3.9.12	March 23, 2022	Download	Release Notes
Python 3.10.3	March 16, 2022	Download	Release Notes
Python 3.9.11	March 16, 2022	Download	Release Notes
Python 3.8.13	March 16, 2022	Download	Release Notes
Python 3.7.13	March 16, 2022	Download	Release Notes
Python 3.9.10	Jan. 14, 2022	Download	Release Notes
Python 3.10.2	Jan. 14, 2022	Download	Release Notes

View older releases

图 1–7　Python 版本选择页面

Files

Version	Operating System	Description	MD5 Sum	File Size	GPG
Gzipped source tarball	Source release		abc7f7f83ea8614800b73c45cf3262d3	26338472	SIG
XZ compressed source tarball	Source release		4b5fda03e3fbfceca833c997d501bcca	19740524	SIG
macOS 64-bit Intel-only installer	macOS	for macOS 10.9 and later, deprecated	d9a46473d41474b05b02ab4d42d6e2f1	30962328	SIG
macOS 64-bit universal2 installer	macOS	for macOS 10.9 and later	e0144bd213485290adc05b57e09436eb	38791860	S
Windows embeddable package (32-bit)	Windows		94955cca54dd7d21bedc4d10ab9d2d81	7695012	SIG
Windows embeddable package (64-bit)	Windows		5b16e3ca71cc29ab71a6e4b92a2f3f13	8533270	SIG
Windows help file	Windows		a7cd250b2b561049e2e814c1668cb44d	8940482	SIG
Windows installer (32-bit)	Windows		1e8477792ec093c02991bd37b8615a2e	28036880	SIG
Windows installer (64-bit)	Windows	Recommended	cc816f1323d591087b70df5fc977feae	29169456	SIG

图 1–8　Python 下载页面

图 1–9　Python 安装选项

接下来单击“Next”按钮，直到出现“Close”按钮，即完成安装，如图 1-10 所示。

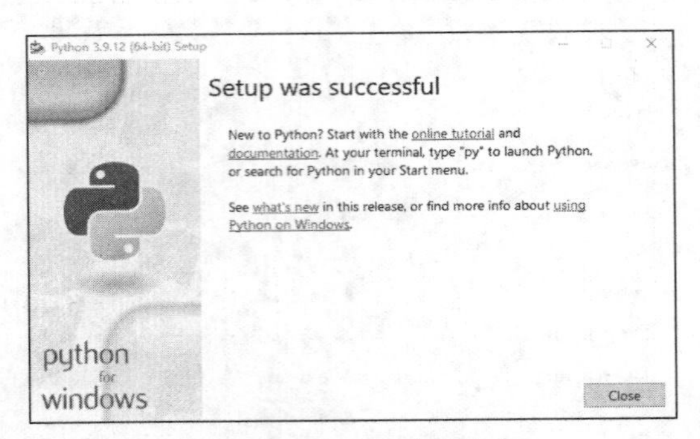

图 1-10　Python 安装完成

安装完成后，系统中会有 Python 解释器、简单的集成开发环境 IDLE，以及包管理工具 pip。

2. 测试安装是否成功

安装完成后，打开“命令提示符”窗口，输入“python”并按“Enter”键后，如图 1-11 所示，出现命令提示符“>>>”，就说明 Python 安装成功，进入命令行交互环境。

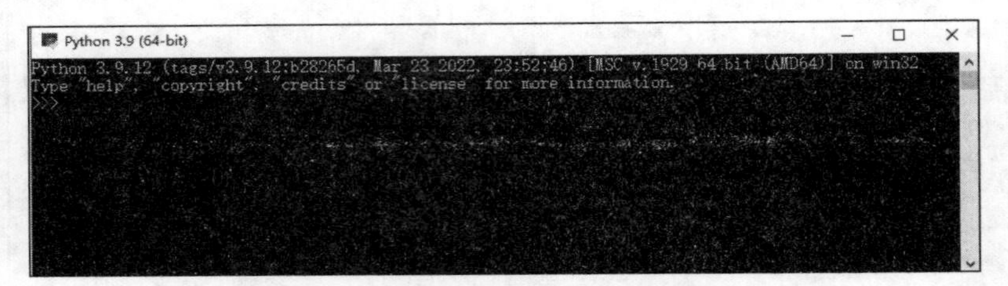

图 1-11　进入 Python 命令行交互环境

任务 1.2　下载并安装 OpenCV

安装 OpenCV 有 3 种方式：使用 pip 安装、使用官方预编译包安装和源代码编译安装。推荐使用 pip 安装，过程较为简洁。

1. 升级 pip

建议先对 Python 中自带的包安装工具 pip 进行升级。在“命令提示符”窗口中输入以下命令，按“Enter”键执行，结果如图 1-12 所示。

```
pip install -U pip
```

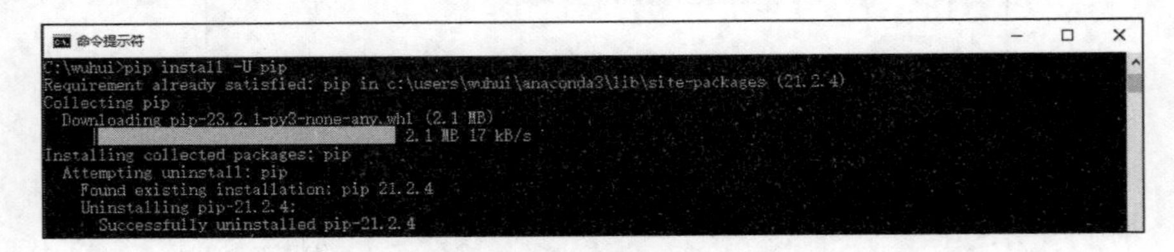

图 1-12　pip 的升级

2. 安装 OpenCV

在“命令提示符”窗口中执行以下 pip 命令来安装 OpenCV，注意，Python 版的 OpenCV 包的名称为 opencv-python，此时将安装当前最新版本。

```
pip install opencv-python
```

如果安装速度太慢，建议在使用 pip 命令时加上参数“–i 国内镜像地址”。以清华大学镜像源为例，命令如下。

```
pip install opencv-python -i https://pypi.tuna.tsinghua.edu.cn/simple
```

OpenCV 依赖于 NumPy 库，安装过程中会先自动安装 NumPy 库，安装成功后会显示“Successfully installed...”相关信息，如图 1-13 所示。

```
命令提示符
C:\Python3.9>
C:\Python3.9>pip install opencv-python -i https://pypi.tuna.tsinghua.edu.cn/simple
WARNING: Ignoring invalid distribution -pencv-contrib-python (c:\python3.9\lib\site-packages)
WARNING: Ignoring invalid distribution -pencv-python (c:\python3.9\lib\site-packages)
Looking in indexes: https://pypi.tuna.tsinghua.edu.cn/simple
Collecting opencv-python
  Downloading https://pypi.tuna.tsinghua.edu.cn/packages/38/d2/3e8c13ffc37ca5ebc6f382b242b44acb43eb489042e1728
407ac3904e72f/opencv_python-4.8.1.78-cp37-abi3-win_amd64.whl (38.1 MB)
     ---------------------------------------- 38.1/38.1 MB ... eta 0:00:00
Requirement already satisfied: numpy>=1.17.0 in c:\python3.9\lib\site-packages (from opencv-python) (1.25.2)
WARNING: Ignoring invalid distribution -pencv-contrib-python (c:\python3.9\lib\site-packages)
WARNING: Ignoring invalid distribution -pencv-python (c:\python3.9\lib\site-packages)
Installing collected packages: opencv-python
Successfully installed opencv-python-4.8.1.78

C:\Python3.9>
```

图 1–13　opencv–python 的安装

3. 测试安装是否成功

进入 Python 命令行交互环境，然后输入以下代码并执行。

```
>>> import cv2
>>> print(cv2.__version__)
```

如果显示了 opencv-python 的版本号（4.8.1），则说明已成功安装，如图 1-14 所示。

```
选择 命令提示符 - python
C:\Python39>python
Python 3.9.12 (tags/v3.9.12:b28265d, Mar 23 2022, 23:52:46) [MSC v.1929 64 bit (AMD64)] on win32
Type "help", "copyright", "credits" or "license" for more information.
>>> import cv2
>>> print(cv2.__version__)
4.8.1
>>>
```

图 1–14　显示 opencv–python 的版本号

任务 1.3　下载并安装 PyCharm

进入 PyCharm 官网，单击“Download”进入下载页面，注意，这里有两个版本，第一个是收费的专业版本（Professional Edition），第二个是免费的社区版本（Community Edition）。选择免费的社区版本，单击“Download”按钮进行下载，如图 1-15 所示。

图 1–15　PyCharm 下载页面

下载完成后，运行安装程序，单击“Next”按钮，选择安装路径，然后继续单击“Next”按钮，此时安装选项如图 1-16 所示，要求勾选图中两个复选框。继续单击“Next”按钮，直到单击“Install”按钮后即可开始安装，稍等待片刻，单击“Finish”按钮，即完成安装。

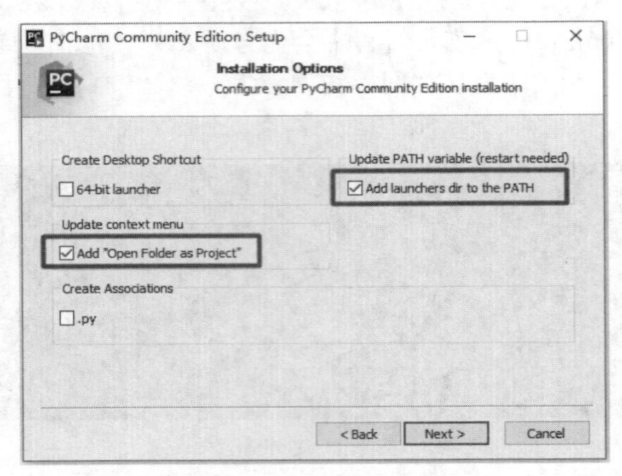

图 1–16　PyCharm 安装选项

任务 1.4　新建项目并配置环境

打开 PyCharm，单击“New Project”按钮就可以开始建立一个新的 Python 项目，如图 1-17 所示，单击“Open”按钮可以打开已经存在的项目，单击“Get from VCS”按钮可以从版本管理服务器上获取代码。

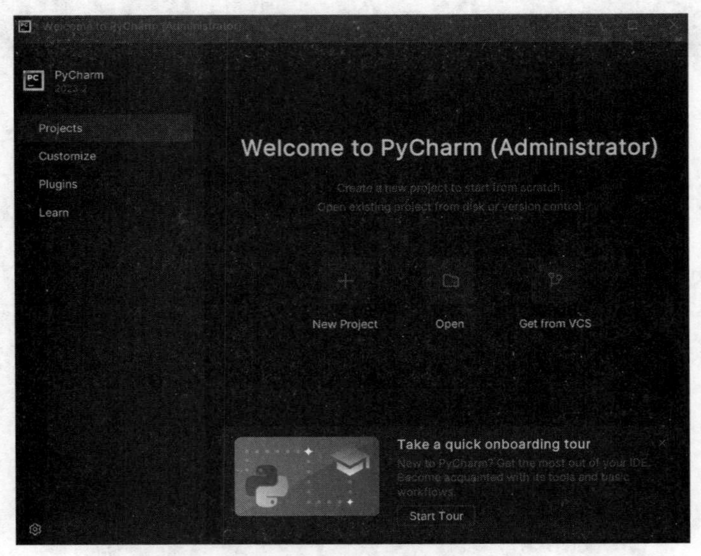

图 1–17　新建项目

对新建的项目进行配置，第一行中的“Location”表示项目所在的目录。建议新建一个目录，目录名称建议使用英文，避免出现字符集不兼容的问题。在 D 盘中新建目录“pythonProject”，如图 1-18 所示。

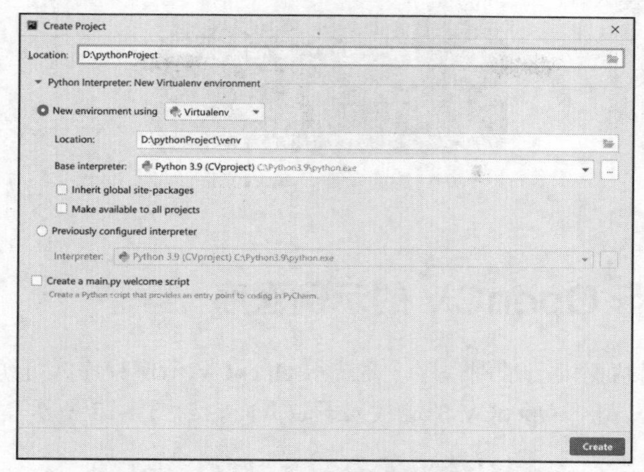

图 1-18　新建项目的配置

第二行的“Python Interpreter:New Virtualenv environment”表示配置 Python 解释器。第一个单选按钮“New environment using”表示新建虚拟环境，第二个单选按钮“Previously configured interpreter”表示使用已经存在的 Python 解释器。对于新手用户，建议选择第一个单选按钮。有一定 Python 开发经验的用户可以选择第二个单选按钮，继续进行配置，选择任务 1.1 安装好的 python.exe，如图 1-19 所示。

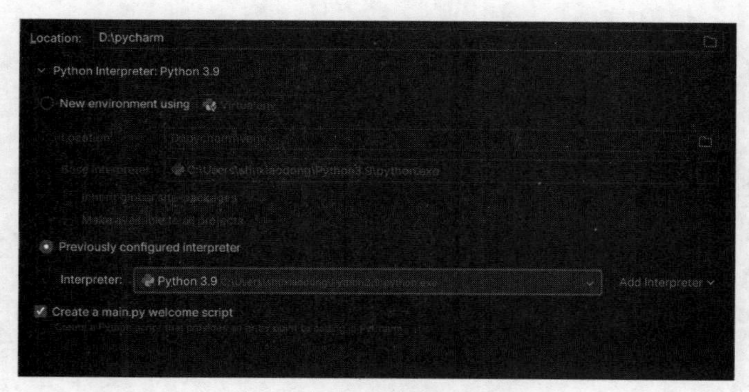

图 1-19　配置 Python 解释器

Python 解释器配置完成后，单击“Create”按钮建立项目。进入“Project”界面，右击新建的项目“pythonProject”，在弹出的菜单中选择“New”，再选择“Python File”，即可新建一个 Python 文件，如图 1-20 所示。命名文件时可以用任意名称，此处文件名为 test，如图 1-21 所示。

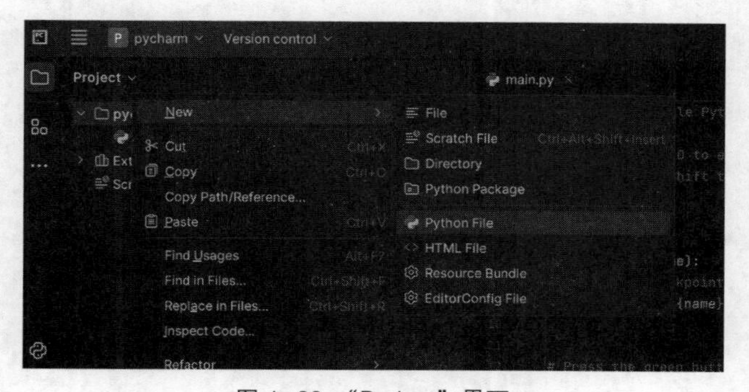

图 1-20　“Project”界面

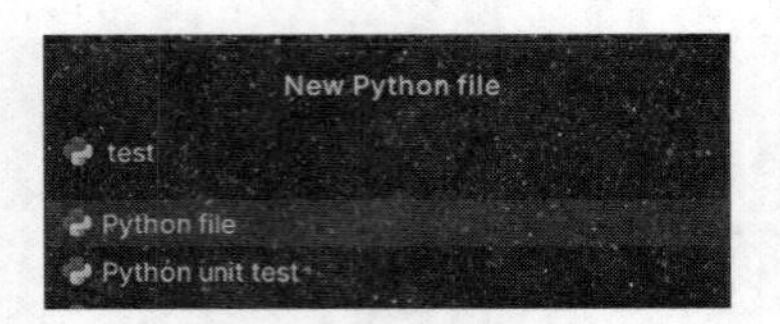

图 1-21 新建 Python 文件

任务 1.5 运行 OpenCV 的示例程序

OpenCV 官方网站提供了示例程序。要获得 OpenCV 示例程序，可访问 OpenCV 官方网站，选择“Releases”打开 OpenCV 的源代码下载页面，如图 1-22 所示。

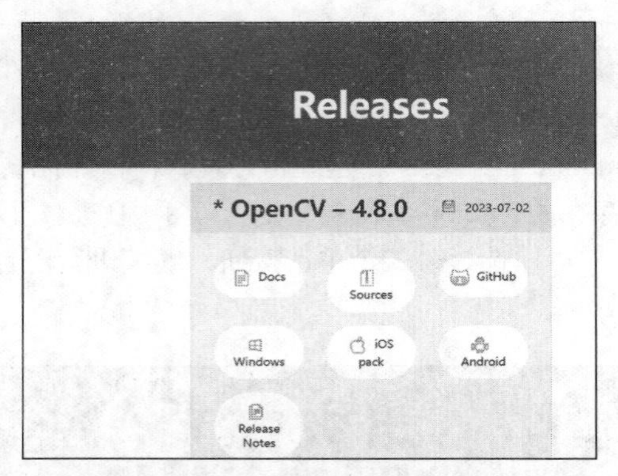

图 1-22 OpenCV 源代码下载页面

选择“Sources”下载源代码。下载源代码后，“Samples\python”目录下包含 Python 版本的 OpenCV 示例程序，“Samples\data”目录下包含示例程序用到的图像文件，如图 1-23 所示。运行示例程序前需要先将该目录下的图像文件复制至“Samples\python”目录下，否则可能会报错“Can't find required data file:…”。

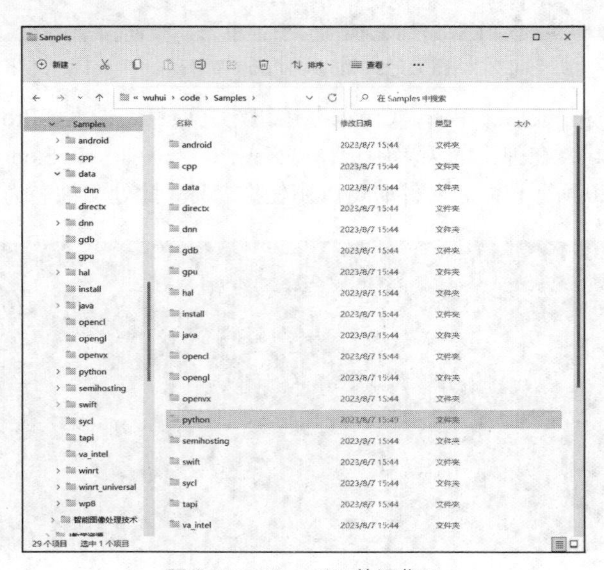

图 1-23 OpenCV 的源代码

在 PyCharm 菜单栏中选择“File”→“Open”，如图 1-24 所示，选择“Samples”文件夹，单击“OK”按钮，打开示例程序，如图 1-25 所示。

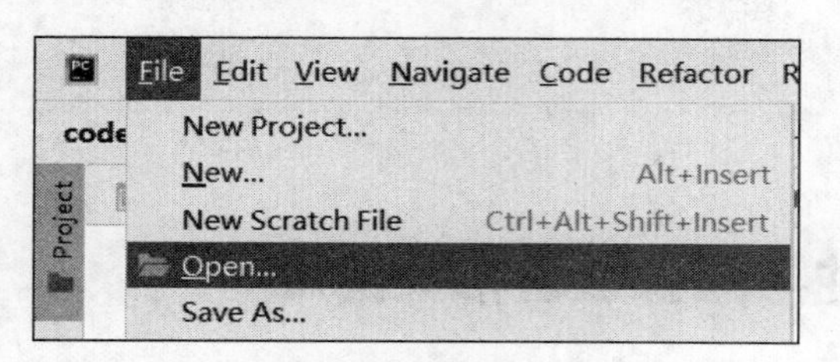

图 1-24　选择“File”→“Open”

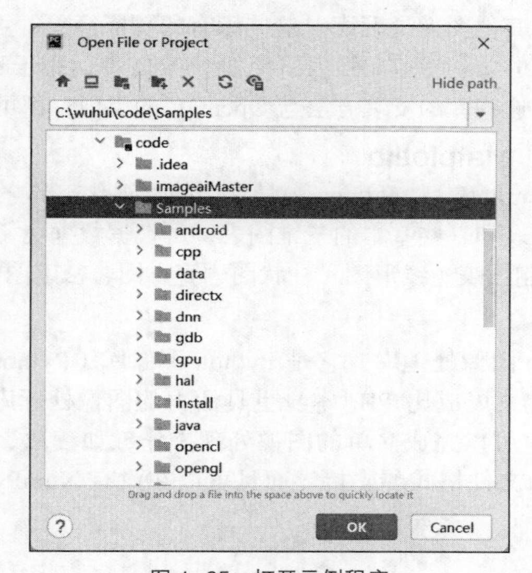

图 1-25　打开示例程序

在“Project”界面找到示例程序的入口程序 demo.py，单击入口程序，会出现图 1-1 所示的窗口，窗口左侧是示例程序列表，通过单击可以运行，例如运行“drawing”将展示 OpenCV 的绘图功能，如图 1-26 所示。

图 1-26　示例程序 drawing 的运行结果

读者还可以试着运行其他示例程序，如运行“edge”将展示边缘检测功能，运行“find_obj”将展示特征点检测功能，运行“facedetect”将展示人脸检测功能。

【提高】了解其他与图像处理相关的库

了解其他与图像处理相关的库

尽管 OpenCV 是本书中主要使用的图像处理库，但是也不妨向读者介绍一下其他图像处理库。这些库有的功能简单，可以在轻量化的开发中使用；有的功能专业而强大，比如 YOLO 专门用于实时检测图像或视频中的目标。这些库的安装方法与 OpenCV 的类似，都可以用 pip 进行安装。

1. Matplotlib

Matplotlib 是 Python 中最常用的可视化工具之一，可以非常方便地绘制二维图表和一些基本的三维图表，可根据数据集（如 DataFrame、Series）自行定义 *x* 轴、*y* 轴，绘制图表（线形图、柱状图、直方图、密度图、散点图等）。

2. Pillow

Pillow 是一个 Python 图像处理库，它是 Python 图像库（Python Imaging Library，PIL）的一个分支，但如今已经发展成比 PIL 本身更具活力的图像处理库。尽管它不如 OpenCV 功能强大、速度快，但它可以完成简单的图像处理操作，如读取、保存、旋转和缩放等。Pillow 提供对广泛的图像文件格式的支持，而且可以在没有 NumPy 和 Matplotlib 的情况下使用。

3. PIL

PIL 是早期的一个 Python 图像处理库。虽然 PIL 自 2009 年以来就没有更新过，但是由于其具有强大的功能，直到现在仍然能在一些代码中看到它的影子。然而，现在更推荐使用 Pillow，因为 Pillow 是活跃维护的，并且接口基本与 PIL 的相同。

4. SimpleCV

SimpleCV 是一个开源的计算机视觉库，用 Python 编写。SimpleCV 的设计目标是提供一个简单、易用的接口，它更常用于树莓派（Raspberry Pi）等嵌入式系统中。

5. Mahotas

Mahotas 是一个用于图像处理和计算机视觉应用的 Python 库，最初是为生物图像信息学设计的，但是其他的计算机视觉任务也可以用它来完成。它最初是用 C++编写的，因此操作非常便捷。

6. YOLO

YOLO（You Only Look Once）是一种基于深度学习的实时对象检测库。与先前的目标检测系统相比，YOLO 通过单次推理过程实现目标检测，使其成为完成实时任务的理想选择。YOLO 的 Python 实现通常依赖于深度学习框架，如 TensorFlow 或 PyTorch，其功能非常强大。

7. OpenPose

OpenPose 是一个流行的计算机视觉库，用于人体姿势估计和多人姿势跟踪。它使用深度学习算法和计算机视觉技术，可以从图像或视频中检测和跟踪人体的关键点，如头部、手臂、腿部等，以获得全身姿势信息。

【拓展】2022 年北京冬奥会上的人工智能

“科技冬奥”是 2022 年北京冬奥会(冬季奥林匹克运动会)的一大亮点，那么你知道这次冬奥会的“黑科技”有哪些吗？

2022 年北京冬奥会上的人工智能

以人脸识别为例，该届冬奥会把这项技术运用到了极致——冬奥会上应用的三维人脸识别门禁，不用摘口罩就可以精准识别运动员的身份信息，实现快速通行。

戴口罩还能快速识别身份信息，应用的是什么原理呢？由于戴上口罩能够采集的面部信息较少，就需要在眼部增加更多的关键点，如骨架信息、眉骨与耳朵之间的距离等，通过关键点算法来提高识别的准确率。目前，即使戴着口罩，三维“裸脸”识别的准确率也已经高达 99.5%。参会者无须摘掉口罩，即可快速实现身份识别、智能测温、电子登记等。

在冬奥会的自由式滑雪、花样滑冰等技巧性竞赛项目的现场，还出现了“AI 裁判”的身影，辅助裁判得出更精准的评分。基于数字化和三维技术，AI 评分系统通过捕捉、记录运动员的动作，根据基础标准进行评分。同时可以克服高度、光线等复杂因素的影响，捕捉运动员的细微动作，进行动作回放和分解。花样滑冰是比赛规则最复杂、评分难度最高的体育项目之一。由中国花样滑冰协会与中关村数智 AI 产业联盟共同发起的“花样滑冰 AI 辅助评分系统”，可对近百个视频、几千个动作样本逐帧地进行标注和记忆，通过捕捉运动员的肩、胯、膝、踝等多个点位，准确地进行动作识别和判定，分辨运动员重合的场景，以三维形式呈现动作并进行评分，如图 1-27 所示。

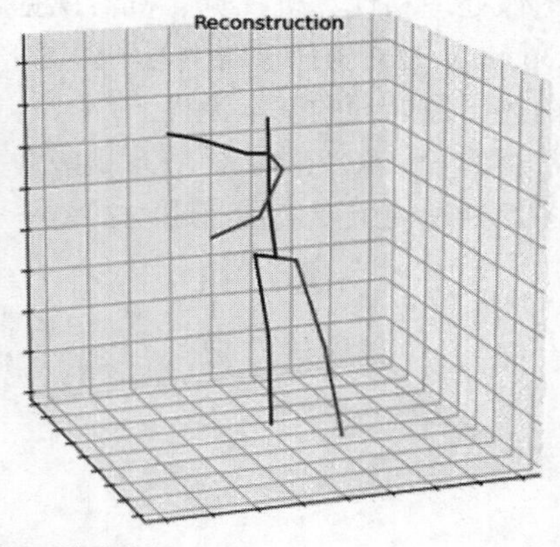

图 1-27　花样滑冰 AI 辅助分析

在开幕式举办地“鸟巢”和速滑比赛场馆“冰丝带”里还用到了旷视科技有限公司的智能向导，该向导提供定位精准、随叫随到的引导服务，是一套融合了 AI 和增强现实（Augmented Reality，AR）技术的智能应用。进入场地后，只需要通过网络连接 AR 导航应用，打开摄像头，就能实时享受智能引导服务。

从场内到场外，从比赛到观赛，AI 虚拟手语主播、AI 虚拟气象主播、AI 裁判、三维追踪、AI 向导等 AI 科技无处不在，北京冬奥会可以说是一场展示科技创新成果的盛会。一项项“黑科技”、新成果得以应用，为冬奥会覆上一层酷炫的“科技色彩”。

思考与练习

1. 单选题

（1）图像处理可以对数字图像进行（　　）操作。

A. 图像分割　B. 图像增强　C. 图像滤波　D. 以上都是

（2）OpenCV 是（　　）。

A. 一种图像处理算法　B. 一个开源计算机视觉库

C. 一个商用计算机视觉库　D. 一种图像压缩格式

（3）常用的 OpenCV 功能模块不包括（　　）。

A. 数字图像处理模块　B. 动画处理模块

C. 特征点检测和描述符模块　D. 图形用户界面模块

（4）下列属于图像处理应用的是（　　）。

A. 医学影像增强　B. 指纹识别

C. 邮政信件的自动分拣　D. 以上都是

（5）自动驾驶汽车用到的视频人脸检测功能，属于图像处理的（　　）级别。

A. 低级处理　B. 中级处理　C. 高级处理　D. 智能处理

（6）OpenCV 的内核算法是用（　　）开发的。

A. Python　B. Java　C. C++　D. MATLAB

2. 简答题

（1）安装 OpenCV 的 Python 接口的命令是什么？

（2）图像处理和计算机视觉、机器视觉之间有什么关系？

（3）OpenCV 是否支持机器学习和深度学习功能？这些功能是在什么功能模块中提供的？

（4）简述图像处理的基本流程。

（5）常用的 OpenCV 功能模块有哪些？

（6）图像处理的主要应用有哪些？请举一个例子进行说明。

项目二

图像打码——图像基本操作

在计算机中如何存储图像？视频和图像有什么关系？怎么对图像进行读取、显示、写入？怎么对图像进行更多操作？

本项目将带大家实现图像局部的遮挡、打码。在使用 Python 和 OpenCV 实现项目的过程中，我们将学习图像的存储方法，掌握图像和视频的读取、显示、写入以及像素访问等基本操作。

知识目标

了解图像与视频的基础知识，包括分辨率和像素、类型、文件格式以及视频与图像的关系。

学会图像与视频的读取、显示、写入等基本操作。

学会图像的像素访问、ROI 设置、算术运算和按位运算等基本操作。

技能目标

能使用 OpenCV 的函数进行图像的读取、显示、写入。

能使用 OpenCV 的函数进行视频的读取、显示、写入。

能使用 OpenCV 的函数进行基本操作，包括访问像素、拆分通道。

能利用图像的基本操作实现图像局部的遮挡。

能利用图像的基本操作实现打码。

情景描述

在日常生活中，我们或多或少都经历过各种信息泄露问题，例如肖像、手机号、驾照信息、身份证信息的泄露。身份证信息属于个人隐私，受到法律保护，但是身份证的使用场合又非常多，能否利用图像处理技术来为隐私信息打码，尽量保护我们的信息安全呢？

本项目要求实现对图像局部的遮挡和打码。以图 2-1 所示图像为例，实现对面部的遮挡和打码。

图 2-1 girl.jpg

面部遮挡的效果如图 2-2 所示，面部打码的效果如图 2-3 所示。

图 2-2 面部遮挡的效果

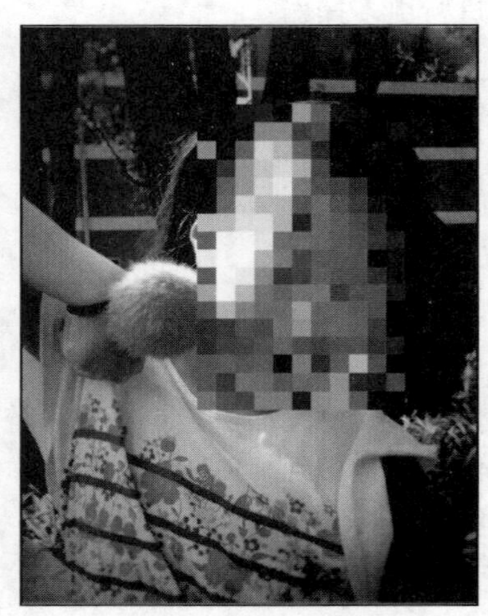

图 2-3 面部打码的效果

知识准备

2.1 图像与视频的基础知识

2.1 图像与视频的基础知识

图像是人类获取信息、表达信息和传递信息的重要载体。自然界中的图像需要通过相机、摄像机、扫描仪等设备转换为适合计算机处理的数字化形式。数字化图像有两种存储方式：位图（Bitmap）图像和矢量（Vector）图像。

● 位图图像又称作点阵图像、位映射图像。如果把一张位图看成一个二维数组（数字矩阵），则该数组的元素称为像素。图像处理技术处理的对象一般是位图。

● 矢量图像存储的是图像的轮廓部分，而不是图像的每一个像素。例如，对于一个圆图案，只要存储圆心的坐标位置和半径长度，以及圆的边线和内部的颜色即可。该存储方式的缺点是显示和处理速度较慢；优点是图像缩放不会失真、存储空间小。所以矢量图像比较适合存储各种图表和工程图。

2.1.1　图像的分辨率和像素

图像的分辨率通常是指图像的像素密度，即图像中单位尺寸或面积包含像素的数量。在数字化图像中，图像分辨率的大小直接影响图像的品质。分辨率与图像清晰程度成正比，分辨率越高，图像就越清晰，产生的图像文件也就越大，在对图像进行处理时所需计算机的内存越大。

通常我们说一张图像的分辨率是 1920 像素 × 1080 像素，意思就是图像的水平方向有 1920 个像素，垂直方向有 1080 个像素。1920 × 1080=2073600，也就是说，这张图像包含约 200 万像素。

什么是像素呢？图像是由很多“带有颜色的点”组成的，一个点就是一个像素。像素的英文为 Pixel（缩写为 px），它是位图最小的完整单位。

像素具有两种属性：一种是像素的位置；另一种是像素的颜色深度，即每个像素的颜色用几位（bit）来存储，像素的颜色深度越高，能够表示的颜色数量越多。

2.1.2　图像的类型

在计算机中，按照每个像素的颜色的多少可以将图像分为二值图像、灰度图像、索引图像和彩色图像 4 种基本类型。大多数图像处理软件都支持这 4 种类型的图像。

1. 二值图像

二值图像也称为单色图像或 1 位图像，每个像素值有 1 位，仅由 0、1 两个值构成，0 代表黑色，1 代表白色，因此只能显示为黑白两色图像。

二值图像通常用于文字、线条图的光学字符识别（Optical Character Recognition，OCR）和掩模图像的存储。例如，图 2-4 所示为二值图像，其矩阵表示如图 2-5 所示。

图 2-4　二值图像

0	1	0	1	0
1	0	1	0	1
0	1	0	1	0
1	0	1	0	1
0	1	0	1	0

图 2-5　二值图像的矩阵表示

2. 灰度图像

灰度图像是包含灰度级（亮度）的图像，在 OpenCV 中灰度图像的每个像素值有 8 位，能表示 256 种不同的灰度级。与二值图像相比，灰度图像可以呈现出图像的更多细节信息。每一个像素的取值范围为[0,255]，黑色像素值为 0，白色像素值为 255，数值越大则颜色越浅，如图 2-6 所示。

图 2-6　256 种灰度级

以图 2-7 所示的手写体数字识别数据集 MNIST（部分）为例，每个数字都是一个灰度图像。

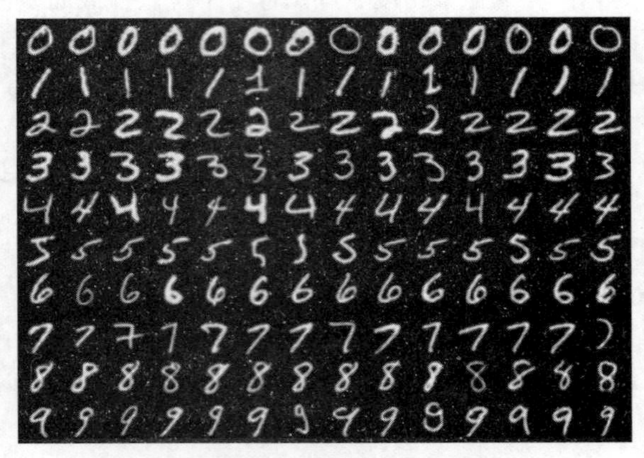

图 2-7　手写体数字识别数据集 MNIST（部分）

放大手写体数字 8 的图像后，如图 2-8 所示，该图像的高度和宽度均为 28 像素。计算机以二维数字矩阵的形式存储图像，手写体数字 8 的像素值如图 2-9 所示。

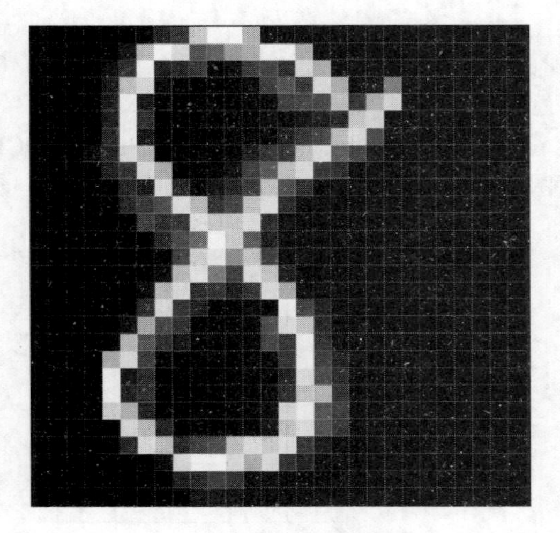

图 2-8　放大手写体数字 8

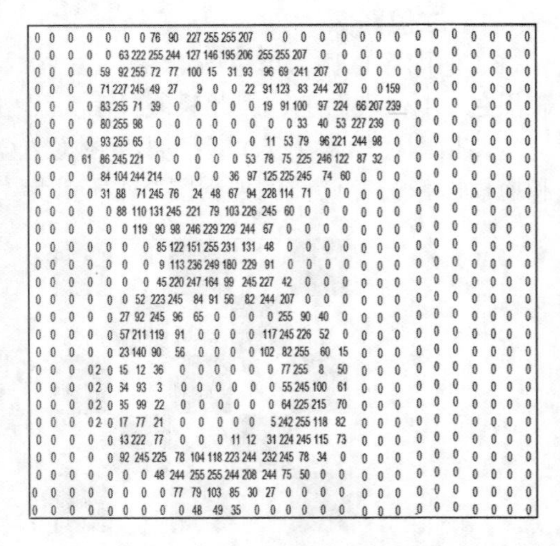

0	0	0	0	0	0	0	76	90	227	255	255	207	0	0	0	0	0	0	0	0	0	0	0	0	0	0	0
0	0	0	0	0	63	222	255	244	127	146	195	206	255	255	207	0	0	0	0	0	0	0	0	0	0	0	0
0	0	0	0	59	92	255	72	77	100	15	31	93	96	69	241	207	0	0	0	0	0	0	0	0	0	0	0
0	0	0	0	71	227	245	49	27	9	0	0	22	91	123	83	244	207	0	0	159	0	0	0	0	0	0	0
0	0	0	0	83	255	71	39	0	0	0	0	0	19	91	100	97	224	66	207	239	0	0	0	0	0	0	0
0	0	0	0	80	255	98	0	0	0	0	0	0	0	0	33	40	53	227	239	0	0	0	0	0	0	0	0
0	0	0	0	93	255	65	0	0	0	0	0	0	11	53	79	96	221	244	98	0	0	0	0	0	0	0	0
0	0	0	61	86	245	221	0	0	0	0	0	53	78	75	225	246	122	87	32	0	0	0	0	0	0	0	0
0	0	0	0	84	104	244	214	0	0	0	36	97	125	225	245	74	60	0	0	0	0	0	0	0	0	0	0
0	0	0	0	31	88	71	245	76	24	48	67	94	228	114	71	0	0	0	0	0	0	0	0	0	0	0	0
0	0	0	0	0	88	110	131	245	221	79	103	226	245	60	0	0	0	0	0	0	0	0	0	0	0	0	0
0	0	0	0	0	0	119	90	98	246	229	229	244	67	0	0	0	0	0	0	0	0	0	0	0	0	0	0
0	0	0	0	0	0	0	85	122	151	255	231	131	48	0	0	0	0	0	0	0	0	0	0	0	0	0	0
0	0	0	0	0	0	0	9	113	236	249	180	229	91	0	0	0	0	0	0	0	0	0	0	0	0	0	0
0	0	0	0	0	0	0	45	220	247	164	99	245	227	42	0	0	0	0	0	0	0	0	0	0	0	0	0
0	0	0	0	0	0	52	223	245	84	91	56	82	244	207	0	0	0	0	0	0	0	0	0	0	0	0	0
0	0	0	0	0	27	92	245	96	65	0	0	0	0	255	90	40	0	0	0	0	0	0	0	0	0	0	0
0	0	0	0	0	57	211	119	91	0	0	0	0	117	245	226	52	0	0	0	0	0	0	0	0	0	0	0
0	0	0	0	0	23	140	90	56	0	0	0	0	102	82	255	60	15	0	0	0	0	0	0	0	0	0	0
0	0	0	02	0	15	12	36	0	0	0	0	0	0	77	255	8	50	0	0	0	0	0	0	0	0	0	0
0	0	0	02	0	34	93	3	0	0	0	0	0	0	55	245	100	61	0	0	0	0	0	0	0	0	0	0
0	0	0	02	0	35	99	22	0	0	0	0	0	0	64	225	215	70	0	0	0	0	0	0	0	0	0	0
0	0	0	02	0	17	77	21	0	0	0	0	0	5	242	255	118	82	0	0	0	0	0	0	0	0	0	0
0	0	0	0	0	43	222	77	0	0	0	11	12	31	224	245	115	73	0	0	0	0	0	0	0	0	0	0
0	0	0	0	0	92	245	225	78	104	118	223	244	232	245	78	34	0	0	0	0	0	0	0	0	0	0	0
0	0	0	0	0	0	0	48	244	255	255	244	208	244	75	50	0	0	0	0	0	0	0	0	0	0	0	0
0	0	0	0	0	0	0	0	77	79	103	85	30	27	0	0	0	0	0	0	0	0	0	0	0	0	0	0
0	0	0	0	0	0	0	0	0	48	49	35	0	0	0	0	0	0	0	0	0	0	0	0	0	0	0	0

图 2-9　手写体数字 8 的像素值

拓展知识：学习 AI 时大概率会遇到一个数据集——MNIST，这是一套手写体数字图像集，常常被用作图像识别的入门示例，MNIST 是由 0 到 9 的数字图像构成的，训练图像有 6 万张，测试图像有 1 万张，由 250 个不同的人手写而成，每一张图像都有对应的标签数字。

3. 索引图像

索引图像通常只能显示 256 种颜色，因此适用于色彩构成较为简单的场景（如壁纸）。例如，在 Windows 操作系统中，色彩构成相对简单的壁纸通常采用索引图像保存。

4. 彩色图像

OpenCV 中常用 RGB 色彩空间、BGR 色彩空间、HSV 色彩空间等色彩空间来表示彩色图像。

（1）RGB 色彩空间

RGB 色彩空间中图像的每一个像素由红、绿、蓝（Red、Green、Blue，R、G、B）这 3 个基色分量表示，如图 2-10 所示。R、G、B 的取值范围均为从 0 到 255，一共 256 个等级，用 8 位表示。现在显示器通常按照 RGB 模式来显示色彩，例如一个红色像素的 RGB 值为(255,0,0)。

（2）BGR 色彩空间

OpenCV 默认采用 BGR 色彩空间，BGR 色彩空间也是用 3 个基色分量表示的，不过是按 B、G 和 R 通道顺序表示图像的，例如，BGR 色彩空间中一个红色像素的 BGR 值为(0,0,255)。

RGB 和 BGR 图像中的每个像素值都分成红、绿、蓝 3 个基色分量，能组合成 256×256×256=16777216 个色彩等级，这比人类的眼睛所能分辨的色彩要多得多，这类颜色也被称为 24 位真彩色。

（3）HSV 色彩空间

HSV 色彩空间更接近人类对颜色的感知，其中 H（Hue）表示色调（也称色相），S（Saturation）表示饱和度，V（Value）表示亮度。HSV 空间一般用锥体表示，如图 2-11 所示。H 用角度表示，OpenCV 中 H 的取值范围是[0,179]，从红色开始按逆时针方向增加到紫色。S 表示颜色接近光谱色的程度，或者表示光谱色中混入白光的比例。光谱色中白光的比例越低，饱和度越高，颜色越深、艳。V 表示颜色明亮的程度，是人眼可感受到的明暗程度。S、V 的取值范围都是[0,255]。由于 H、S 和 V 三个分量是相互独立的，这使得在处理图像时可以单独调整这些特性。因此面向颜色处理常用的模型是 HSV 模型。

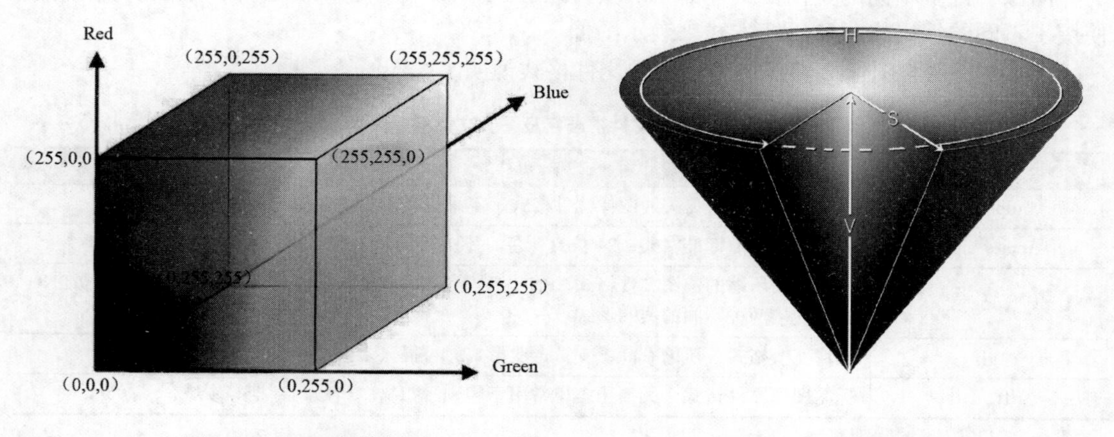

图 2-10　RGB 色彩空间　　图 2-11　HSV 色彩空间

这里用 Windows 系统自带的绘图工具帮助我们理解色彩空间，颜色编辑器采用 RGB 模型和色调饱和度亮度两种模型，其中色调饱和度亮度和 OpenCV 中的 HSV 相似，但各分量的取值范围不同。如图 2-12 所示，绘图工具中当前编辑的颜色为红色，色调饱和度亮度值为(0,240,120)，RGB 值为(255,0,0)。

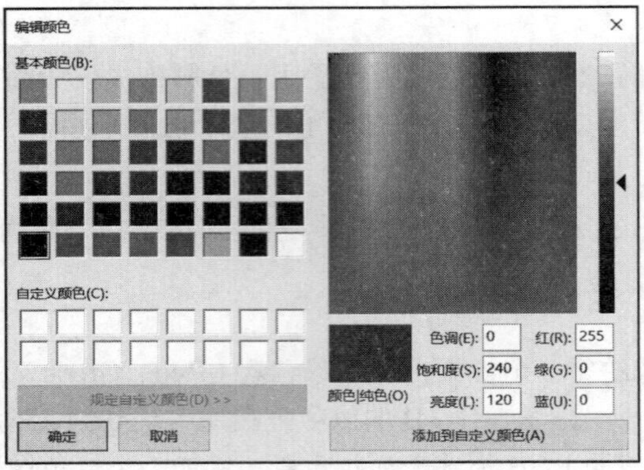

图 2-12 画图工具中红色的 RGB 值

（4）Lab 色彩空间

Lab 色彩空间是一种基于人眼视觉感知的色彩模型，具有亮度（L）和颜色通道 a 和 b。

（5）YUV 色彩空间

YUV 色彩空间分离了亮度（Y）和色度（U、V）信息。这种色彩空间常用于视频压缩和处理。

（6）Gray 色彩空间

Gray 色彩空间（灰度空间）是一种只有一个通道（取值范围是[0,255]）的色彩空间，用于表示图像的亮度信息。

图像处理过程经常需要将图像从一种色彩空间转换到另一种色彩空间。例如，可能需要将图像从 BGR 色彩空间转换到 HSV 色彩空间以进行颜色分割，或者将图像转换到灰度空间以减少计算复杂性。

2.1.3 图像的文件格式

图像有许多不同的文件格式，如 BMP、JPEG、PNG、GIF 或 TIFF 等，不同的文件格式使用了不同的编码格式和压缩方式来表示图像。

表 2-1 所示为图像文件扩展名及图像文件格式说明。

表 2-1 图像文件扩展名及图像文件格式说明

图像文件扩展名	图像文件格式说明
.bmp、.dib	一种与硬件设备无关的图像文件格式，不采用压缩算法存储
.jpeg、.jpg	一种有损压缩标准格式，24 位真彩色，不支持动画、透明形式
.png	一种无损压缩的位图文件格式，PNG 格式有 8 位、24 位、32 位 3 种形式，其中 8 位 PNG 格式支持两种不同的透明形式
.gif	图像互换格式，压缩率高，支持透明形式，可插入多帧图片实现动画效果
.tiff、.tif	标签图像文件格式，无损压缩，常用于印刷、扫描、出版、存档等领域

思考一下，假设准备将一张彩色图像用作微信头像，其分辨率为 320 像素 × 320 像素，如果不压缩图像，这张图像占用的存储空间有多少呢？

计算如下，每一个像素由红、绿和蓝 3 个颜色的值组成，每个颜色值为一个字节（Byte，B），表示 0 到 255 之间的不同的值，那么这张图占用的存储空间为 320 × 320 × 3（B）=307200（B）≈300（KB）。

我们用不同的文件格式存储这张图像，查看文件的属性，如图 2-13 所示。

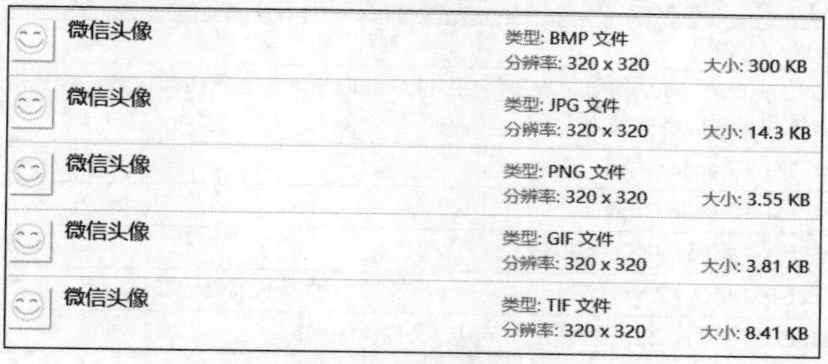

微信头像 类型: BMP 文件 分辨率: 320 x 320 大小: 300 KB
微信头像 类型: JPG 文件 分辨率: 320 x 320 大小: 14.3 KB
微信头像 类型: PNG 文件 分辨率: 320 x 320 大小: 3.55 KB
微信头像 类型: GIF 文件 分辨率: 320 x 320 大小: 3.81 KB
微信头像 类型: TIF 文件 分辨率: 320 x 320 大小: 8.41 KB

图 2-13　不同格式文件占用的存储空间

拓展知识： 显示器的分辨率是指屏幕上水平和垂直方向上的像素数的乘积，通常用两个数字表示，如 1920×1080，第一个数字表示水平方向的像素数，第二个数字表示垂直方向的像素数。

2.1.4　视频与图像的关系

视频（Video）本质上是一系列静态影像，它们在时间间隔很短的连续展示下呈现出连续的图像变化，每秒超过 24 帧。根据视觉暂留原理，这样的连续变化会呈现出平滑、连续的视觉效果。为了生成视频，我们通常需要使用摄像头进行视频采集。

一个视频的一帧（Frame）就是指一张图像。视频的帧率（Frame Rate），就是指视频每秒包括帧的数量（Frame Per Second，fps）。典型的画面更新率由早期的每秒 6 张或 8 张至现今的每秒 120 张不等。帧率越高，视频就越逼真、越流畅。但是，算法每秒应处理的帧数取决于需要解决的特定问题。例如，如果算法需要跟踪和检测在街上行走的人，那么 15fps 可能就足够了。但是，如果是检测和跟踪高速公路上快速行驶的汽车，则可能需要 20fps 以上。因此，计算机视觉项目中帧率指标非常重要。

未经编码的视频的数据量是非常庞大的。以一个分辨率为 1920 像素×1280 像素、帧率为 30fps 的视频为例，计算可知，视频每秒的大小约是 211MB，每分钟大约是 12GB，一部 90 分钟的电影，大小约是 1112GB！因此必须对视频进行编码压缩，让视频变得更小，有利于存储和传输。

2.1.5　视频的格式

OpenCV 支持多种视频格式文件的读取。视频文件格式是指用于存储数字视频数据的文件格式，常见的视频文件格式包括 AVI（*.avi）、MP4（*.mp4）、QuickTime（*.mov）和 Windows Media Video（*.wmv）等。不同的视频文件格式中，视频和音频的编码、压缩方式是不同的。

OpenCV 使用 FOURCC 指定的视频编解码器。FOURCC 全称 Four-Character Codes，是一种用于独立标示视频数据格式的四字符代码。视频播放软件通过查询 FOURCC 并且寻找与 FOURCC 相关联的视频编解码器来播放特定的视频流。典型的视频编解码器包括 DivX、Xvid、x264 和 MJPG，FOURCC 需要正确地对应视频文件格式。常见的 OpenCV 支持的 FOURCC 及视频编码类型如表 2-2 所示。

表 2-2 FOURCC 及视频编码类型

FOURCC	视频编码类型
PIMI	MPEG-1 编码
MJPG	motion-jpeg codec 编码，表示使用 JPEG 编码压缩的连续图像序列。这种格式通常用于数字摄影机和某些网络视频流
MP42	MPEG-4.2 codec 编码
DIV3	MPEG-4.3 codec 编码
XVID	MPEG-4 编码，文件压缩率高
X264	H.264/MPEG-4 AVC 编码，这是一个非常流行的视频编码标准，用于高清视频，文件压缩率高
MP4V	MPEG-4 编码，文件扩展名为.mp4，文件压缩率高
U263	H263 codec 编码
I263	H263I codec 编码
I420	YUV 编码，广泛兼容，文件较大
FLV1	FLASH VIDEO 编码，压缩率高，一般文件极小
THEO	Theora 编码，是一个自由且开源的丢失式视频压缩格式

注意：Windows 系统中的文件名 example.avi，example 是文件主名，.avi 为文件扩展名，表示这个文件是一个 AVI 格式的视频文件。Windows 系统中文件扩展名的作用是让系统中的应用程序识别文件，让文件由相应的程序打开。文件的扩展名可以任意更改，对文件实际存储的数据没有影响。如果简单地把.avi 改成.flv，文件的格式也不会改变。

2.2 图像与视频的读取、显示、写入

2.2 图像与视频的读取、显示、写入

OpenCV 提供了函数，可以很方便地对图像和视频文件进行读取、显示、写入等操作。

2.2.1 读取、显示、写入图像

1. 读取图像

OpenCV 的 imread()函数可用于读取图像，函数基本格式如下。

```
ret=cv.imread(filename[, flags])
```

说明如下。

- ret：返回值，是读取的图像数据，其通道排列顺序是 B、G、R。
- filename：图像文件路径及文件名。
- flags：图像读取格式标志，常用值如表 2-3 所示。

表 2-3 图像读取格式标志

阈值类型	值	用途
IMREAD_UNCHANGED	−1	加载原始图像数据，包括颜色通道和 alpha 通道（alpha 通道表示透明度）
IMREAD_GRAYSCALE	0	以灰度模式读取图像
IMREAD_COLOR	1	以彩色模式读取图像，图像的透明度会被忽视。默认值。
IMREAD_REDUCED_GRAYSCALE_2	16	以灰度模式读取图像，且图像大小减小为原来的 1/2

续表

阈值类型	值	用途
IMREAD_REDUCED_COLOR_2	17	以彩色模式读取图像，且图像大小减小为原来的 1/2
IMREAD_REDUCED_GRAYSCALE_4	32	以灰度模式读取图像，且图像大小减小为原来的 1/4
IMREAD_REDUCED_COLOR_4	33	以彩色模式读取图像，且图像大小减小为原来的 1/4

注意：imread()函数在正确读取图像文件时，返回图像数据；如果文件不存在或者文件格式不支持等原因导致读取失败，则 imread()返回值为 None，不会报错，仅提示警告信息（WARN:can't open/read file: ）。

2. 显示图像

OpenCV 的 imshow()函数可用于在窗口中显示图像，窗口自动适应图像尺寸，函数基本格式如下：

```
cv.imshow(winname, img)
```

说明如下。

- winname：窗口名称，数据类型为字符串。
- img：要显示的图像。

imshow()函数执行完就会立刻关闭窗口，因此需要使用 waitKey()函数来让图像显示的时间更长。waitKey()是一个键盘绑定函数，可以响应用户对键盘的操作，基本格式如下：

```
rv=cv2.waitKey([n])
```

说明如下。

- n：等待时间，单位为 ms，即等待 nms 后，关闭显示的窗口，n 的默认值为 0，表示无限等待，直到用户按下任意键。
- rv：函数返回值，如果没有键被按下，返回-1；如果有键被按下，返回被按键的 ASCII 码。

【例 2-1】这里我们以图 2-1 所示图像为例，读取图像文件并显示，示例代码如下：

```
import cv2
img=cv2.imread('pic/girl.jpg')        #读取图像
cv2.imshow('girl',img)                #显示图像
cv2.waitKey(0)                        #等到用户按下任意键才关闭窗口
```

3. 写入图像

OpenCV 的 imwrite()函数可用于将图像数据写入指定的文件，基本格式如下：

```
ret=cv.imwrite(filename, img[, params])
```

说明如下。

- ret：函数返回值，为布尔值，写入成功则返回 Ture，否则返回 False。
- filename：要写入的文件名称，包括其路径和扩展名（如.jpg, .png 等）。
- img：要保存的图像。
- params：可选参数，若图像为 JPEG 格式，它可以是表示图像质量的整数（范围从 0 到 100，默认为 95）。若图像为 PNG 格式，它可以是一个包含 PNG 特定参数的字典。

【例 2-2】创建 50 像素 × 100 像素的黑色矩形图像（8 位灰度图像），并将其保存为 mypic.jpg 文件，示例代码如下：

```
import cv2
import numpy
img=numpy.zeros((50,100),dtype=numpy.uint8)      #创建图像
cv2.imwrite('mypic.jpg',img)                     #将图像保存为文件
```

4．查看图像属性

图像属性有图像的数据类型、形状、大小，以及像素的数据类型等，说明如下。

（1）图像的数据类型，用type(img)查看，OpenCV图像的存储类型为ndarray数组。

（2）图像的形状，用img.shape查看，彩色图像的形状输出结果为三元组，包含高度、宽度和通道数；灰度图像的形状为二元组，仅包含高度、宽度。

（3）像素的数据类型，用img.dtype查看。灰度图像或彩色图像的像素数据类型为uint8，即无符号8位整数类型，范围是0到255。

（4）图像的大小，用img.size查看，图像的大小等于数组形状的3个维度的乘积，即高度×宽度×通道数。

【例2-3】查看图像属性，示例代码如下：

```
import cv2
img=cv2.imread('pic/girl.jpg') #读取图像
print(type(img))                #输出图像数据类型
print(img.shape)                #输出图像形状
print(img.dtype)                #输出像素的数据类型
print(img.size)                 #输出图像的大小
```

输出结果如下：

```
<class 'numpy.ndarray'>
(640, 480, 3)
uint8
921600
```

2.2.2 读取、显示、写入视频

视频由很多帧（每一帧就是一张图像）组成，显示视频时需要循环读取视频的每一帧，然后显示每一帧图像，直到视频结束。

OpenCV的VideoCapture类和VideoWriter类可提供视频处理功能。视频处理的基本操作步骤如下。

（1）将视频文件或者摄像头作为数据源来创建VideoCapture对象。

（2）调用VideoCapture对象的read()函数获取视频中的帧。

（3）调用imshow()函数在窗口中显示帧（即播放视频）。

1．读取视频

OpenCV提供了VideoCapture()函数，用于读取视频文件和摄像头视频流。

要读取视频文件时，输入参数filename为文件名及路径，返回值vc为创建的VideoCapture对象。

```
vc=cv2.VideoCapture(filename)
```

要获取摄像头视频流，输入参数id为摄像头索引序号。通常默认摄像头的id值为0。

```
vc=cv2.VideoCapture(id)
```

视频的帧率、高宽等属性信息可以通过视频对象的get(PROPERTY_NAME)函数获取，设置PROPERTY_NAME为不同的参数就可以获取视频的不同属性，常用的参数如下。

- cv2.CAP_PROP_FPS：视频的帧率，即每秒播放多少帧。
- cv2.CAP_PROP_FRAME_HEIGHT：视频的高度。
- cv2.CAP_PROP_FRAME_WIDTH：视频的宽度。
- cv2.CAP_PROP_FRAME_COUNT：视频的帧数。

【例 2-4】从文件中读取视频文件，创建 VideoCapture 对象，并获取其属性，示例代码如下：

```
import cv2
vc=cv2.VideoCapture('pic/vtest.avi')             #创建 VideoCapture 对象，读取视频文件
fps=vc.get(cv2.CAP_PROP_FPS)                     #获取视频帧率
size=(vc.get(cv2.CAP_PROP_FRAME_HEIGHT),
     vc.get(cv2.CAP_PROP_FRAME_WIDTH))            #获取视频的高度与宽度
print('帧率：',fps)
print('高度与宽度：',size)
print('帧数：',vc.get(cv2.CAP_PROP_FRAME_COUNT))
```

输出结果如下：

```
帧率： 10.0
高度与宽度： (576.0, 768.0)
帧数： 795.0
```

注意，如果读取的帧率、高度与宽度都为 0，一般是因为文件路径错误或文件名错误，VideoCapture 没有成功读取视频文件。

2. 显示视频

视频对象的 read()函数用于读取视频的一帧图像，格式如下：

```
success,frame=cv.VideoCapture.read()
```

说明如下。

- success：返回值，表示是否读取成功，如果已经读到视频最后一帧，那么会返回 false。
- frame：返回值，为读取的一帧图像。

【例 2-5】读取视频文件后，将视频一帧一帧用 read()函数读取出来，再用 cv.imshow()函数逐帧显示出来，显示过程中按“q”键可以退出，示例代码如下：

```
import cv2
vc = cv2.VideoCapture('pic/vtest.avi')           #创建 VideoCapture 对象，读取视频文件
success,frame=vc.read()                          #读第 1 帧
while success:                                   #循环读视频帧，直到视频结束
    cv2.imshow('myvideo',frame)                  #在窗口中显示帧图像
    success,frame=vc.read()                      #读下一帧
    key=cv2.waitKey(50)                          #两帧之间等待 50ms
    if key==ord('q'):                            #按“q”键退出循环
        break
vc.release()                                     #关闭视频
```

输出结果如图 2-14 所示。

图 2-14 输出结果

显示的速度由 waitKey()中的等待时间来控制，示例代码中固定为 50，即两帧之间等待 50ms，如果将等待时间修改为 100，则播放速度会变慢。

ord('q')返回 q 字符对应的 8 位 ASCII，可以将其和 waitKey()返回的键值进行比较，如果相等则退出循环。

思考一下，如果要以原始帧率显示视频，应该怎么处理?

【例 2-6】要以原始帧率显示视频，首先需要用 fps = vc.get(cv2.CAP_PROP_FPS)获取视频的帧率，然后利用帧率计算出视频两帧之间的间隔时间 t=int(1000/fps)，再将间隔时间作为 waitKey()的参数，示例代码如下：

```
import cv2
vc = cv2.VideoCapture('pic/vtest.avi')          #创建 VideoCapture 对象，读取视频文件
success,frame=vc.read()                         #读第 1 帧
fps = vc.get(cv2.CAP_PROP_FPS)                  #获取视频帧率
while success:                                  #循环读视频帧，直到视频结束
    cv2.imshow('myvideo',frame)                 #在窗口中显示帧图像
    success,frame=vc.read()                     #读下一帧
    t=int(1000/fps)                             #视频两帧之间的间隔时间
    key=cv2.waitKey(t)                          #两帧之间的等待时间
    if key==ord('q'):                           #按“q”键退出循环
        break
vc.release()                                    #关闭视频
```

3. 写入视频

写入视频需要创建一个 VideoWriter 对象，基本格式如下：

```
cv.VideoWriter(filename,fourcc,fps,frameSize[,isColor=True])
```

说明如下。

- filename：指定输出文件名（例如：output.avi）。
- fourcc：4 字符码，用于指定视频编解码器。
- fps：每秒的帧数。
- frameSize：帧大小。
- isColor：可选参数，指定黑白或彩色画面。

【例 2-7】从摄像头捕获视频，显示视频，同时将视频写入文件，示例代码如下：

```
import cv2
vc=cv2.VideoCapture(0)     #创建 VideoCapture 对象，视频源为默认摄像头
size=(int(vc.get(cv2.CAP_PROP_FRAME_WIDTH)),
      int(vc.get(cv2.CAP_PROP_FRAME_HEIGHT)))   #读取视频宽度和高度
fps=30                                          #预设视频帧率
vw=cv2.VideoWriter('myVideo.avi',cv2.VideoWriter_fourcc('X','V','I','D'),fps,size)
                                                #设置帧
success,frame=vc.read()                         #读第 1 帧
while success:                                  #循环读视频帧
    vw.write(frame)                             #将帧写入文件
    cv2.imshow('MyCamera',frame)                #显示帧
    key=cv2.waitKey(0)
    if key==27:                                 #按“Esc”键结束
        break
```

```
    success,frame=vc.read()                          #读下一帧
vc.release()
```

还可以利用 VideoWriter()函数将视频文件转换为不同格式。

2.3 NumPy 的基本操作

OpenCV 中图像用 NumPy 数组类型存储，对图像进行操作就是对 NumPy 数组进行操作，因此读者在学习 OpenCV 之前，首先要了解 NumPy 的一些基本操作。

2.3.1 NumPy 数组

NumPy（Numerical Python）是 Python 的一个扩展程序库，支持大量的维度数组与矩阵运算，此外也针对数组运算提供大量的数学函数库。

一个数组的基本信息是行数、列数以及数据类型（整型、浮点型等），知道了这些基本信息就可以用 NumPy 来构造一个数组。

numpy.array()函数用来构造数组，函数基本格式如下：

```
ret=numpy.array(object, dtype=None)
```

说明如下。

- object：创建的数组对象，可以为单个值、列表、元组等。
- dtype：创建的数组的数据类型。NumPy 支持很多数据类型，比 Python 内置的数据类型要更为丰富，默认数据类型为 int32。灰度图像或彩色图像的像素值范围为 0～255，数据类型为 8 位无符号整型。
- ret：返回值，创建的数组。

【例 2-8】构造一维数组，示例代码如下：

```
import numpy as np
array = np.array([0, 1, 2, 3, 4, 5, 6, 7, 8, 9])
print("数组 array 的值为",array)
print("默认数据类型为",array.dtype)
```

运行结果：

```
数组 array 的值为[0 1 2 3 4 5 6 7 8 9]
默认数据类型为 int32
```

2.3.2 构造二维的 ndarray 对象

除了可以使用底层 ndarray 构造器来创建 ndarray 数组外，也可以通过以 zeros()函数或者 ones()函数来创建指定大小和形状的数组。

zeros()函数可以用来创建指定大小和形状的数组，并将其中所有元素初始化为 0，函数基本格式如下：

```
numpy.zeros(shape, dtype = float, order = 'C')
```

说明如下。

- shape：数组形状。
- dtype：数据类型，为可选参数，默认值为 float。

- order：指定数组在内存中的存储顺序。行优先顺序也称为 C 风格，列优先顺序也称为 Fortran 风格。order 参数的取值为 C 或 F，默认值为 C。

【例 2-9】构造一个值全部为 0 的二维数组，并将其作为灰度图像显示，示例代码如下：

```
import numpy as np
import cv2
# 构造一个 200 行 300 列的二维数组，数值类型为 8 位无符号整型，灰度图像
a = np.zeros((200,300),dtype=np.uint8)
print(a)                          # 输出该数组
print(a.dtype)                    # 输出数组类型
cv2.imshow('GrayImg',a)
cv2.waitKey(0)
```

运行结果如下，灰度图像如图 2-15 所示。

```
[[0 0 0 ... 0 0 0]
 [0 0 0 ... 0 0 0]
 [0 0 0 ... 0 0 0]
 ...
 [0 0 0 ... 0 0 0]
 [0 0 0 ... 0 0 0]
 [0 0 0 ... 0 0 0]]
uint8
```

图 2-15　灰度图像显示结果

2.3.3　构造三维的 ndarray 对象

如何使用 Numpy 来构造三维数组呢？OpenCV 彩色图像默认是三通道（BGR）的，那么可以创建一个三维数组。

【例 2-10】将 zeros()函数第一个参数设为一个三元组（行数,列数,通道数），即可构造一个三维数组，示例代码如下：

```
# 创建一张三通道彩色图像，颜色为黑色
import cv2
import numpy
img = numpy.zeros((200, 300, 3), dtype=numpy.uint8)  # 创建图像
cv2.imshow('image', img)
cv2.waitKey(0)
```

三元组的行数表示高度，列数表示宽度。运行结果看起来和图 2-15 相同，但实际上是不同的。例 2-9 构造的是单通道灰度图像，例 2-10 构造的是三通道彩色图像，前者每个像素只有一个灰度值，而后者每个像素都有 R、G、B 这 3 个值。

2.3.4　访问二维 ndarray 对象中的值

和一维数组的访问方式相同，也可以通过行坐标和列坐标访问二维 ndarray 对象中的值。灰度图像的存储格式为二维 ndarray。

【例 2-11】以一个二维数组为例，示例代码如下：

```
import numpy as np
m = np.array([[11,12,13,14],
              [21,22,23,24],
              [31,32,33,34],
              [41,42,43,44]],
              np.uint8)
# 获取第 3 行第 2 列的值（注意索引是从 0 开始的）
print("第 3 行第 2 列的值：",m[2,1])
# 获取第 4 行的所有值
print("第 4 行的所有值：",m[3,:])
# 获取第 4 列的所有值
print("第 4 列的所有值：",m[:,3])
# 获取一个矩形区域的像素值
print("矩形区域像素值：\n",m[1:4,1:3])
```

运行结果如下：

```
第 3 行第 2 列的值： 32
第 4 行的所有值： [41 42 43 44]
第 4 列的所有值： [14 24 34 44]
矩形区域像素值：
 [[22 23]
 [32 33]
 [42 43]]
```

2.4　图像的基本操作

图像的基本操作主要包括像素的访问、感兴趣区域的操作、颜色通道操作、图像的加法运算、图像的减法运算、图像的按位运算、色彩空间变换等。

2.4　图像的基本操作

2.4.1　像素的访问

可以通过行坐标和列坐标来访问像素。

（1）访问一个像素

【例 2-12】查看图像中坐标为[100,100]的像素的值，示例代码如下：

```
import cv2
img = cv2. imread("pic/girl.jpg")
print(img[100,100] )
```

读取的图像为 BGR 图像，因此这个像素由 BGR 三通道组成。运行结果如下：

```
[ 87  74 182]
```

（2）修改一个像素的值

【例 2-13】将图像中坐标为[100,100]的像素修改为白色，示例代码如下：

```
img[100,100] = [255,255,255]   #将一个像素修改为白色
```

```
print(img[100,100] )                #输出像素值
```

运行结果如下：

```
[255 255 255]
```

（3）修改整张图像

【例 2-14】将图像修改为白色，示例代码如下：

```
img[:]= 255                         #将 3 个通道的像素值都设为 255
img[:]= [255,255,255]               #将图像 3 个通道的像素值设为 [255,255,255]
print(img)
```

2.4.2 感兴趣区域的操作

图像感兴趣区域（Region of Interest，ROI）是指计算机视觉、图像处理中，从被处理的图像中选择的一个以便进行进一步处理的图像区域，是图像分析所关注的重点。

例如，要进行眼睛检测，首先要对整张图像进行人脸检测。在检测到人脸区域时，我们只选择人脸区域作为 ROI，再在 ROI 内搜索其中的眼睛，这样可以缩短处理时间，提高搜索精度。

【例 2-15】设置图 2-1 中的头像部分为 ROI，将其显示出来并保存为文件，示例代码如下：

```
import cv2
img=cv2.imread('pic/girl.jpg')         #读取图像
cv2.imshow('img',img)                  #显示图像
roi=img[80:420,180:420]                #将头像部分设为 ROI
cv2.imshow('roi',roi)                  #显示 ROI
cv2.imwrite('pic/roi.jpg',roi)         #保存为文件
cv2.waitKey(0)
```

运行结果如图 2-16 所示。

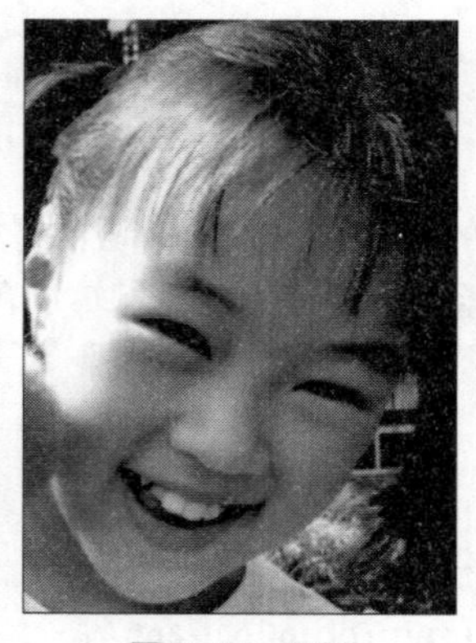

图 2-16 ROI

2.4.3 颜色通道操作

split()函数可以用于拆分彩色图像的通道。

```
b,g,r=cv2.split()
```

说明如下。

b、g、r 为返回值，分别为拆分后的 3 个通道，每个通道是一个二维数组，即灰度图。

【例 2-16】以图 2-17 所示图像为例，拆分彩色图像的通道，将每个通道以灰度图模式显示出来，示例代码如下：

```
import cv2
img=cv2.imread('pic/opencvlogo.jpg',cv2.IMREAD_REDUCED_COLOR_2)        #读取图像，将其缩小为原来的 1/2
cv2.imshow('img',img)          #显示原图像
b,g,r=cv2.split(img)           #按通道拆分图像
cv2.imshow('B',b)              #显示 B 通道图像
cv2.imshow('G',g)              #显示 G 通道图像
cv2.imshow('R',r)              #显示 R 通道图像
cv2.waitKey(0)
```

图 2-17　OpenCV Logo

运行结果如图 2-18 至图 2-20 所示。

图 2-18　B 通道

图 2-19　G 通道

图 2-20　R 通道

OpenCV 的图标中，最上面的圆是红色的，该圆的像素值都为（0,0,255），因此在 R 通道灰度图像中，255 显示为白色，0 显示为黑色。同样的，最右侧的圆为蓝色，因此在 B 通道灰度图像中，该圆呈现为白色。

使用 split()函数比较耗时，可以用 NumPy 索引替代此操作。

【例 2-17】以 OpenCV 的图标为例，用 NumPy 索引拆分通道，示例代码如下：

```
import cv2
#读取图像，将其缩小为原来的 1/2
img=cv2.imread('pic/opencvlogo.jpg',cv2.IMREAD_REDUCED_COLOR_2)
cv2.imshow('img',img)          #显示原图像
b=img[:,:,0]                   #获得 B 通道图像
g=img[:,:,1]                   #获得 G 通道图像
r=img[:,:,2]                   #获得 R 通道图像
cv2.imshow('B',b)              #显示 B 通道图像
cv2.imshow('G',g)              #显示 G 通道图像
cv2.imshow('R',r)              #显示 R 通道图像
cv2.waitKey(0)
```

【例 2-18】拆分出的 3 个通道还可以合并在一起，使用 merge()函数可以合并通道，示例代码如下：

```
import cv2
img=cv2.imread('pic/opencvlog.jpg')      #读取图像
b,g,r=cv2.split(img)                     #按通道拆分图像
bgr=cv2.merge([b,g,r])                   #按原顺序合并
rgb=cv2.merge([r,g,b])                   #按新顺序合并
cv2.imshow('BGR',bgr)                    #显示合并图像
cv2.imshow('RGB',rgb)                    #显示合并图像
cv2.waitKey(0)
```

不同的合并顺序会影响图像的显示效果，运行结果如图 2-21、图 2-22 所示。

图 2-21　按 B、G、R 顺序合并的图像

图 2-22　按 R、G、B 顺序合并的图像

2.4.4　图像的加法运算

两张图像相加时应具有相同的高度和宽度，加法运算会将每个像素值分别相加。

加法运算可以通过 OpenCV 的 cv.add()函数进行，也可以通过 NumPy 的加法运算符“+”进行。两者在超出数据类型范围时的运算方式不同，cv.add()进行的是饱和运算，如果两个像素值相加大于 255，则取 255。而 NumPy 的加法运算符“+”进行的是模运算，运算后像素值按 256 取模。

【例 2-19】这里以图 2-23 所示图像为例，将其与图 2-24 进行加法运算，示例代码如下：

```
import cv2
img1=cv2.imread('pic/donghu.jpg')          #读取图像
img2=cv2.imread('pic/opencvlog.jpg')       #读取图像
img3=cv2.add(img1,img2)                    #像素值相加后，超过 256 则取 255
img4=img1+img2                             #像素值相加后，以 256 取模
cv2.imshow('donghu',img1)                  #显示原图像
cv2.imshow('log',img2)                     #显示原图像
cv2.imshow('add',img3)                     #显示饱和运算后的图像
cv2.imshow('+',img4)                       #显示模运算后的图像
cv2.waitKey(0)
```

运行结果如图 2-25、图 2-26 所示。

图 2-23　武汉东湖绿道风景

图 2-24　OpenCV 图标

图 2-25　使用 add()函数的运算结果

图 2-26　使用“+”的运算结果

【例 2-20】如果图像和一个整数相加，每个像素值都会加上这个整数，图像整体亮度变大，示例代码如下：

```
import cv2
img1=cv2.imread('pic/donghu.jpg')
img5=img1+200
cv2.imshow('img+100',img5)
cv2.waitKey(0)
```

运行结果如图 2-27 所示。

图 2-27　图像加数值运算结果

2.4.5　图像的加权加法运算

图像的加权加法运算，指使用加法时为图像赋予不同的权重，以使其具有融合或透明的效果。

addWeighted()函数可执行图像的加权加法运算，其基本格式如下：

```
dst = cv2.addWeighted(src1, alpha, src2, beta, gamma)
```

说明如下。

- src1：第一张输入图像。
- alpha：第一张输入图像 src1 的权重。
- src2：第二张输入图像。
- beta：第二张输入图像 src2 的权重。
- gamma：可选参数，在加权和基础上增加的偏移量。

【例 2-21】进行图像融合，示例代码如下：

```
import cv2
img1=cv2.imread('pic/donghu.jpg')                #读取图像
img2=cv2.imread('pic/opencvlog.jpg')             #读取图像
img3=cv2.addWeighted(img1,0.8,img2,0.2,0)
cv2.imshow('addWeighted',img3)                   #显示图像
cv2.waitKey(0)
```

运行结果如图 2-28 所示。

图 2-28　加权加法运算结果

2.4.6 图像的减法运算

图像的减法运算常用于背景消除、运动检测等。减法运算和加法运算类似，进行运算的两张图像应具有相同的高度和宽度。减法运算可以通过 OpenCV 的 subtract()函数进行，也可以通过 NumPy 的减法运算符“-”进行，两者在超出数据类型范围时的运算方式不同，使用 cv.subtract()函数时，如果两个像素值相减小于 0，则取 0；NumPy 运算符“-”进行的是模运算，运算后像素值按 256 取模。

【例 2-22】进行图像的减法运算，示例代码如下：

```
import cv2
img1=cv2.imread('pic/v1.jpg')
img2=cv2.imread('pic/v2.jpg')
img3=cv2.subtract(img1,img2)        #像素值相减后，小于 0 则取 0
img4=img1 - img2                    #像素值相减后，以 256 取模
cv2.imshow('1',img1)
cv2.imshow('2',img2)
```

```
cv2.imshow('subtract',img3)
cv2.imshow('-',img4)
cv2.waitKey(0)
```

读取两张图像，结果分别如图 2-29 和图 2-30 所示，使用 subtract()函数的运算结果如图 2-31 所示，使用“-”的运算结果如图 2-32 所示。从图 2-32 可以看出，两张图像中只有人物在移动。

图 2-29　v1.jpg

图 2-30　v2.jpg

图 2-31　使用 subtract()函数的运算结果

图 2-32　使用“-”的运算结果

2.4.7　图像的按位运算

图像的按位运算本质上就是像素值的按位运算，即对图像（灰度图像或彩色图像均可）的每个像素值进行二进制形式的与、或、异或、取反等运算。

OpenCV 提供了 bitwise_and()函数，用于对图像 src1 和 src2 进行按位与运算，基本格式如下：

```
dst=cv2.bitwise_and(src1,src2[,mask])
```

bitwise_or()函数用于对图像 src1 和 src2 进行按位或运算，基本格式如下：

```
dst=cv2.bitwise_or(src1,src2[,mask])
```

bitwise_xor()函数用于对图像 src1 和 src2 进行按位异或运算，基本格式如下：

```
dst=cv2.bitwise_xor(src1,src2[,mask])
```

bitwise_not()函数用于对图像 src1 进行按位取反运算，基本格式如下：

```
dst=cv2.bitwise_not(src1[,mask])
```

这几个函数中除了按位取反运算只需要一张输入图像，其他的参数都相同，说明如下。

- dst：按位运算后的结果。
- src1：要进行运算的第一张图像。
- src2：要进行运算的第二张图像。需注意两张图像 src1 和 src2 需要有相同的形状，也就是说宽度、高度和通道数都需相同。
- mask：8 位单通道图像，为可选参数。mask 对应的位值不为 0 时，图像 src1 和 src2 执行按位运算，否则将该位置像素的值都设置为 0。

按位运算一般用于以掩模提取图像的 ROI。什么是掩模呢？图像处理中掩模的概念借鉴于光蚀刻工艺中的掩模，光蚀刻工艺中的掩模上承载有设计好的电路图形，光线透过它把电路图形投射在光刻胶上。图像掩模与其类似，用预先制作的 ROI 掩模，对图像上某些区域进行遮挡，来控制图像处理的区域。

【例 2-23】以图 2-23 所示图像为例，先准备一张掩模图像，如图 2-33 所示，对这两张图像进行按位运算。

图 2-33　mask.jpg

示例代码如下：

```
import cv2
src1=cv2.imread('pic/donghu.jpg')  #读取图像
src2=cv2.imread('pic/mask.jpg')    #读取图像
img3=cv2.bitwise_and(src1,src2)    #按位与
img4=cv2.bitwise_or(src1,src2)     #按位或
img5=cv2.bitwise_not(src1)         #按位取反
img6=cv2.bitwise_xor(src1,src2)    #按位异或
cv2.imshow('donghu',src1)          #显示原图像
cv2.imshow('mask',src2)            #显示掩模图像
cv2.imshow('and',img3)             #显示按位与图像
cv2.imshow('or',img4)              #显示按位或图像
cv2.imshow('not',img5)             #显示按位取反图像
cv2.imshow('xor',img6)             #显示按位异或图像
cv2.waitKey(0)
```

运行结果如图 2-34 至图 2-37 所示。

图 2-34　按位与运算结果

图 2-35　按位或运算结果

图 2-36　按位取反运算结果

图 2-37　按位异或运算结果

2.4.8　色彩空间转换

OpenCV 提供了 cvtColor()函数，用于对不同的色彩空间进行转换，函数基本格式如下：

```
image = cv2.cvtColor(img, flag)
```

- img：要转换色彩空间的图像。
- flag：标志，表示转换的类型。常用值如下。
  - cv.COLOR_BGR2GRAY 表示将 BGR 色彩空间转换为灰度图。
  - cv.COLOR_BGR2HSV 表示将 BGR 色彩空间转换为 HSV 色彩空间。
  - cv.COLOR_BGR2RGB 表示将 BGR 色彩空间转换为 RGB 色彩空间。
  - cv.COLOR_RGB2BGR 表示将 RGB 色彩空间转换为 BGR 色彩空间。

【例 2-24】将 BGR 色彩空间转换为灰度图，查看转换前后的图像，示例代码如下：

```
import cv2
img=cv2.imread('pic/girl.jpg')                    #读取图像
cv2.imshow('BGR',img)                             #显示图像
print("img shape:",img.shape)

img2=cv2.cvtColor(img,cv2.COLOR_BGR2GRAY)         #转换色彩空间
print("img2 shape:",img2.shape)
cv2.imshow('GRAY',img2)                           #显示图像
cv2.waitKey(0)
```

运行结果如下，转换后的灰度图如图 2-38 所示。

```
img shape: (512, 512, 3)
img2 shape: (512, 512)
```

图 2-38 转换后的灰度图

可以看出三通道图像的形状是(512,512,3)，宽度 512 和高度 512 之后的 3 表示图像是三通道的。转换后的单通道图像的形状是(512,512)，只有宽度 512 和高度 512，通道数是 1，但不显示。

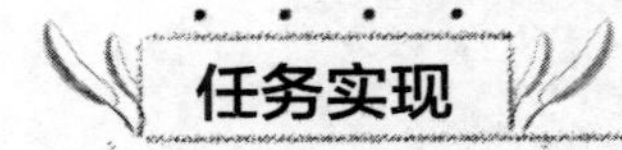

【任务分析】

本项目可分解为两个子任务。

- 任务 1：对图像局部进行遮挡。
- 任务 2：对图像进行打码。

【工作流程】

本项目的工作流程如图 2-39 所示。

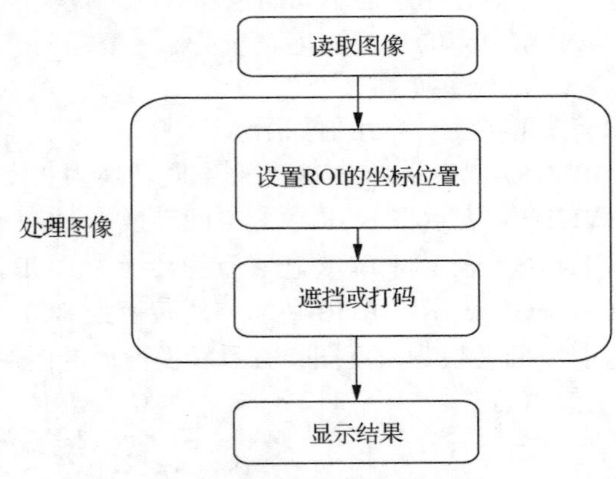

图 2-39 本项目的工作流程

任务 2.1 对图像局部进行遮挡

首先借助 Windows 系统自带的绘图工具，分析出图 2-1 中要遮挡的局部像素区域位置的行坐标从 85 到 420、列坐标从 185 到 400。

【例 2-25】将局部区域的像素值设置为 255，即像素为白色。

```
import cv2
src1=cv2.imread('pic/girl.jpg')       #读取图像
cv2.imshow('image',src1)       #显示原图像
roi=src1[85:420,185:400] = 255  #将行坐标从 85 到 420、列坐标从 180 到 400 区域的像素值设置为 255
cv2.imshow('new',src1)
cv2.waitKey(0)
```

运行结果如图 2-2 所示。

任务 2.2　对图像进行打码

打码指一种图像（视频）处理手段，将图像特定区域的细节劣化并达到散乱色块的效果，处理后图像由一个个的小格子组成，像马赛克镶嵌图案，便形象地称之为打马赛克，简称打码。打码通常用来遮挡人物隐私信息，应用广泛。

【例 2-26】打码的算法有很多种，这里讲解其中一种，即将需打码区域中的像素全部赋值为该区域左上角的第一个像素值，全局打码效果如图 2-40 所示，示例代码如下：

```
import cv2
import random
def mosaic_effect(img):
    new_img = img.copy()
    h, w, n = img.shape     #高度、宽度、通道数
    size = 20               #马赛克的大小
    for i in range(0, h-size, size):
        for j in range(0, w-size, size):
            #将需要打码的图像区域的像素全部赋值为该区域左上角的第一个像素值
            new_img[i:i + size, j:j + size] = img[i, j]
    return new_img

img = cv2.imread("pic\girl.jpg")
cv2.imshow("Image", img)
mosaicImg = mosaic_effect(img)
cv2.imshow("mosaic", mosaicImg)
cv2.waitKey(0)
cv2.destroyAllWindows()
```

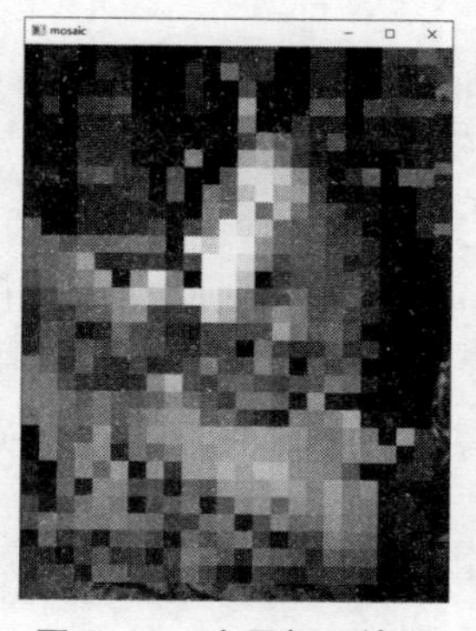

图 2-40　全局打码效果

【例 2-27】将打码的算法应用在头像区域，就可以实现局部打码，示例代码如下：

```
import cv2
import random
def mosaic_effect(img):
    new_img = img.copy()
    h, w, n = img.shape
    print(img.shape)
    size = 20                                   #马赛克的大小
    for i in range(85, 420, size):              #高度
        for j in range(185, 400, size): #宽度
            #将需要打码的图像区域的像素全部赋值为该区域左上角的第一个像素值
            # new_img[i:i + size, j:j + size] = img[i, j]
    return new_img

img = cv2.imread("pic/girl.jpg")
cv2.imshow("girl", img)
mosaicImg = mosaic_effect(img)
cv2.imshow("girl", mosaicImg)
cv2.waitKey(0)
cv2.destroyAllWindows()
```

提高与拓展

【提高】随机打码算法

前面讲到打码的算法有很多，这里用编码实现另一种打码算法——随机用某一个值代替需要打码区域内的所有像素值。这里需要用到 random 库的 randint 函数。

```
random.randint(start, stop)#返回一个大于等于 start、小于等于 stop 的随机整数
```

示例代码如下：

```
import random
i_rand = random.randint(i, i+size-1)
j_rand = random.randint(j, j+size-1)
new_img[i:i + size, j:j + size] = img[i_rand, j_rand]
```

请尝试将打码算法应用在头像区域，实现图 2-3 所示的局部打码。

【拓展】ImageNet 数据集

ImageNet 数据集是当前图像处理界最有名、最重要的数据集之一，最初由斯坦福大学的李飞飞等人在 CVPR（Computer Vision and Pattern Recognition，计算机视觉与模式识别会议）2009 的一篇论文中提出。到了 2016 年，ImageNet 数据集中已经有超过 1000 万张图片，它包含各种各样的图像，并且每张图像都被打上了标签（类别名），类别超过 2 万个，涵盖生活中会看到的大部分图像，如图 2-41 所示。如此巨量、标注错误极低且免费的数据集，已经成为图像处理领域研究者用来验证图像处理算法的试金石。

从 2010 年开始，每年都会举办一次 ImageNet 竞赛，即 ImageNet 大规模视觉识别挑战赛（ImageNet Large Scale Visual Recognition Challenge，ILSVRC），比赛逐步发展为物体检测（识别）、物体定位、视频物体检测 3 个大类。竞赛不仅牵动着企业、高校、科研院所三方的心，也是各科研团队、企业巨头展示实力的“竞技场”。参与 ILSVRC 的企业遍布科技行业的每个角落。竞赛中诞生了许多成功的图像识别方法，优胜模型的识别率迅速提升。

图 2-41　ImageNet 数据集

2012 年，大型的深度卷积神经网络 AlexNet 赢得了当年的竞赛，这是史上第一次有模型在 ImageNet 数据集中表现如此出色。

2016 年，来自中国的团队大放异彩：商汤科技和香港中文大学组成的 CUImage 团队，公安部三所的 Trimps-Soushen 团队，商汤科技和香港中文大学组成的 CUvideo 团队，海康威视的 HikVision 团队，商汤科技和香港城市大学组成的 SenseCUSceneParsing 团队，南京信息工程大学的 NUIST 团队分别拿下多个项目的冠军。

2017 年，南京信息工程大学和帝国理工学院组成的 BDAT 团队、新加坡国立大学与奇虎 360 合作的团队、伦敦帝国理工学院和悉尼大学合作的团队分别拿下冠军。

短短 7 年内，ILSVRC 优胜模型的识别率就从 71.8%提升到 97.3%，计算机视觉的正确率在图像分类、物体检测、物体识别方面都已经远远超越了人类的速度和正确率，同时也证明了更大规模的数据可以带来更好的 AI 模型。2017 年 7 月 26 日，ILSVRC 宣布正式结束。

可以说，ImageNet 数据集和 ILSVRC 不但是计算机视觉发展的重要推动者，也是当今人工智能发展的催化剂。即便竞赛已经结束，ImageNet 留下的遗产仍会继续影响整个行业。

思考与练习

1. 单选题

（1）在 OpenCV 中 8 位灰度图像的白色像素值为（　　）。

A. 0　　B. 1　　C. 256　　D. 255

（2）OpenCV 默认采用（　　）色彩空间。

A. BGR　　B. RGB　　C. HSV　　D. GRAY

（3）运行代码 img = numpy.zeros((200, 300, 3), dtype=numpy.uint8)后创建的图像是（　　）。

A. 宽 200、高 300 的彩色图像　　B. 高 200、宽 300 的彩色图像

C. 宽 200、高 300 的二值图像　　D. 高 200、宽 300 的二值图像

（4）彩色图像的红色通道的 NumPy 索引值是（　　）。

A. 0　　B. 1　　C. 2　　D. 3

（5）要将默认的彩色图像转换为灰度图像，cvtColor()函数的转换类型标志应该用（　　）。

A. cv.COLOR_BGR2GRAY　　B. cv.COLOR_BGR2HSV

C. cv.COLOR_BGR2RGB　　D. cv.COLOR_RGB2BGR

2. 简答题

（1）用手机拍摄一张照片，假设其大小是 3024 像素 × 4032 像素，这样一张照片在未压缩的情况下，所占用的存储空间大小是多少？存储格式是什么？存储大小是多少？

（2）什么是 ROI?

（3）能否通过修改视频文件的扩展名来改变其格式？为什么？

（4）简述 cv.add()函数和 NumPy 的加法运算符“+”有什么不同。

3. 操作题

（1）准备一个人像的图像文件，读取图像文件，并对脸部进行遮挡。

（2）用 NumPy 数组创建一张大小为 200 像素×300 像素的图像，要求图像中有一个大小为 100 像素×100 像素的蓝色正方形，周围是白色。

（3）准备一个图像文件，读取图像文件，分别显示其 H、S、V 通道图像。

（4）读取两个图像文件，将两者融合在一起，要求透明度各为 0.5。

（5）读取视频，将其转换为两倍速快放的视频，并将其保存为文件。

项目三

照片美化——图像变换

在对图像进行分析、检测、识别之前，常常要先对图像进行平移、旋转、透视变换、去除噪点、提高清晰度等处理。

本项目将带大家实现对照片的美化。在使用 Python 和 OpenCV 实现项目的过程中，我们将学习对图像进行几何变换、滤波、形态变换等的方法。

知识目标

学会对图像进行几何变换，如缩放、平移、旋转等仿射变换。

学会对图像进行效果不同的滤波，如均值滤波、自定义二维滤波等。

学会对图像进行形态变换，如腐蚀、膨胀、开运算、闭运算等。

技能目标

能根据需求对图像运用几何变换，如缩放、平移、旋转等仿射变换。

能根据需求对图像运用滤波操作，实现不同的效果，如平滑、锐化等。

能根据需求对图像运用形态变换，如腐蚀、膨胀、开运算、闭运算等。

情景描述

你喜欢拍照吗？会不会对拍完的照片进行调整、美化呢？相信大家对美化图像一定不会陌生。在本项目中，我们要利用美化照片的小工具，对图像进行多种美化，最后将美化后的图像保存到文件中。

本项目对图 3-1 的人像进行美化，可以实现图像的翻转（垂直翻转和水平翻转）、旋转、平滑、锐化等功能，效果分别如图 3-2、图 3-3、图 3-4、图 3-5、图 3-6 所示。当然，你也可以灵活运用本项目所学技能对图像进一步进行美化处理。

图 3-1　人像

图 3-2　垂直翻转

图 3-3　水平翻转

图 3-4　旋转

图 3-5　平滑

图 3-6　锐化

知识准备

几何变换、滤波、形态变换等操作在图像处理中经常被使用，它们能够改变图像的几何形状、去除噪声、调整图像的清晰度和对比度等，提高图像的质量和可用性。根据具体的应用需求，这些操作可以单独使用或结合使用，以实现特定的图像处理目标。

3.1 图像的几何变换

3.1 图像的几何变换

几何变换是指对图像的位置、大小、形状、方向等进行变换，如直接的缩放变换、可实现图像缩放、平移、旋转等的仿射变换，透视变换、翻转变换等。

3.1.1 缩放变换

OpenCV 的 resize()函数可用于调整图像的大小，可以指定图像的大小，也可以指定缩放比例，其基本格式如下：

```
output=cv2.resize(src,dsize[,dst[,fx[,fy[,interpolation]]]])
```

说明如下。

- output：输出图像。
- src：用于缩放的原图像。
- dsize：转换后的图像大小。dsize 是一个二元组，其格式为(width,height)，width 表示目标图像的宽度，height 表示目标图像的高度。当 dsize 参数的值不为 None 时，由 dsize 来确定目标图像的大小。
- dst：可选参数，一般不用。
- fx、fy：可选参数，分别表示水平方向、垂直方向的缩放比例。当 dsize 参数的值为 None 时，参数 fx 和 fy 一起决定输出图像的缩放比例。当 fx、fy 为 0 时，会根据 dsize 计算相应的缩放比例。
- interpolation：可选参数，表示插值方法。在调整图像大小时，插值方法决定了计算新增像素的方式。常用的插值方法如下。
    - cv2.INTER_NEAREST：最近邻插值。该方法将目标像素的值设置为最接近其位置的原始像素的值。它是一种计算速度快但结果相对粗略的插值方法。
    - cv2.INTER_LINEAR：双线性插值，表示通过对 4 个最近的邻像素进行线性加权来计算目标像素的值，计算速度较快且结果较为平滑，这是默认的插值方法。
    - cv2.INTER_CUBIC：双三次插值方法。该方法通过对目标像素周围的 16 个原始像素进行三次插值得到目标像素的值。它比双线性插值更精确，但计算量也更大。
    - cv2.INTER_AREA：区域插值，考虑邻像素在目标像素区域内的覆盖程度来计算目标像素的值，从而避免锯齿效应。
    - cv2.INTER_LANCZOS4：Lanczos 插值。该方法基于 Lanczos 滤波器进行插值计算，可以产生更锐利的图像效果，但计算量较大。
    - cv2.INTER_LINEAR_EXACT：位精确双线性插值，它提供了更高的精度，适用于需要极高精度的图像变换任务。
    - cv2.INTER_MAX：最大值常量插值，表示使用最高质量的插值方法，通常是最慢但最准确的方法。

【例 3-1】以图 3-7 所示图像为例，进行图像缩放。示例代码如下：

```
import cv2
```

```
img=cv2.imread('pic/an.jpg')   #读取图像
img2 = cv2.resize(img, None, fx=0.8, fy=0.5,
                  interpolation=cv2.INTER_CUBIC)
cv2.imshow('img', img)          #显示原图像
cv2.imshow('resize', img2)      #显示缩放图像
cv2.waitKey(0)
```

运行结果如图 3-8 所示，调整后的图像宽度为原图像的 0.8，高度为原图像的 0.5。

图 3-7　书法“安”字

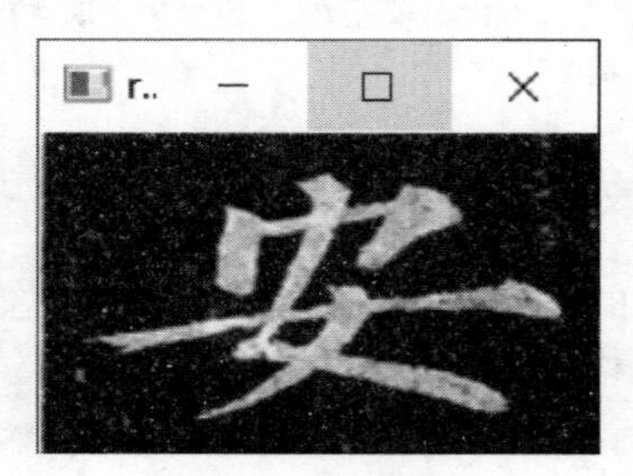

图 3-8　缩放效果

3.1.2　仿射变换

仿射变换是指在一个向量空间进行一次线性变换并接上一个平移，变换为另一个向量空间的方式。仿射变换包含平移、缩放、旋转等操作，主要特点是原始图像中的平行关系和线段长度比例关系保持不变。

OpenCV 的 warpAffine()函数通过变换矩阵计算执行仿射变换，其基本格式如下：

```
output=cv2.warpAffine(src,M,dsize[,dst[,flags[,borderMode[,borderValue]]]])
```

说明如下。

- output：转换后的图像。
- src：原图像。
- M：一个大小为 2×3 的仿射变换矩阵，使用不同的仿射变换矩阵可实现平移、旋转等多种变换。
- dsize：转换后的图像大小。
- dst：可选参数，一般不用。
- flags：插值方法，与 3.1.1 节中的参数 interpolation 相同，默认值为 cv2.INTER_LINEAR。
- borderMode：边界像素模式，默认值为 cv2.BORDER_CONSTANT。
- borderValue：边界像素颜色值，默认值为 0，即像素为黑色。

仿射变换矩阵 M 是 float32 类型的 NumPy 数组，假设创建的仿射变换矩阵 M 如下：

```
M =  np.float32([[M11,M12,M13],[M21,M22,M23]])
```

图像转换的矩阵运算公式为 dst(x,y)=src(M11x+M12y+M13,M21x+M22y+M23)。这里通过几个示例来说明如何使用 NumPy 函数创建平移、缩放和旋转的变换矩阵。

1. 平移变换矩阵

要做平移变换，例如将横坐标水平右移 100，将纵坐标垂直下移 50，则变换矩阵如下：

```
import numpy as np
m=np.float32([[1,0,100],[0,1,50]])
```

2. 缩放变换矩阵

仿射变换的缩放可以单独使用或与其他变换（平移、旋转、剪切）组合使用，以实现更

复杂的变换效果。3.1.1 小节中的 resize()函数仅仅放大或缩小图像，不涉及其他变换。

如果要将图像宽度变换为原来的 0.6，高度变换为原来的 0.5，则变换矩阵如下：

```
import numpy as np
m=np.float32([[0.6,0,0],[0,0.5,0]])
```

3. 旋转变换矩阵

如果要将图像旋转，无法直接用 NumPy 函数设置变换矩阵。OpenCV 提供了一个函数 cv.getRotationMatrix2D()用于求取变换矩阵，其基本格式如下：

```
m = cv2.getRotationMatrix2D(center, angle, scale)
```

说明如下。

- center：原图像中作为旋转中心的坐标。
- angle：旋转角度，正数表示按逆时针方向旋转，负数表示按顺时针方向旋转。
- scale：目标图像与原图像的大小比例。

【例 3-2】以图 3-7 所示图像为例，要对图像进行缩放、平移、旋转，示例代码如下：

```
import cv2
import numpy as np
img=cv2.imread('pic/an.jpg')                #读取图像
cv2.imshow('img',img)                       #显示图像
height, width = img.shape[:2]
dsize=(width,height)
#创建变换矩阵
m=np.float32([[0.5,0,0],[0,0.5,0]])      #缩放矩阵：宽度、高度都缩小为 0.5
img2=cv2.warpAffine(img,m,dsize,borderValue=(255,255,255))
cv2.imshow('warpAffine3',img2)              #显示图像

m=np.float32([[1,0,20],[0,1,50]])         #平移：横坐标水平右移 20，纵坐标垂直下移 50
img2=cv2.warpAffine(img,m,dsize,borderValue=(255,255,255))
cv2.imshow('warpAffine1',img2)              #显示图像

m=cv2.getRotationMatrix2D((width/2,height/2), 60, 0.5)#旋转：逆时针旋转 60°，宽度、
高度都缩小为原宽度、高度的 0.5
img2=cv2.warpAffine(img,m,dsize,borderValue=(255,255,255))
cv2.imshow('warpAffine3',img2)              #显示图像
cv2.waitKey(0)
```

运行结果如图 3-9 所示。

（a）缩放

（b）平移

（c）旋转

图 3-9 仿射变换效果

4. 三点映射变换

三点映射变换可将图像转换为任意的平行四边形，getAffineTransform()函数根据图像中不共线的 3 个点在变换前后的对应位置坐标，计算其变换矩阵，基本格式如下：

```
m = cv2.getAffineTransform(src, dst)
```

说明如下。

- src：原图像中 3 个点（左上角点、右上角点和左下角点）的坐标。
- dst：原图像中的 3 个点在目标图像中的对应坐标。

getAffineTransform()函数将 src 和 dst 中的 3 个点分别作为平行四边形的左上角、右上角和左下角的 3 个点，按原图像和目标图像与 3 个点之间的坐标关系计算所有像素的变换矩阵。

【例 3–3】以图 3-7 所示图像为例，对图像进行三点映射变换，示例代码如下：

```
import cv2
import numpy as np
img=cv2.imread('pic/an.jpg')   #读取图像
cv2.imshow('img',img)           #显示图像
height=img.shape[0]             #获得图像高度
width=img.shape[1]              #获得图像宽度
dsize=(width,height)
src=np.float32([[0,0],[width,0],[0,height]])    #取原图像中的 3 个点
dst=np.float32([[20,20],[width-20,80],[20,height-20]])#设置 3 个点在目标图像中的坐标
m = cv2.getAffineTransform(src, dst)   #创建变换矩阵
img2=cv2.warpAffine(img,m,dsize,borderValue=(255,255,255))#执行三点映射变换
cv2.imshow('AffineTransform',img2)     #显示图像
cv2.waitKey(0)
```

运行结果如图 3-10 所示。

图 3–10 三点映射变换效果

3.1.3 透视变换

透视变换是指将三维坐标投影到另外一个视平面，本质上是空间立体三维变换。仿射变换是在二维平面空间进行的，这是透视变换与仿射变换主要的不同。透视变换前的图像和透视变换后的图像之间的变换矩阵是 3×3 的矩阵，该矩阵可以通过两张图像中 4 个对应点的坐标求取，因此透视变换又称作四点变换。在项目八中也会用透视变换将两张视角不同的照片变换为视角一致的。

OpenCV 中提供了根据 4 个对应点求取变换矩阵的 getPerspectiveTransform()函数和进行透视变换的 warpPerspective()函数。

getPerspectiveTransform()函数用于求取变换矩阵 M，基本格式如下：

```
M=cv2.getPerspectiveTransform(src,dst)
```

说明如下。

- M：求取的 3 × 3 的变换矩阵。
- src：原图像中 4 个点（左上角点、右上角点、左下角点、右下角点）的坐标。
- dst：原图像中的 4 个点在转换后的目标图像中的对应坐标。

warpPerspective()函数用于执行透视变换操作，基本格式如下：

```
dst=cv2.warpPerspective(src,M,dsize[,flags[,borderMode[,borderValue]]])
```

说明如下。

- src：原图像。
- M：变换矩阵，该矩阵通常通过 getPerspectiveTransform()函数得到。
- dst：输出图像，即经过透视变换后的图像。
- dsize：输出图像的尺寸，以元组形式表示，例如 (width, height)。
- flags：插值方式，与 3.1.1 小节缩放变换中的参数 interpolation 相同，默认为 cv2.INTER_LINEAR。
- borderMode：边界模式的标志，用于指定当变换导致像素值超出图像边界时的处理方式，默认为 cv2.BORDER_CONSTANT。
- borderValue：当 borderMode 为 cv2.BORDER_CONSTANT 时，这个参数用于指定边界像素的值，默认为 0。

【例 3-4】以图 3-7 所示图像为例，进行透视变换，示例代码如下：

```
import cv2
import numpy as np
img=cv2.imread('pic/an.jpg')          #读取图像
cv2.imshow('img',img)                 #显示图像
height=img.shape[0]                   #获得图像高度
width=img.shape[1]                    #获得图像宽度
dsize=(width,height)
src=np.float32([[0,0],[width,0],
              [0,height],[width,height]])   #取原图像的 4 个点
dst=np.float32([[100,120],[width-100,120],
              [0,height],[width,height]])   #设置 4 个点在目标图像中的坐标
m = cv2.getPerspectiveTransform(src, dst)   #创建变换矩阵
img2=cv2.warpPerspective(img,m,dsize,borderValue=(255,255,255))#执行透视变换
cv2.imshow('PerspectiveTransform',img2)     #显示图像
cv2.waitKey(0)
```

运行结果如图 3-11 所示。

图 3-11　透视变换效果

3.1.4　翻转变换

OpenCV 的 flip()函数用于翻转图像，其基本格式如下：

```
dst=cv2.flip(src,flipCode)
```

说明如下。

- dst：转换后的图像。
- src：原图像。
- flipCode：翻转类型。flipCode 的值为 0 时绕 x 轴翻转（垂直翻转），flipCode 的值为大于 0 的整数时绕 y 轴翻转（水平翻转），flipCode 的值为小于 0 的整数时同时绕 x 轴和 y 轴翻转（水平和垂直翻转）。

【例 3-5】 以图 3-7 所示图像为例，设置当用户按“0”键时显示原图像，按“1”键时垂直翻转，按“2”键时水平翻转，按“3”键时水平和垂直翻转。示例代码如下：

```
import cv2
img=cv2.imread(pic/an.jpg')              #读取图像
cv2.imshow('showimg',img)                #显示图像
while True:
    key=cv2.waitKey(0)
    if key==48:                #按“0”键时显示原图像
        img2=img
    elif key==49:              #按“1”键时垂直翻转
        img2=cv2.flip(img,0)
    elif key==50:              #按“2”键时水平翻转
        img2=cv2.flip(img,1)
    elif key==51:              #按“3”键时水平和垂直翻转
        img2=cv2.flip(img,-1)
    cv2.imshow('showimg',img2)
```

运行结果如图 3-12 所示。

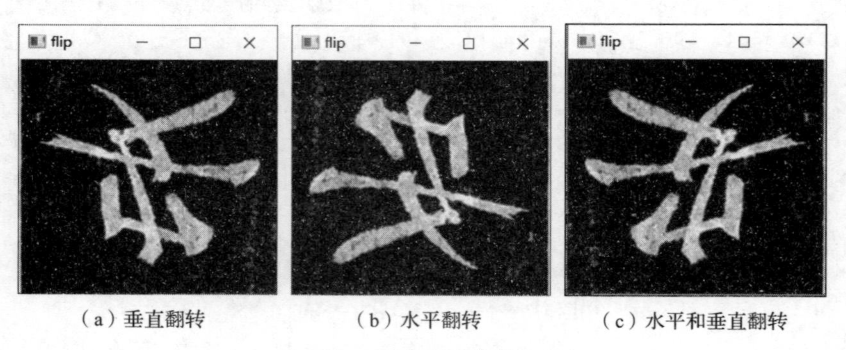

（a）垂直翻转　（b）水平翻转　（c）水平和垂直翻转

图 3-12　翻转变换效果

3.2 图像滤波

图像滤波是一种非常重要、使用广泛的图像预处理操作，可以用于去除噪声、强化边缘、提取图像的特征模式等。滤波是指用卷积核（又可称为滤波矩阵、算子）与图像做卷积操作。卷积在数学上是两个变量在某范围内相乘后求和的结果。在图像处理领域，卷积操作其实就是在待处理图像上滑动卷积核，将图像上的像素灰度值与对应的卷积核上的数值逐个相乘再求和，作为滤波后图像对应位置的像素值，卷积核滑动遍历图像中的所有像素就能获得滤波后的图像。卷积如图 3-13 所示。

3.2　图像滤波

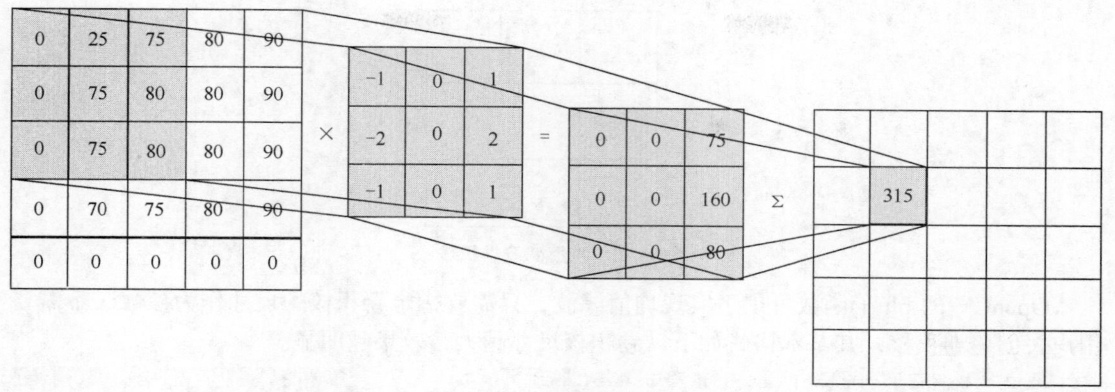

图 3-13　卷积

OpenCV 提供了均值滤波、中值滤波、高斯滤波、双边滤波等的函数，可以用于去除噪声、平滑图像。各函数有不同的效果，例如中值滤波函数对于消除图像中的椒盐噪声非常有效，双边滤波函数可以在去除噪声的同时保持图像的边缘清晰、锐利。此外，滤波器的卷积核参数也对滤波效果有很大的影响，一般来说卷积核尺寸越大，效果越明显。

下面以图 3-7 所示图像为例应用各种滤波器，均值滤波效果如图 3-14 所示，中值滤波效果如图 3-15 所示，高斯滤波效果如图 3-16 所示，双边滤波效果如图 3-17 所示。

图 3-14　均值滤波效果

图 3-15　中值滤波效果

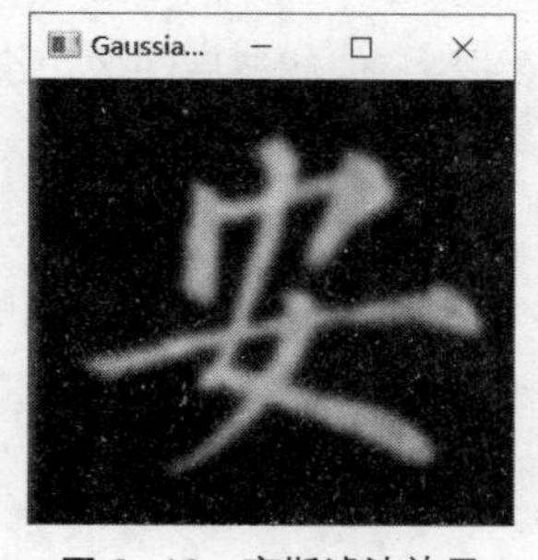

图 3-16　高斯滤波效果

图 3-17　双边滤波效果

3.2.1 均值滤波

均值滤波可以使图像平滑、模糊，去除噪点，运算简单、速度快、去噪效果好。其基本原理是用图像卷积核 $N \times N$ 区域的像素平均值代替中心位置的像素值。例如，尺寸为 3×3 的均值滤波卷积核如图 3-18 所示。

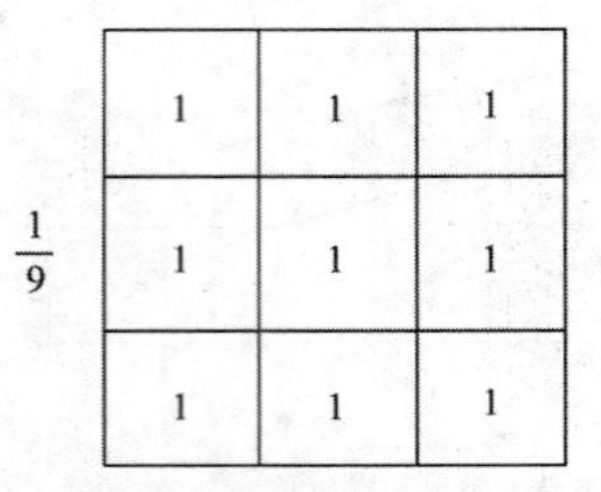

图 3-18 均值滤波卷积核

OpenCV 的 blur()函数可用于实现均值滤波，只需要指定卷积核的尺寸作为参数，不需要用户去创建卷积核，其基本格式如下。卷积核尺寸越大，效果越明显。

```
dst=blur(src, ksize, anchor, borderType)
```

说明如下。

- dst：滤波结果图像。
- src：原图像。
- ksize：卷积核尺寸，表示为(N,N)，N必须是大于 0 的奇数。
- anchor：锚点，默认值为(-1,-1)，表示锚点位于卷积核中心。
- borderType：边界值类型。

OpenCV 还提供一个方盒滤波函数 boxFilter()，其基本格式如下：

```
dst=boxFilter(src, ddepth, ksize, anchor, normalize, borderType)
```

当 normalize=True 时，方盒滤波就等同于均值滤波，因此我们经常使用参数更为简单的 blur()函数。

【例 3-6】以图 3-7 所示图像为例，采用 5×5 的卷积核进行均值滤波，示例代码如下：

```
import cv2
img=cv2.imread('pic/an.jpg')          #读取图像
cv2.imshow('img',img)
img2=cv2.blur(img,(5,5))              #卷积核必须为正奇数
#cv2.imshow('blur',img2)
img3=cv2.boxFilter(img,-1,(5,5),normalize=True)
cv2.imshow('boxFilter',img3)
cv2.waitKey(0)
```

运行结果如图 3-14 所示，可以看出均值滤波可以使图像平滑，但滤波后图像边缘有些模糊。

3.2.2 中值滤波

中值滤波对于消除图像中的椒盐噪声非常有效。椒盐噪声是指图像中随机的噪点像素，其基本原理是把图像卷积核 $N \times N$ 区域中的像素值用该区域的中值替代。

OpenCV 的 medianBlur()函数可用于实现中值滤波，其基本格式如下：

```
dst=cv2.medianBlur(src,ksize)
```

说明如下。

- dst：滤波结果图像。
- src：原图像。
- ksize：卷积核尺寸，其值必须是大于 0 的奇数。

【例 3-7】以图 3-7 所示图像为例，采用尺寸为 5 的卷积核进行中值滤波，示例代码如下：

```
import cv2
img=cv2.imread('pic/an.jpg')          #读取图像
```

```
cv2.imshow('img',img)
img = cv2.medianBlur(img,5)              #中值滤波
cv2.imshow('medianBlur',img2)
cv2.waitKey(0)
```

运行结果如图 3-15 所示。中值滤波效果受卷积核尺寸的影响较大，在消除噪声和保护图像的细节方面存在矛盾：卷积核较小，则能很好地保护图像中的边缘、锐角等细节，但对噪声的过滤效果就不是很好；反之，卷积核尺寸较大时有较好的噪声过滤效果，但是会对图像细节造成一定的模糊。

3.2.3　高斯滤波

高斯滤波对于从图像中去除高斯噪声非常有效。高斯噪声是指图像噪点的概率密度函数服从高斯分布（即正态分布）的一类噪声。高斯滤波卷积核按像素与中心点的不同距离，赋予像素不同的权重值，越靠近中心点，权重值越大，越远离中心点，权重值越小。例如，一个尺寸为 5×5 的高斯滤波卷积核如图 3-19 所示。

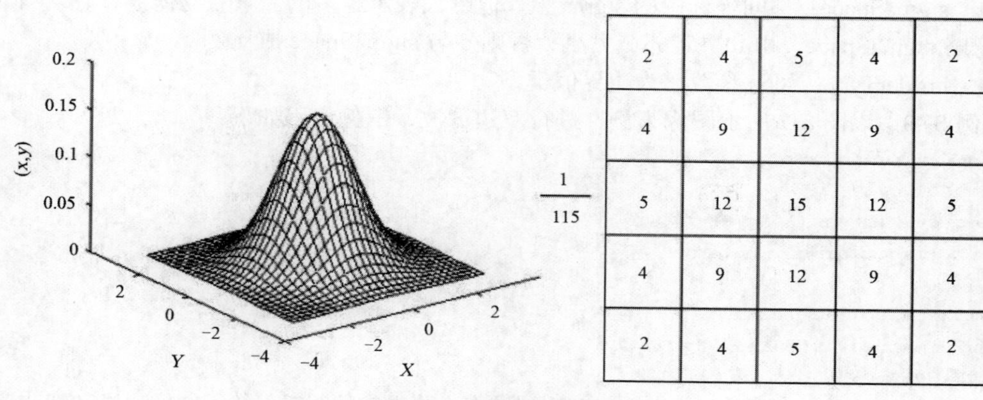

2	4	5	4	2
4	9	12	9	4
5	12	15	12	5
4	9	12	9	4
2	4	5	4	2

图 3-19　高斯滤波卷积核

OpenCV 的 GaussianBlur()函数可用于实现高斯滤波，其基本格式如下：

```
dst=cv2.GaussianBlur(src,ksize,sigmaX [,sigmaY [,borderType]])
```

dst、scr、ksize 参数的含义和均值滤波中的一致，不同部分的说明如下。

- sigmaX：*x* 方向上的高斯滤波卷积核标准差。
- sigmaY：*y* 方向上的高斯滤波卷积核标准差。

高斯滤波中标准差越小清晰度越接近原图像，标准差越大图像越模糊。如果两个标准差均为零，则自动根据卷积核的尺寸计算。

【例 3-8】以图 3-7 所示图像为例，采用 51×51 的卷积核进行高斯滤波，示例代码如下：

```
import cv2
img=cv2.imread('pic/an.jpg')                    #读取图像
cv2.imshow('img',img)
img2=cv2.GaussianBlur(img,(51,51),0,0)          #可调整卷积核尺寸以查看不同效果
#可以使用 cv2.getGaussianKernel()函数创建高斯滤波卷积核
cv2.imshow('imgBlur',img2)
cv2.waitKey(0)
```

运行结果如图 3-16 所示。高斯滤波能有效地平滑图像，但其滤波结果不可避免地会破坏图像的边缘、锐角等细节信息。

3.2.4 双边滤波

双边滤波可以在去除噪声的同时保持图像的细节清晰、锐利。与其他滤波器不同，双边滤波器的内部实现是由两个函数构成的。这两个函数都是滤波器系数：一个函数是由空间距离决定的滤波器系数，另外一个函数是由像素强度差值决定的滤波器系数。在像素平滑的区域里，由于像素值差异非常小，值域的权重趋向于1，所以双边滤波就近似为高斯滤波；而在边缘区域中，由于像素值的差异比较大，值域的权重趋向于0，权重下降，即当前像素受到邻域内像素的影响比较小，从而保留了边缘信息。

OpenCV 的 bilateralFilter()函数可用于实现双边滤波，其基本格式如下：

```
dst=cv2.bilateralFilter(src,d,sigmaColor,sigmaSpace[,borderType])
```

dst、src、ksize 参数的含义和中值滤波中的一致，不同部分的说明如下。

- d：滤波过程中每个像素邻域的直径范围，其值默认为 5。
- sigmaColor：双边滤波选择的色差范围。这个参数的值越大，表明该像素邻域内有越宽广的颜色会被混合到一起，产生较大的半相等颜色区域。
- sigmaSpace：空间坐标中的 sigma 值，值越大表示越多的像素参与滤波计算。当 $d > 0$ 时，忽略 sigmaSpace，由 d 决定邻域大小；否则 d 与 sigmaSpace 成比例。
- borderType：可选参数，为边界值类型。

【例 3-9】以图 3-7 所示图像为例，进行双边滤波，示例代码如下：

```
import numpy as np
import cv2
img=cv2.imread('pic/an.jpg')                  #读取图像
cv2.imshow('img',img)

img2=cv2.bilateralFilter(img,30,200,200)      #可调整参数以查看不同效果
cv2.imshow('imgBlur2',img2)
cv2.waitKey(0)
```

运行结果如图 3-17 所示，可以看出双边滤波在去除噪声的同时保持了图像边缘和细节清晰。

3.2.5 索贝尔边缘检测

索贝尔（Sobel）边缘检测可以检测出图像垂直和水平方向的边缘。

索贝尔边缘检测有两个卷积核，分别为垂直索贝尔卷积核、水平索贝尔卷积核，如图 3-20 所示。

-1	0	1
-2	0	2
-1	0	1

（a）垂直索贝尔卷积核

-1	-2	-1
0	0	0
1	2	1

（b）水平索贝尔卷积核

图 3-20 索贝尔卷积核

索贝尔卷积核与图像进行卷积操作，本质是在计算图像中任意一点与其在水平方向或垂

直方向上相邻点的像素差值。在边缘处像素差值比较大，而在非边缘处像素差值很小，接近于 0，显示为黑色，这样就可以突出边缘了。

Sobel()函数可用于实现索贝尔边缘检测，其基本格式如下：

```
dst=cv2.Sobel(src,ddepth,dx,dy[,ksize[,scale[,delta[,borderType]]]])
```

说明如下。

- dst：边缘检测结果图像。
- src：原图像。
- ddepth：目标图像的深度，即每个像素值所用的位数，8 位彩色图像的深度为 cv2.CV_8U。一般取值为-1，表示与原图像的深度一致。
- dx：导数 *x* 的阶数，可设值为 0、1、2。
- dy：导数 *y* 的阶数，可设值为 0、1、2。
- ksize：可选参数，索贝尔卷积核的大小，只能为 1 至 31 的奇数。
- scale：可选参数，计算导数的可选比例因子。
- delta：可选参数，添加到边缘检测结果中的可选增量值。
- borderType：可选参数，边界值类型。

【例 3-10】以图 3-7 所示图像为例，进行索贝尔边缘检测，由于该图像噪点较多，检测前先进行中值滤波去除噪点，示例代码如下：

```
import cv2
img=cv2.imread('pic/an.jpg')                #读取图像
img = cv2.medianBlur(img,5)                 #中值滤波
img1=cv2.Sobel(img,-1,1,0,ksize=3)          #dx=1，表示进行垂直方向边缘检测
img2=cv2.Sobel(img,-1,0,1,ksize=3)          #dy=1，表示进行水平方向边缘检测
img3=cv2.Sobel(img,-1,1,1,ksize=3)          #垂直和水平方向边缘检测
cv2.imshow('Sobel1', img1)
cv2.imshow('Sobel2', img2)
cv2.imshow('Sobel3', img3)
cv2.waitKey(0)
```

运行结果如图 3-21 所示。

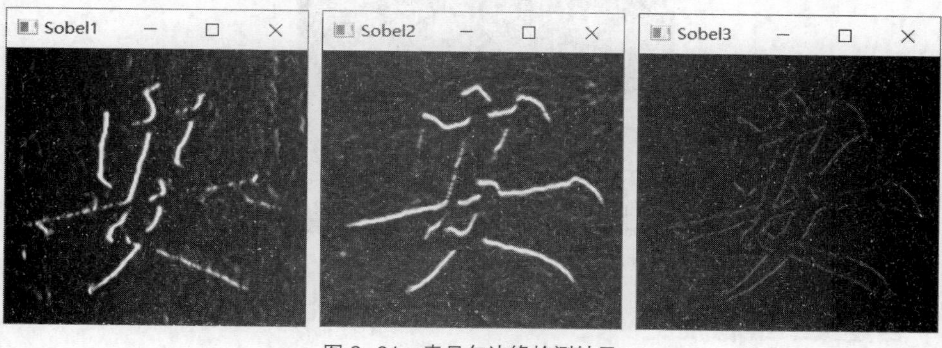

图 3-21　索贝尔边缘检测结果

3.2.6　拉普拉斯边缘检测

拉普拉斯（Laplace）边缘检测可以检测边缘，用拉普拉斯卷积核与图像数组进行卷积运算。常用的拉普拉斯卷积核如图 3-22 所示。

0	1	0
1	−4	1
0	1	0

0	−1	0
−1	4	−1
0	−1	0

0	2	0
2	−8	2
0	2	0

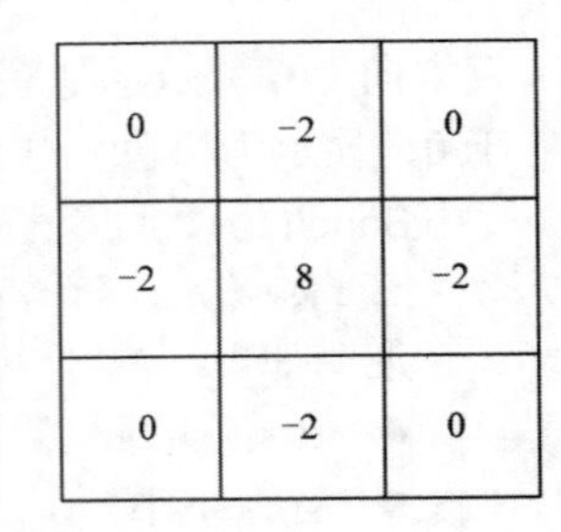

0	−2	0
−2	8	−2
0	−2	0

图 3-22　常用的拉普拉斯卷积核

拉普拉斯边缘检测本质是计算图像中任意一点与其在水平方向和垂直方向上 4 个相邻点的像素平均值的差值。在边缘处像素差值比较大，而在非边缘处像素差值很小，接近于 0，显示为黑色，这样就可以突出边缘了。

Laplacian()函数可用于实现拉普拉斯边缘检测，其基本格式如下：

```
dst=cv2.Laplacian(src,ddepth[,ksize[,scale[,delta[,borderType]]]])
```

dst、src、ddepth、ksize、scale、delta、borderType 参数含义与索贝尔边缘检测函数的一致。

【例 3-11】以图 3-7 所示图像为例，进行拉普拉斯边缘检测，由于该图像噪点较多，检测前先进行中值滤波去除噪点，示例代码如下：

```
import cv2
img=cv2.imread('pic/an.jpg')                 #读取图像
img = cv2.medianBlur(img,5)                  #中值滤波
img2=cv2.Laplacian(img,-1,ksize = 3)         #边缘检测，ksize 的值必须为正数且为奇数，不能大于 31
cv2.imshow('Laplacian',img2)                 #显示结果
cv2.waitKey(0)
```

运行结果如图 3-23 所示。

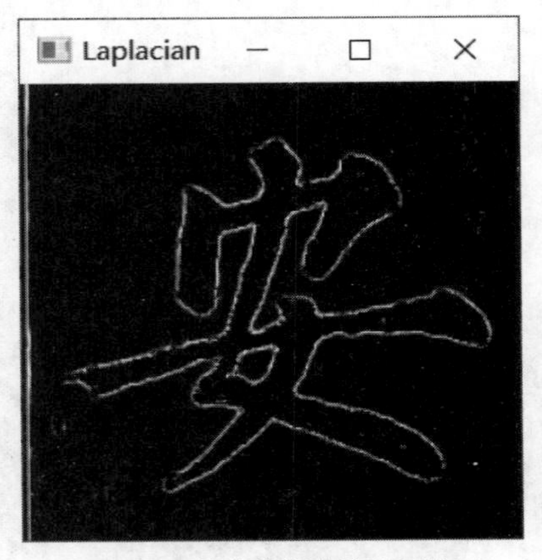

图 3-23　拉普拉斯边缘检测结果

3.2.7　自定义二维滤波

使用均值滤波、中值滤波、高斯滤波等常用滤波方法时，只需指定卷积核的大小，卷积核是由函数内部指定的，而自定义二维滤波中可以自定义卷积核，能够非常灵活地实现用户想要的各种功能。

OpenCV 的 filter2D()函数可用于实现自定义二维滤波，其基本格式如下：

```
dst=cv2.filter2D(src,ddepth,kernel[,anchor[,delta[,borderType]]])
```

说明如下。

- dst：目标图像。
- src：原图像。
- ddepth：目标图像的深度，一般使用-1 表示与原图像深度一致。
- kernel：卷积核，可以用 NumPy 函数来创建。
- anchor：图像处理的锚点，默认为自动设置，默认值为-1。
- delta：最终的滤波结果的修正值，默认值为 0。
- borderType：边界值类型。

可以用 NumPy 数组创建自定义二维卷积核。如果自定义二维卷积核所有元素之和等于 1，滤波前后图像的亮度保持不变；如果卷积核所有元素之和大于 1，那么滤波后的图像就会比原图像更亮；如果小于 1，那么得到的图像就会变暗；如果和为 0，图像几乎都为黑色。

【例 3-12】使用 NumPy 数组创建自定义二维卷积核 k1、k2，示例代码如下：

```
import numpy as np
k1=np.ones((5,5),np.uint8)/25
k2=np.array([[1, 1, 1, 1, 1],
       [1, 1, 1, 1, 1],
       [1, 1, 1, 1, 1],
       [1, 1, 1, 1, 1],
       [1, 1, 1, 1, 1]], dtype=np.uint8)/25
print("k1",k1)
print("k2",k2)
```

可以看出这两个卷积核和 5×5 均值滤波卷积核一样，因此此时自定义二维滤波效果等同于均值滤波效果。同样，如果将自定义二维卷积核设为索贝尔卷积核，自定义二维滤波效果也就等同于索贝尔边缘检测效果。

除了滤波和边缘检测，自定义二维卷积还有以下功能。

1. 锐化

锐化卷积核的大小一般为(3,3)，周围邻域值为-1 或 0，中心的位置为整数，所有元素之和等于 1。这样滤波后的图像就会和原图像具有同样的亮度，但是会更加锐利、清晰。

【例 3-13】以图 3-7 所示图像为例，用两个不同的卷积核进行锐化，示例代码如下：

```
import numpy as np
import cv2
img=cv2.imread('pic/an.jpg')

#锐化
k_sharpen1 = np.array([
        [0,-1,0],
        [-1,5,-1],
        [0,-1,0]])
img1=cv2.filter2D(img,-1,k_sharpen1)
cv2.imshow('sharpen1',img1)

k_sharpen2 = np.array([
        [-1,-1,-1],
        [-1,9,-1],
        [-1,-1,-1]])
img2=cv2.filter2D(img,-1,k_sharpen2)
cv2.imshow('sharpen2',img2)
cv2.waitKey(0)
```

运行结果如图 3-24 所示，卷积核不同，锐化效果也不同。

图 3-24 两个不同的锐化效果

2. 边缘

【例 3-14】以图 3-7 所示图像为例，采用下面的滤波器得到图像垂直方向的边缘，示例代码如下：

```
import numpy as np
import cv2
img=cv2.imread('pic/an.jpg')
k_edge = np.array([
        [0,0,-1,0,0],
        [0,0,-1,0,0],
        [-1,-1,8,-1,-1],
        [0,0,-1,0,0],
        [0,0,-1,0,0]])
img2=cv2.filter2D(img,-1,k_edge)
cv2.imshow('k_edge',img2)
```

运行结果如图 3-25 所示。

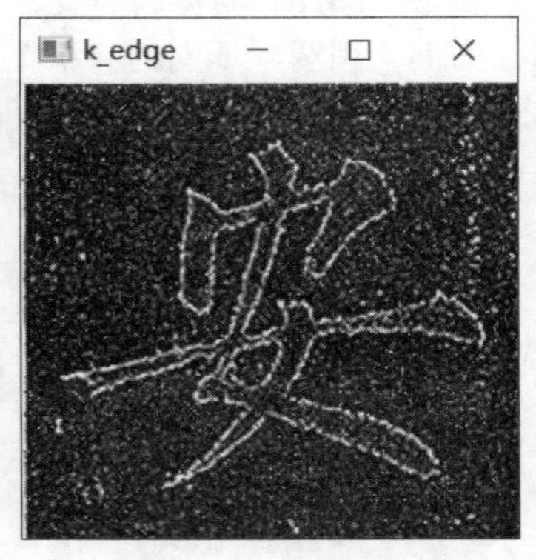

图 3-25 边缘效果

3. 浮雕

浮雕滤波器可以给图像加上一种三维阴影的效果，只要用中心一边的像素值减去另一边的像素值就可以了。这时候，像素值有可能是负数，我们将负数当成阴影，将正数当成光，然后我们为结果图像加上 128 的偏移，这时候，图像大部分就变成灰色了，就像是将一张图像雕刻在一块石头上面。浮雕滤波器如图 3-26 所示。

-1	-1	0
-1	0	1
0	1	1

图 3-26　浮雕滤波器

【例 3-15】以图 3-27 所示图像为例，用 45° 浮雕滤波器得到浮雕效果，示例代码如下：

```
import numpy as np
import cv2
img=cv2.imread('pic/huanghelou.jpg')
cv2.imshow('img',img)
img=cv2.cvtColor(img,cv2.COLOR_BGR2GRAY) #转换色彩空间

k = np.array([
        [-1,-1,0],
        [-1,0,1],
        [0,1,1]])
img2=cv2.filter2D(img,-1,k)+200
cv2.imshow('sculp',img2)
cv2.waitKey(0)
```

运行结果如图 3-28 所示。

图 3-27　黄鹤楼

图 3-28　黄鹤楼浮雕效果

4. 运动模糊

运动模糊可以通过只在一个方向模糊实现，例如下面 5×5 的运动模糊滤波器。注意，如果要使滤波后图像亮度不变，那么卷积核所有元素之和要等于 1。

【例 3-16】以图 3-7 所示图像为例，采用下面的滤波器得到运动模糊效果，示例代码如下：

```
import numpy as np
import cv2
img=cv2.imread('pic/an.jpg')
img=cv2.cvtColor(img,cv2.COLOR_BGR2GRAY) #转换色彩空间
#运动模糊滤波器
k_motion = np.array([
        [1,0,0,0,0],
        [0,1,0,0,0],
```

```
        [0,0,1,0,0],
        [0,0,0,1,0],
        [0,0,0,0,1]])/5           #数组中元素之和为 5，因此要除以 5，使卷积核所有元素的和为 1
img2=cv2.filter2D(img,-1,k_motion)
cv2.imshow('k_motion',img2)
```

运行结果如图 3-29 所示。

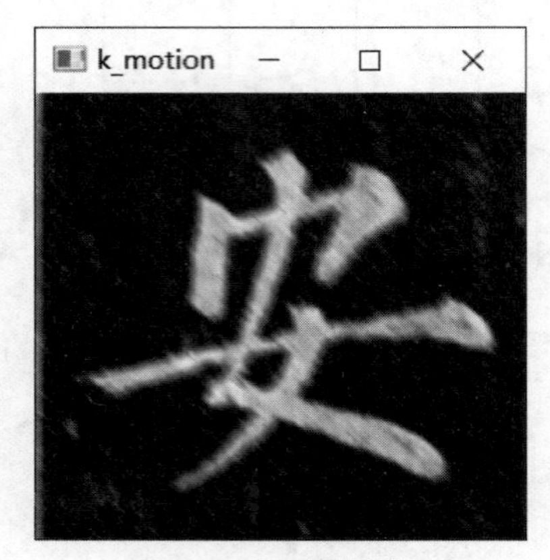

图 3-29 运动模糊效果

3.3 图像的形态变换

形态变换是一些基于图像形状的简单操作，两种基本的形态变换是腐蚀和膨胀。高级形态变换基于腐蚀和膨胀，包括开运算、闭运算、形态学梯度运算、礼帽运算和黑帽运算等。形态变换可以用于消除噪声、分割独立的图像元素、寻找图像中明显的极大值区域或极小值区域等。

3.3.1 腐蚀

腐蚀可以使图像的边界被侵蚀，前景或白色区域缩小，它有助于去除小的白色噪点、分离两个连接的对象等。

OpenCV 的 erode()函数可用于实现腐蚀，其基本格式如下：

```
dst=cv2.erode(src,kernel[,anchor[,iterations[,borderType[,borderValue]]]])
```

说明如下。

- dst：转换后的结果图像。
- src：原图像。
- kernel：卷积核，规则格式为(*N*,*N*)的矩阵，*N* 必须是大于 0 的奇数。
- anchor：锚点，默认值为(−1,−1)，表示锚点为卷积核中心。
- iterations：腐蚀的迭代次数。
- borderType：边界值类型。
- borderValue：边界像素颜色值，默认值为 0，即像素为黑色。

可以用 getStructuringElement()函数来创建特定形状的卷积核，也可以用 NumPy 数组创建。如果自定义卷积核所有元素之和等于 1，滤波前后图像的亮度保持不变。如果卷积核所有元素之和大于 1，那么滤波后的图像就会比原图像更亮，反之，如果小于 1，那么得到的图像就会变暗。如果和为 0，图像不会变为全黑，但也会非常暗。

getStructuringElement()函数只需传递卷积核的形状和大小，即可获得指定形状的卷积核，基本格式如下：

```
retval=cv2.getStructuringElement(shape,ksize)
```

说明如下。

- retval：生成的指定形状和尺寸的卷积核。
- shape：卷积核的形状，可选值如下。
  MORPH_RECT：矩形。
  MORPH_CROSS：十字形。
  MORPH_ELLIPSE：椭圆。
- ksize：卷积核的大小。

【例 3-17】创建矩形、十字形、椭圆卷积核，示例代码如下：

```
import cv2
k1=cv2.getStructuringElement(cv2.MORPH_RECT,(5,5))        #矩形卷积核
print(k1)
k2=cv2.getStructuringElement(cv2.MORPH_CROSS,(5,5))       #十字形卷积核
print(k2)
k3=cv2.getStructuringElement(cv2.MORPH_ELLIPSE,(5,5))     #椭圆卷积核
print(k3)
```

输出结果如下：

```
array([[1, 1, 1, 1, 1],
       [1, 1, 1, 1, 1],
       [1, 1, 1, 1, 1],
       [1, 1, 1, 1, 1],
       [1, 1, 1, 1, 1]], dtype=uint8)

array([[0, 0, 1, 0, 0],
         [0, 0, 1, 0, 0],
         [1, 1, 1, 1, 1],
         [0, 0, 1, 0, 0],
         [0, 0, 1, 0, 0]], dtype=uint8)

array([[0, 0, 1, 0, 0],
       [1, 1, 1, 1, 1],
       [1, 1, 1, 1, 1],
       [1, 1, 1, 1, 1],
       [0, 0, 1, 0, 0]], dtype=uint8)
```

【例 3-18】以图 3-7 所示图像为例，进行腐蚀，示例代码如下：

```
import cv2
import numpy as np
img=cv2.imread('pic/an.jpg')                                  #读取图像
kernel = cv2.getStructuringElement(cv2.MORPH_RECT,(3,3))  #定义卷积核中心
img2 = cv2.erode(img,kernel,iterations = 2)         #腐蚀，迭代两次
cv2.imshow('erode',img2)                                      #显示变换结果图像
cv2.waitKey(0)
```

运行结果如图 3-30 所示。

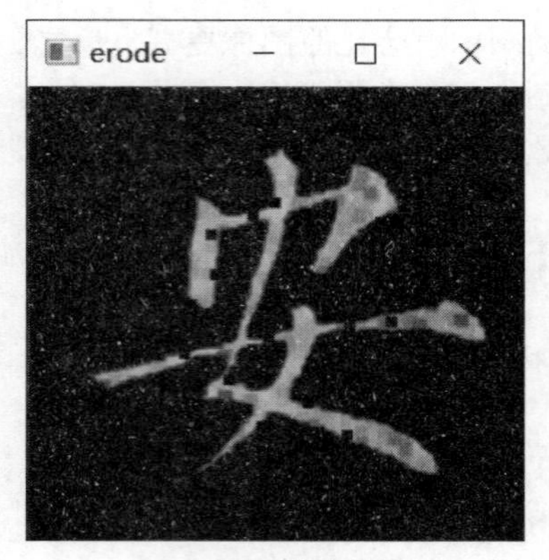

图 3-30　腐蚀效果

3.3.2 膨胀

膨胀与腐蚀刚好相反，它对图像的边界进行扩张，会增加图像中的白色区域或增大前景。OpenCV 的 dilate()函数可用于实现膨胀，其基本格式如下：

```
dst=cv2.dilate(src,kernel[,anchor[,iterations[,borderType[,borderValue]]]])
```

各个参数的含义与 erode()函数中的一致。

【例 3-19】以图 3-7 所示图像为例，进行膨胀，示例代码如下：

```
import cv2
import numpy as np
img=cv2.imread('pic/an.jpg')                              #读取图像
cv2.imshow('img',img)                                     #显示原图像
kernel = cv2.getStructuringElement(cv2.MORPH_RECT,(3,3))  #定义卷积核中心
img2 = cv2.dilate(img,kernel,iterations = 2)              #膨胀，迭代两次
cv2.imshow('img2',img2)                                   #显示变换结果图像
cv2.waitKey(0)
```

运行结果如图 3-31 所示。

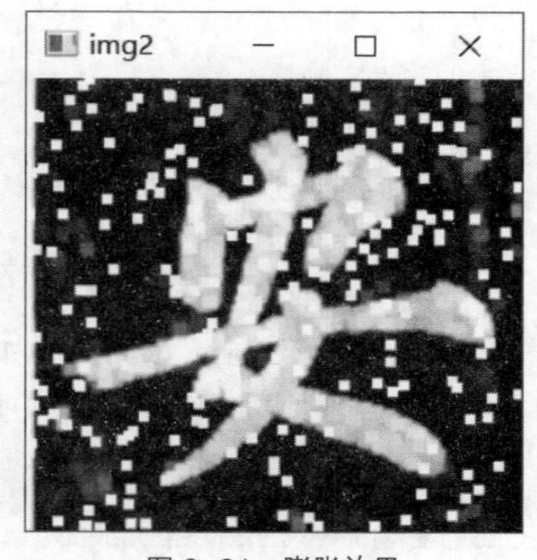

图 3-31　膨胀效果

3.3.3 高级形态变换

OpenCV 的 morphologyEx()函数可用于实现高级形态变换，其基本格式如下：

```
dst=cv2.morphologyEx(src,op,kernel[,anchor[,iterations [,borderType
[,borderValue]]]])
```

参数中 op 为高级形态变换的操作类型，其他参数的含义与 erode()函数中的一致。op 的值可设置如下。

- MORPH_ERODE：腐蚀，作用与 erode()的相同。
- MORPH_DILATE：膨胀，作用与 dilate()的相同。
- MORPH_OPEN：开运算，先腐蚀后膨胀，作用是消除小白点噪声。
- MORPH_CLOSE：闭运算，先膨胀后腐蚀，作用是关闭前景对象内部的小孔或对象上的小黑点。
- MORPH_GRADIENT：形态学梯度，膨胀减去腐蚀，作用是得到图像对象的轮廓。
- MORPH_TOPHAT：礼帽运算，原图像减去开运算，作用是得到噪声。
- MORPH_BLACKHAT：黑帽运算，原图像减去闭运算，作用是获得前景对象内部的小孔或对象上的小黑点。
- MORPH_HITMISS：命中或未命中运算，仅支持 CV_8UC1 二值图像。

【例 3-20】以图 3-7 所示图像为例，实现按键选择高级形态变换操作类型，按“0”键为腐蚀，按“1”键为膨胀，按“2”键为开运算，按“3”键为闭运算，按“4”键为形态学梯度，按“5”键为礼帽运算，按“6”键为黑帽运算，示例代码如下：

```
import cv2
import numpy as np
print("按键选择形态操作类型：按“0”键为腐蚀，按“1”键为膨胀，按“2”键为开运算，按“3”键为
闭运算，按“4”键为形态学梯度，按“5”键为礼帽运算，按“6”键为黑帽运算。")
img=cv2.imread('pic/an.jpg')    #读取图像
cv2.imshow('img',img)      #显示图像
kernel = np.ones((5,5),np.uint8)          #定义 5×5 的卷积核
morphTypes=[cv2.MORPH_ERODE,
    cv2.MORPH_DILATE,
    cv2.MORPH_OPEN,
    cv2.MORPH_CLOSE,
    cv2.MORPH_GRADIENT,
    cv2.MORPH_TOPHAT,
    cv2.MORPH_BLACKHAT]#高级形态变换的操作类型列表
while True:
    key=cv2.waitKey(0)
    op = key-48
    if key==27:                #按“ESC”键时显示原图像
        cv2.imshow('morphologyEx', img)
    elif 48<=key<55:
        img2 = cv2.morphologyEx(img, morphTypes[op], kernel, iterations=3)  #高级形
态变换
        cv2.imshow(str(morphTypes[op]), img2)  # 显示变换结果图像
    else:
        print("不支持")
```

运行结果如图 3-32 所示。

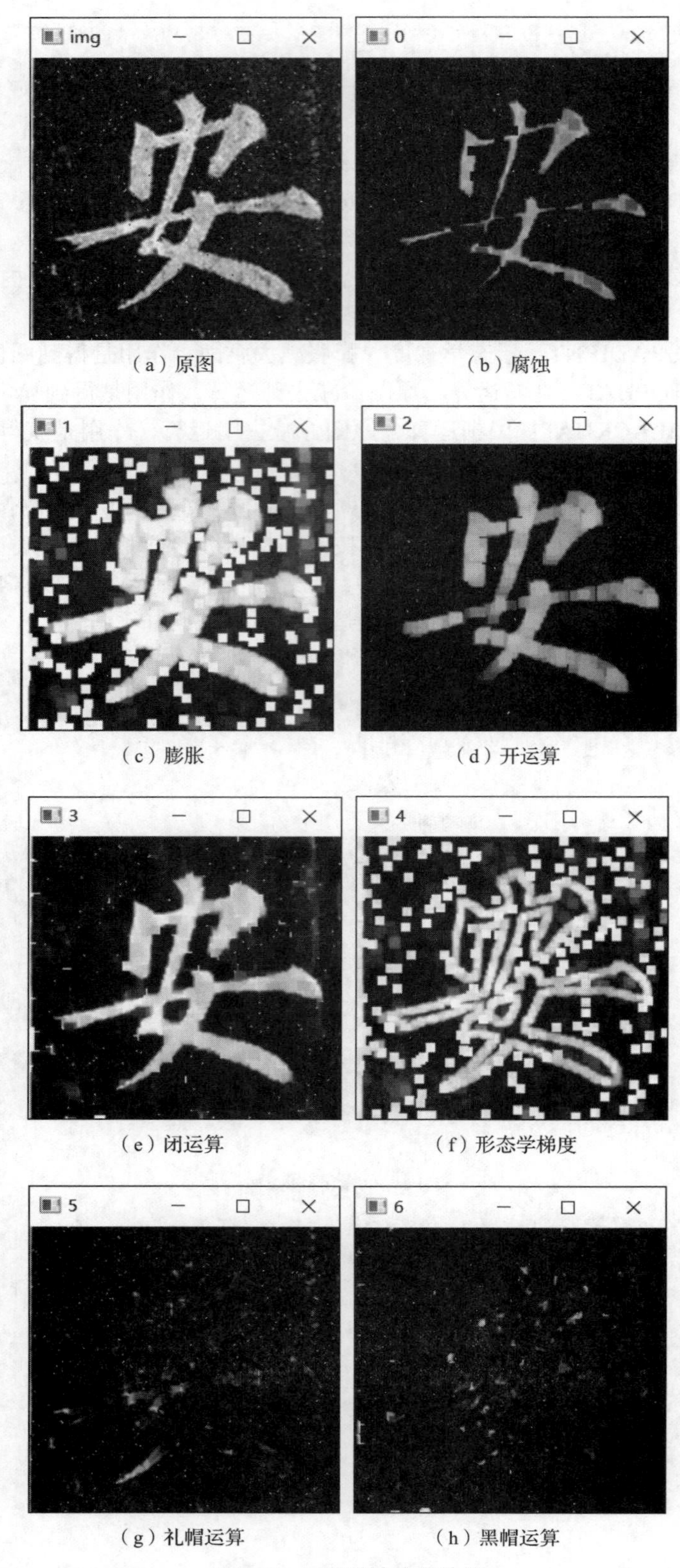

（a）原图　（b）腐蚀

（c）膨胀　（d）开运算

（e）闭运算　（f）形态学梯度

（g）礼帽运算　（h）黑帽运算

图 3-32　高级形态变换效果

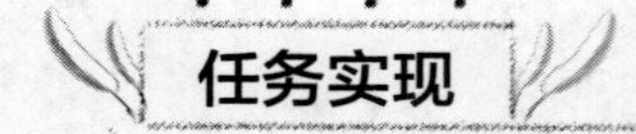

任务实现

【任务分析】

本项目要实现对图像的多种美化操作，可分解为 4 个部分，分别是翻转、旋转、平滑和锐化。

【工作流程】

本项目的工作流程如图 3-33 所示。

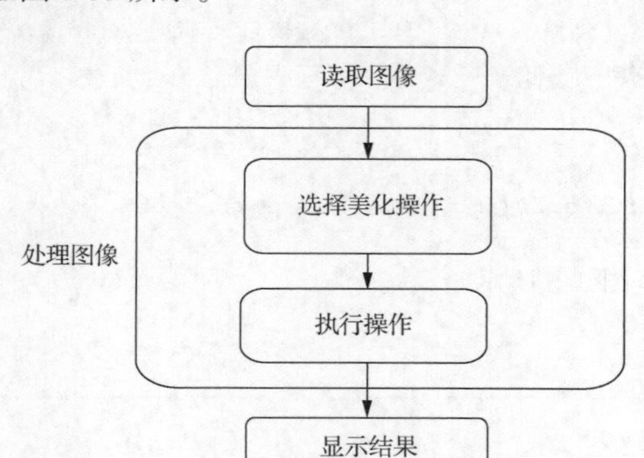

图 3-33　本项目的工作流程

任务　图像变换

工作流程可分解为以下 3 步。

（1）读取图像。

（2）用户通过按键来选择美化操作类型：按“0”键为显示原图像，按“1”键为垂直翻转，按“2”键为水平翻转，按“3”键为旋转，按“4”键为平滑，按“5”键为锐化等。

（3）执行操作。

【例 3-21】设置按键选择形态操作类型，按“0”键为显示原图像，按“1”键为垂直翻转，按“2”键为水平翻转，按“3”键为旋转，按“4”键为平滑，按“5”键为锐化，完整示例代码如下：

```
import cv2
import numpy as np
print("按键选择形态操作类型：按“0”键为显示原图像，按“1”键为垂直翻转，按“2”键为水平翻转，按“3”键为旋转，按“4”键为平滑，按“5”键为锐化。")
img=cv2.imread('pic/photo.jpg')              #读取图像
cv2.imshow('img',img)                         #显示图像
height=img.shape[0]                           #获得图像高度
width=img.shape[1]                            #获得图像宽度
while True:
    key=cv2.waitKey(0)
    if key==ord('0'):                         #按“0”键时显示原图像
        img2=img
    elif key==ord('1'):                       #按“1”键时垂直翻转
```

```
        img2=cv2.flip(img,0)
    elif key==ord('2'):                    #按“2”键时水平翻转
        img2=cv2.flip(img,1)
    elif key==ord('3'):                    #按“3”键时旋转
        m = cv2.getRotationMatrix2D((width / 2, height / 2), 60, 0.5) # 创建变换矩阵
        img2 = cv2.warpAffine(img, m, (width,height))  #执行旋转
    elif key == ord('4'):                  #按“4”键时平滑图片，去除噪点
        img2 = cv2.bilateralFilter(img, 20, 100, 100)  #可调整参数查看不同效果
    elif key == ord('5'):                  #按“5”键时锐化图像，突出细节
        kernel_sharpen = np.array([
        [0, -1, 0],
        [-1, 5, -1],
        [0, -1, 0]])
        img2 = cv2.filter2D(img, -1, kernel_sharpen)
   cv2.imshow('showimg',img2)
```

运行结果如图 3-1 至图 3-6 所示。

图像变换 提高与拓展

【提高】更多美化效果

OpenCV 中提供了几个非真实感绘制效果的接口函数，我们可以借助这些函数得到卡通画、素描画、细节增强图像、美颜图像等。

stylization()函数可用于生成卡通画，基本格式如下：

```
cv2.stylization(src[,dst[,sigma_s[,sigma_r]]])->dst
```

pencilSketch()函数可用于生成铅笔素描画，返回两张图像，img1 是灰度图像，img2 是彩色图像，基本格式如下：

```
img1, img2 =
cv2.pencilSketch(src[,dst1[,dst2[,sigma_s[,sigma_r[,shade_factor]]]]])
```

detailEnhance()函数可用来增强图像的细节，基本格式如下：

```
cv2.detailEnhance(src[,dst[,sigma_s[,sigma_r]]])->dst
```

edgePreservingFilter()函数可用于实现边缘保持滤波，可以实现磨皮、美颜的效果，基本格式如下：

```
cv2.edgePreservingFilter(src[,dst[,flags[,sigma_s[,sigma_r]]]])->dst
```

这些函数的输入图像 src 都要求是 8 位三通道图像，另外都有两个共同的参数 sigma_s 和 sigma_r，其中 sigma_s 参数取值范围为 0～200，sigma_r 参数取值范围为 0～1。

【例 3-22】这里用图 3-34 展示各种图像处理效果，按键选择形态操作类型，按“0”键为显示原图像，按“6”键为生成卡通画，按“7”键为生成铅笔素描画，按“8”键为细节增强，按“9”键为边缘保持滤波，示例代码如下：

```
import cv2
import numpy as np
print("按键选择形态操作类型：按“0”键为显示原图像，按“6”键为生成卡通画，按“7”键为生成铅笔素描画，按“8”键为细节增强，按“9”键为边缘保持滤波。")
img=cv2.imread('pic/hehua.png')    #读取图像
```

```
cv2.imshow('img',img)                #显示图像
height=img.shape[0]                  #获得图像高度
width=img.shape[1]                   #获得图像宽度
while True:
    key=cv2.waitKey(0)
    if key==ord('0'):                #按“0”键时显示原图像
        img2=img
     elif key == ord('6'):      # 按“6”键时生成卡通画
        img2 = cv2.stylization(img, sigma_s=20, sigma_r=0.6)#
    elif key == ord('7'):       # 按“7”键时生成铅笔素描画，一张是灰度图像，一张是彩色图像
        img1, img2 = cv2.pencilSketch(img, sigma_s=20, sigma_r=0.3, shade_factor=0.02)
    elif key == ord('8'):       # 按“8”键时细节增强
        img2 = cv2.detailEnhance(img, sigma_s=50, sigma_r=0.6)
    elif key == ord('9'):       # 按“9”键时边缘保持滤波
        img2 = cv2.edgePreservingFilter(img, sigma_s=50, sigma_r=0.6)
    cv2.imshow(chr(key),img2)
```

运行结果如图 3-34 至图 3-38 所示。

图 3-34　原图

图 3-35　卡通画

图 3-36　铅笔素描画

图 3-37　细节增强

图 3-38 边缘滤波

【拓展】眼见不一定为实——视错觉现象

当你看到图 3-39，是不是觉得标记为 A 的格子比标记为 B 的格子颜色更深？用纸板将这两个格子以外的部分都遮蔽之后，这次你看到这两个格子所呈现的颜色是不是相同的？

图 3-39 棋盘阴影错觉

棋盘阴影错觉是爱德华·阿尔德森于 1995 年所提出的。图 3-39 图像描绘了白与黑的正方形棋盘，其中标记为 A 的格子看似比标记为 B 的格子颜色较深，但是它们实际上是色阶完全一样的灰色。那么人类为什么会产生这样的视错觉？

人类视觉系统会对所看到物体在真实世界的颜色做出判断。在这种情况下，要确定阴影之下棋盘格子的颜色，只从眼睛所接收的实际光线来判断是不够的。人类视觉系统使用了几个技巧来进行补偿，以确定格子的颜色。

第一个技巧是局部区域的对比。不论是否在阴影之下，比周围区域较亮的格子可能一般来说比较亮，反之亦然。所以在该图像中，阴影中较亮的 B 格子被其他较暗的格子包围，即使眼睛实际接收的光线较暗，但视觉系统感觉比较亮。反之，光亮处的 A 格子被较亮的格子所包围，因此使它看起来比较暗。

第二个技巧是基于阴影所产生的颜色变化通常较模糊，而物体表面的颜色（如棋盘格子上的颜色）通常具有明显的边缘，视觉系统会倾向于忽视逐渐变化的颜色差异，从而确保判断表面颜色时不会被阴影所误导。在该图像中，中间阴影区看上去像一个影子，这是因为它的边缘模糊并且产生影子的圆柱体是可见的。

如同许多所谓的视错觉，这确实表明了人类视觉系统的成功，而不是故障。作为一个物理测光仪，人类视觉系统的确表现得不太好，但这不是它的目的。视觉系统的重要任务是将接收的光线信号转换成有意义的信息，并由此判断在图像中的对象的性质。

马赫带（Mach Band）效应指的是一种主观的边缘对比效应，当观察两块亮度不同的区域时，边界处亮度对比加强，使轮廓表现得特别明显，如图 3-40 所示。例如当我们凝视窗棂的时候，会觉得木格的外面镶上了一条明亮的线，而木格的里侧更浓黑。观察影子的时候，在轮廓线的两侧也会有类似的现象。100 多年前，奥地利物理学家马赫第一次观察、研究了这种现象，所以这种现象被叫作“马赫带”。马赫带效应的出现是因为人类视觉系统有增强边缘对比度的机制。所以，眼见不一定为实，视错觉现象揭示了人类感知的局限性和主观性。面对纷繁复杂的网络世界，我们一定要更加审慎地对待接收到的信息，不轻易被表面现象迷惑。

图 3-40 马赫带效应

思考与练习

1. 单选题

（1）在 OpenCV 中的 warpAffine()函数没有（ ）功能。

A. 平移 B. 缩放 C. 翻转 D. 旋转

（2）透视变换的变换矩阵的尺寸是（ ）。

A. 2×3 B. 3×2 C. 3×3 D. 3×4

（3）（ ）对于消除图像中的随机噪点非常有效。

A. 均值滤波 B. 中值滤波 C. 高斯滤波 D. 双边滤波

（4）对于高级形态变换中的开运算，函数内部实际上执行了（ ）操作。

A. 先膨胀后腐蚀 B. 先腐蚀后膨胀 C. 膨胀减去腐蚀 D. 原图像减去开运算

（5）自定义二维滤波中，想要滤波前后图像的亮度保持不变，应使（ ）。

A. 自定义二维卷积核所有元素之和等于 0

B. 自定义二维卷积核所有元素之和等于 1

C. 自定义二维卷积核所有元素之和等于 0.5

D. 自定义二维卷积核所有元素之和等于 255

2. 简答题

（1）简述图像的仿射变换是什么。

（2）简述图像的滤波操作是什么。

（3）简述图像的形态变换有哪些。

3. 操作题

（1）下载一张图像，对其分别执行均值滤波、高斯滤波、方盒滤波、中值滤波和双边滤波操作。

（2）使用系统的绘图工具创建一张二值图像（提示：在黑色背景上，输入一个 72 号的中文字符，再用喷枪随机绘制一些白色噪点和线条），再通过图像的形态变换操作去掉图像中的噪点和线条。

（3）对第（2）题中创建的二值图像进行边缘检测，凸显文字的边缘。

（4）中国书法是我国特有的一种汉字书写艺术，直到今天，书法一直散发着艺术的魅力。对图 3-41 所示的书法作品提取边缘，用于制作书法字帖。

图 3-41　书法作品

项目四

简易画图板——图形用户界面

本项目主要介绍图形用户界面(Graphical User Interface, GUI)。OpenCV 的 HighGUI 模块提供了高层图形用户界面模块，功能包含窗口创建和控制、在窗口中绘制图形、与用户的鼠标和键盘进行交互等。

项目四 简易画图板

本项目将实现一个简易画图板程序，用户可以用鼠标进行绘画，清空画图板，还可以选择鼠标画笔的粗细和颜色。在使用 Python 和 OpenCV 实现项目的过程中，我们将学习创建窗口、绘制图形、处理鼠标事件等的方法。

知识目标

了解图形用户界面。

掌握在窗口上绘制图形的方法，如绘制线段、圆、矩形、多边形等。

掌握在 OpenCV 中处理鼠标事件的方法。

掌握 OpenCV 滑动条的使用方法。

技能目标

能用 OpenCV 绘制各种图形，包括线段、圆、矩形、多边形等。

能用 OpenCV 编写鼠标交互应用。

能用 OpenCV 编写滑动条交互应用。

情景描述

一个简易的画图板需要具备哪些功能呢？用户可以在白色画图板上用鼠标绘图，按下鼠标左键时开始绘图，拖动鼠标指针就在画图板上出现笔迹，当释放鼠标左键时结束绘图，如图 4-1 所示。绘制完一张图像，想要清除整张图像怎么办？我们可以利用右击来实现清除功能。如果我们还想进一步完善功能，例如设置鼠标画笔的粗细和颜色，可以使用滑动条回调函数。

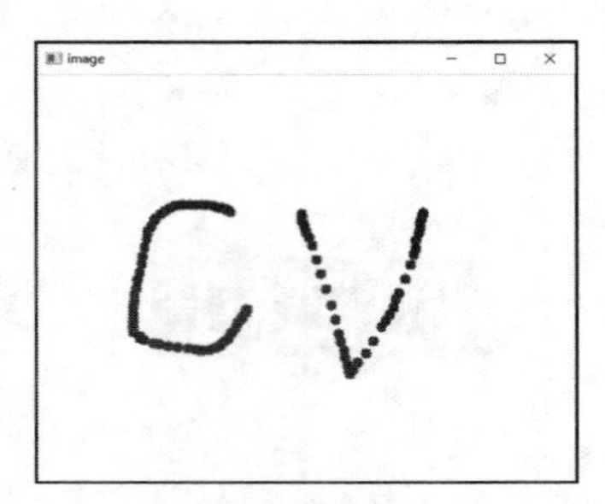

图 4-1　简易画图板

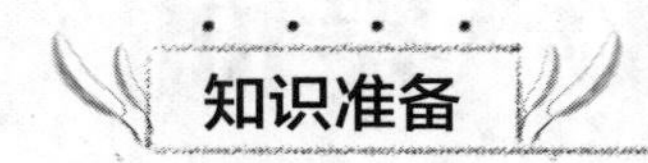

通过 OpenCV 的 HighGUI 模块，用户可以直接参与图像处理的过程，根据自己的需求和判断进行以下操作，实时观察和调整结果。

区域选择：鼠标可以用于选择感兴趣的区域或对象。例如，通过在图像上拖动鼠标指针来选择一个区域，可以进行图像局部处理，如裁剪、放大、缩小等。

标注和标记：鼠标可以用于在图像上进行标注和标记，以便后续的处理和分析。例如，通过单击来标记特定的点、线或区域，在图像中标记目标、轮廓、边界等。

图像编辑：鼠标可以用于进行各种图像编辑操作。例如，可以使用鼠标指针在图像上绘制线条、矩形、圆等几何形状，作为标记、涂鸦等。

参数调整：在图像处理算法中，存在一些参数需要手动调整，以获得最佳的效果。可以通过拖动滑动条等方式来实时调整参数，观察图像处理结果，并进行优化。

交互式分割：在图像分割任务中，鼠标可以用于交互式分割，用户可以通过鼠标指针绘制轮廓或标记区域，指导分割算法对图像进行准确的分割。

这种交互式的图像处理方式提供了更直观、灵活和个性化的体验，使用户能够更好地掌控图像处理的过程和结果。

4.1　窗口的操作

窗口是图形用户界面非常重要的元素。OpenCV 中典型的窗口如图 4-2 所示，其顶部是标题栏。标题栏左侧显示窗口标题；标题栏的右侧是窗口最小化、最大化和关闭按钮；窗口中间部分被称为窗体，一般用于绘制图形、显示图像或视频等，是用户与窗口交互和操作图像的主要区域。程序设计时需要着重处理的部分。

图 4-2　OpenCV 的窗口

4.1.1　创建窗口

在项目二中已经介绍过 imshow()函数可以在窗口中显示图像，但窗口大小由图像大小决定，用户不能通过拖动鼠标指针改变窗口大小。namedWindow()函数可用于创建自定义窗口，函数格式如下：

```
cv2.namedWindow(winname[,flags])
```

说明如下。

- winname：窗口名称。
- flags：窗口属性的常量，即窗口的标志参数，可选，默认值为 cv2.WINDOW_AUTOSIZE。常用值如下。
  - cv2.WINDOW_NORMAL：用户可以调整窗口大小，无限制。
  - cv2.WINDOW_AUTOSIZE：默认值，用户无法调整窗口大小，窗口大小由显示的图像决定。
  - cv2.WINDOW_FULLSCREEN：窗口将全屏显示。
  - cv2.WINDOW_GUI_EXPANDED：窗口中可显示状态栏和工具栏。
  - cv2.WINDOW_FREERATIO：窗口将尽可能多地显示图片（无比例限制）。
  - cv2.WINDOW_KEEPRATIO：窗口大小由图像的比例决定。

如果已存在指定名称的窗口，namedWindow()函数的行为取决于传递的标志参数。

如果使用的是默认标志参数 cv2.WINDOW_AUTOSIZE，那么 namedWindow()函数将不会创建新的窗口，而是将焦点切换到已存在的同名窗口。如果使用的是其他标志参数，例如 cv2.WINDOW_NORMAL，那么 namedWindow()函数将创建一个新的具有指定名称和标志的窗口。

【例 4-1】创建一个窗口，显示黑色背景上有一个白色矩形的图像，示例代码如下：

```
import numpy
import cv2
img=numpy.zeros((240,320),dtype=numpy.uint8)     #创建黑色图像
img[70:170,110:210]=255                          #设置白色区域
cv2.namedWindow('img',cv2.WINDOW_NORMAL)         #创建普通窗口
cv2.imshow('img',img)                            #在窗口中显示图像
cv2.waitKey(0)
```

4.1.2　调整窗口大小

resizeWindow()函数可用于调整窗口大小，其基本格式如下：

```
cv2.resizeWindow(winname,size)
```

说明如下。

- winname：窗口名称。
- size：窗口大小的二元组。

【例 4-2】调整窗口大小，示例代码如下：

```
import cv2
img=cv2.imread('pic/flower.jpg')                 #读取图像
s=img.shape
cv2.imshow('img',img)                            #显示图像
key=cv2.waitKey(500)
cv2.resizeWindow('img',(s[0]//2,s[1]//2))        #调整窗口大小
cv2.waitKey(0)
```

4.1.3 关闭窗口

OpenCV 提供了两个用于关闭窗口的函数。关闭所有窗口，函数格式如下：

```
cv2.destroyAllWindows()
```

关闭指定名称的窗口，函数格式如下：

```
cv2.destroyWindow(winname)
```

参数 winname 为窗口名称。

对于一个简单的程序，实际上不必调用这些函数，因为退出程序时系统会自动关闭应用程序的所有资源和窗口。

4.1.4 用鼠标指针选择 ROI

selectROI()函数可以显示一张图像。用户使用鼠标指针选择 ROI，然后按“Space”键或“Enter”键完成选择，或者按“C”键取消选择。函数格式如下：

```
roi=cv2.selectROI(windowName,img[,showCrosshair[,fromCenter]])
```

说明如下。

- windowName：将显示选择过程的窗口的名称。
- img：要在其上选择 ROI 的图像。
- showCrosshair：是否在矩形区域里画十字准线，值为 True 或 False。
- fromCenter：是否从矩形区域的中心开始画，值为 True 或 False。
- roi：返回值，是选择的矩形区域的位置信息，其形式为 x,y,w,h，含义是左上角横坐标、左上角纵坐标、矩形宽度、矩形高度。

【例 4-3】使用 selectROI()函数选择特定的区域，将其裁剪出来并显示、输出，运行结果如图 4-3 所示，示例代码如下：

```
import numpy as np
import cv2

img1 = cv2.imread("pic/flower.jpg")
roi = cv2.selectROI("DemoROI",img1, showCrosshair=True, fromCenter=False)
print(roi)
x, y, w, h = roi  #矩形区域
imgROI = img1[y:y + h, x:x + w].copy()  #图像被裁剪后保留的区域
cv2.imshow("DemoRIO", imgROI)
cv2.waitKey(0)
```

图 4-3　选择 ROI 的结果

利用 selectROI()函数可以很方便地手动选择图像中的 ROI，在目标追踪等应用场景，还可以将该区域作为另一个任务的输入。

4.2　绘制图形

OpenCV 提供了一系列函数，用于绘制不同的图形，如线段、矩形、圆、椭圆、多边形，以及文本等。注意，所有用于绘图的函数中坐标、半径、长度等的数值都以像素为单位，数值必须为整数。

4.2.1　绘制线段

line()函数可用于绘制线段，其语法格式如下：

```
cv2.line(img, pt1, pt2, color[, thickness[, lineType[, shift]]] )
```

说明如下。

- img：要在其上绘制线段的图像。
- pt1：线段的起点坐标(*x*,*y*)，*x*、*y* 必须为整数。
- pt2：线段的终点坐标(*x*,*y*)，*x*、*y* 必须为整数。
- color：线段的颜色。彩色图像中默认使用 BGR 颜色，如(255,0,0)。对于灰度图像，只需传递单个像素值即可。
- thickness：线条粗细，可选参数，默认值为 1，指 1 个像素。-1 表示填充形状，即变成实心图像。
- lineType：线条类型，可选参数，默认值为 cv2.LINE_8。线条类型的值包括，cv2.FILLED，填充；cv2.LINE_4，使用 4 连通算法绘制线条；cv2.LINE_8，使用 8 连通算法绘制线条；cv2.LINE_AA 表示抗锯齿线，线条更平滑，非常适合绘制曲线。
- shift：坐标的数值精度，一般情况下不需要设置。

【例 4-4】创建一张白色图像，并从右上角到左下角在其上绘制一条绿线，示例代码如下：

```
import numpy as np
import cv2
img=np.zeros((200,320,3), np.uint8)+255         #创建一张白色图像
cv2.line(img,(320,0),(0,200),(0,255,0),5)       #对角线，线条为绿色，5 个像素粗
cv2.namedWindow('draw',cv2.WINDOW_NORMAL)       #创建普通窗口
cv2.imshow('draw',img)                          #显示图像
cv2.waitKey(0)
```

运行结果如图 4-4 所示。

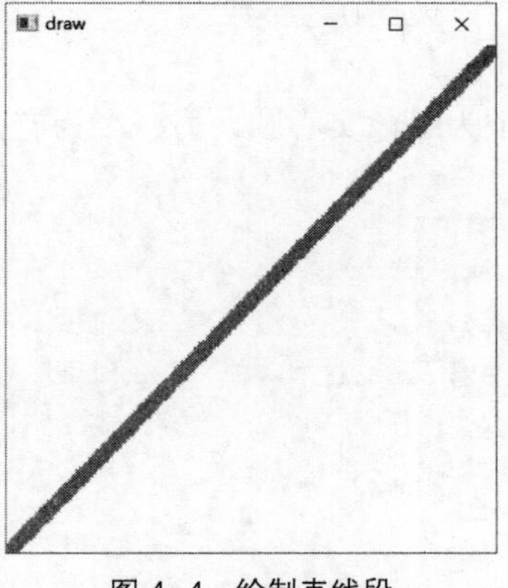

图 4-4　绘制直线段

4.2.2 绘制矩形

rectangle()函数可用于绘制矩形，其语法格式如下：

```
cv2.rectangle(img,pt1,pt2,color[,thickness[,lineType[,shift]]])
```

本函数大部分参数与 line()函数中的一致，对 pt1、pt2 的说明如下。

- pt1：矩形的左上角坐标(*x*,*y*)。
- pt2：矩形的右下角坐标(*x*,*y*)。

【例 4-5】绘制两个矩形，一个为有蓝色边框矩形，另一个为绿色实心矩形，示例代码如下：

```
import numpy as np
import cv2
img=np.zeros((200,320,3), np.uint8)+255                    #创建一张白色图像
cv2.rectangle(img,(20,20),(300,180),(255,0,0),10)    #绘制矩形，采用蓝色边框
cv2.rectangle(img,(70,70),(250,130),(0,255,0),-1)    #绘制矩形，采用绿色填充
cv2.imshow('draw',img)                                      #显示图像
cv2.waitKey(0)
```

运行结果如图 4-5 所示。

图 4-5　绘制矩形

4.2.3 绘制圆

要绘制一个圆，需要确定其圆心坐标和半径。circle()函数可用于绘制圆，其语法格式如下：

```
cv2.circle(img,center,radius,color[,thickness[,lineType[,shift]]])
```

关键参数说明如下。

- center：圆心坐标(*x*,*y*)，*x*、*y* 必须为整数。
- radius：半径，必须为整数。

【例 4-6】绘制两个圆，一个为绿色实心圆，另一个为有蓝色边框的圆，示例代码如下：

```
import numpy as np
import cv2
img=np.zeros((200,320,3), np.uint8)+255     #创建一张白色图像
cv2.circle(img,(160,100),40,(0,255,0),-1)   #绘制圆，采用绿色填充
cv2.circle(img,(160,100),80,(255,0,0),5)    #绘制圆，采用蓝色边框
cv2.imshow('draw',img)                      #显示图像
cv2.waitKey(0)
```

运行结果如图 4-6 所示。

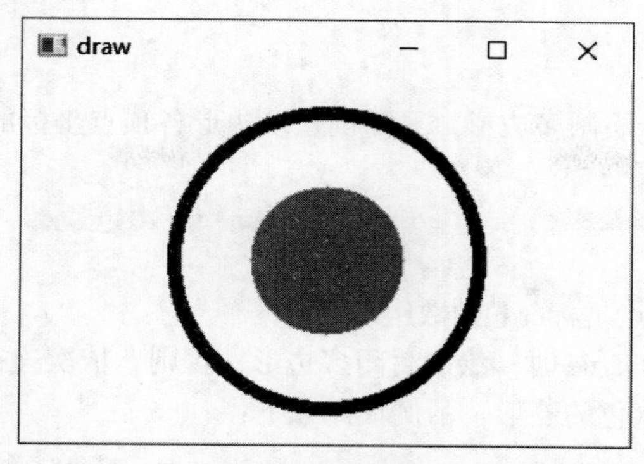

图 4-6　绘制圆

4.2.4　绘制椭圆

ellipse()函数可用于绘制椭圆，其语法格式如下：

```
cv2.ellipse(img,center,axes,angle,startAngle,endAngle,color[,thickness[,
lineType[, shift]]])
```

关键参数说明如下。

- center：椭圆圆心坐标(*x*,*y*)。
- axes：椭圆的长度，其形式为(长轴长度,短轴长度)。
- angle：椭圆长轴沿逆时针方向旋转的角度，即长轴与 *x* 轴的夹角。
- startAngle：从主轴沿顺时针方向测量的椭圆弧的开始角度。
- endAngle：椭圆弧的结束角度。开始角度为 0°，结束角度为 360° 时，可绘制完整的椭圆，否则为椭圆弧。

【例 4-7】绘制 180° 的蓝色弧线，以及绿色椭圆，示例代码如下：

```
import numpy as np
import cv2
img=np.zeros((200,320,3), np.uint8)+255                              #创建一张白色图像
cv2.ellipse(img,(160,100),(120,50),0,180,360,(255,0,0),5)          #绘制弧线，线条为蓝色
cv2.ellipse(img,(160,100),(60,15),0,0,360,(0,255,0),-1)            #绘制椭圆，采用绿色填充
cv2.imshow('draw',img)                                              #显示图像
cv2.waitKey(0)
```

运行结果如图 4-7 所示。

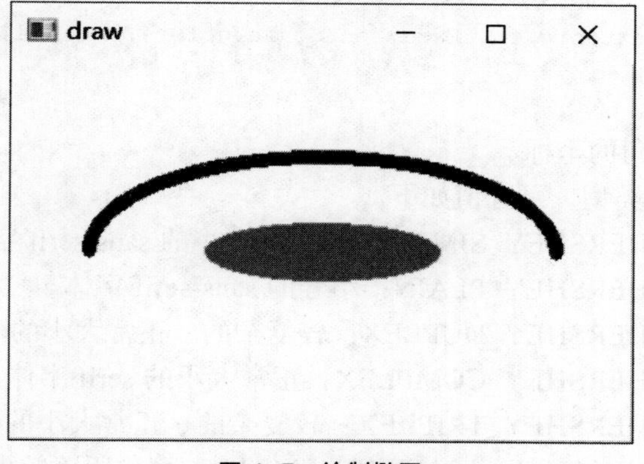

图 4-7　绘制椭圆

4.2.5 绘制多边形

polylines()函数可用于绘制多边形，只需创建多边形各顶点坐标的列表，然后将其传递给函数即可，其语法格式如下：

```
cv2.polylines(img,pts,isClosed,color[,thickness[,lineType[,shift]]])
```

关键参数说明如下。

- pts：多边形各顶点坐标(x,y)的数组。
- isClosed：其值为 True 时，绘制封闭多边形；否则，依次连接各个顶点，绘制折线。

【例 4-8】绘制一个蓝色的菱形，示例代码如下：

```
import numpy as np
import cv2
img=np.zeros((200,320,3), np.uint8)+255       #创建一张白色图像
pts=np.array([[[160,20],[20,100],[160,180],[300,100]]],np.int32)#创建顶点
cv2.polylines(img,pts,True,(255,0,0),5)       #绘制多边形，采用蓝色边框
cv2.imshow('draw',img)                        #显示图像
cv2.waitKey(0)
```

运行结果如图 4-8 所示。

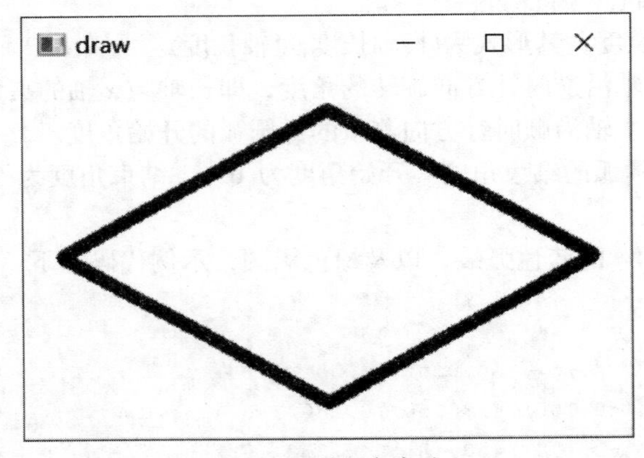

图 4-8　绘制多边形

4.2.6 绘制文本

putText()函数可用于绘制文本，其语法格式如下：

```
cv2.putText(img,text,org,fontFace,fontScale,color[,thickness[,lineType[,bottomLeftOrigin]]])
```

关键参数说明如下。

- org：文本左下角的坐标。
- fontFace：字体类型，可选值如下。
    - cv2.FONT_HERSHEY_SIMPLEX：正常大小的 sans-serif 字体。
    - cv2.FONT_HERSHEY_PLAIN：小号的 sans-serif 字体。
    - cv2.FONT_HERSHEY_DUPLEX：较复杂的、正常大小的 sans-serif 字体。
    - cv2.FONT_HERSHEY_COMPLEX：正常大小的 serif 字体。
    - cv2.FONT_HERSHEY_TRIPLEX：较复杂的、正常大小的 serif 字体。
    - cv2.FONT_HERSHEY_COMPLEX_SMALL：简化版正常大小的 serif 字体。

   - cv2.FONT_HERSHEY_SCRIPT_SIMPLEX：手写风格字体。
   - cv2.FONT_HERSHEY_SCRIPT_COMPLEX：较复杂的手写风格字体。
   - cv2.FONT_ITALIC：斜体。
- fontScale：字体大小。
- bottomLeftOrigin：文本方向，默认为 False；值为 True 时，文本呈现垂直镜像效果。

【例 4-9】在白色图像上绘制英文，示例代码如下：

```
import numpy as np
import cv2
img=np.zeros((200,320,3), np.uint8)+255        #创建一张白色图像
font=cv2.FONT_HERSHEY_SIMPLEX
cv2.putText(img,'Python',(50,60), font,2,(255,0,0),2,cv2.LINE_AA)#绘制文字
cv2.imshow('draw',img)                          #显示图像
cv2.waitKey(0)
```

运行结果如图 4-9 所示。

图 4-9　绘制英文

注意，目前在 OpenCV 中显示中文会出现乱码，因为 putText()函数只支持 ASCII 中一个很小的子集，而不是中文常用的 Unicode 或者 UTF-8 字符集。如果需要在图像中绘制中文，可使用 PIL 模块。

【例 4-10】绘制中文，示例代码如下：

```
import numpy as np
import cv2
img=np.zeros((200,320,3), np.uint8)+255           #创建一张白色图像
from PIL import ImageFont, ImageDraw, Image
fontpath = "STSONG.TTF"                            #指定字体文件名
font1 = ImageFont.truetype(fontpath,72)            #载入字体，设置字号
img_pil = Image.fromarray(img)                     #转换为 PIL 支持格式
draw = ImageDraw.Draw(img_pil)                     #创建 draw 对象
draw.text((10,30),'AI',font=font1,fill=(0,0,0))  #绘制文字
img = np.array(img_pil)                            #转换为图像数组
cv2.imshow('draw',img)                             #显示图像
cv2.waitKey(0)
```

运行结果如图 4-10 所示。

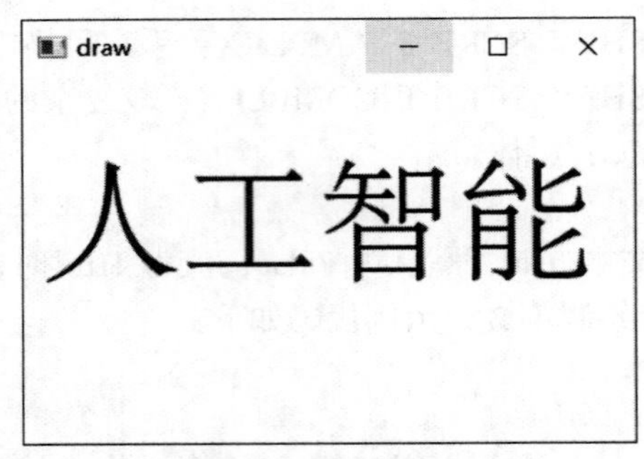

图 4-10　绘制中文

注意，需要先安装好 PIL 模块。可在“命令提示符”窗口中执行以下命令来安装 PIL：

```
pip install pillow
```

4.3　鼠标交互

鼠标交互是计算机交互的最常见的方式之一，其原理主要是模拟人手的动作习惯。鼠标交互的具体方式包括鼠标移动、左键单击、左键释放，右键单击等。OpenCV 的 HighGUI 模块提供了鼠标事件的监听机制，我们可以为窗口绑定鼠标事件的回调函数，以便窗口在用户执行鼠标操作时得到通知。

4.3.1　响应鼠标事件

OpenCV 可在用户触发鼠标事件时，调用鼠标回调函数完成事件处理。鼠标回调函数的基本格式如下：

```
mouseCallback(event,x,y,flags,param)
```

说明如下。

- mouseCallback：回调函数的名称。注意，函数名可以自定义，并不是必须为 mouseCallback。
- event：调用鼠标回调函数时传递给函数的鼠标事件对象。
- x 和 y：触发鼠标事件时，鼠标指针在窗口中的坐标(x,y)。
- flags：触发鼠标事件时，鼠标或键盘的操作事件，可选值如下。
  - cv2.EVENT_LBUTTONDBLCLK：双击鼠标左键。
  - cv2.EVENT_LBUTTONDOWN：按下鼠标左键。
  - cv2.EVENT_LBUTTONUP：释放鼠标左键。
  - cv2.EVENT_MBUTTONDBLCLK：双击鼠标中键。
  - cv2.EVENT_MBUTTONDOWN：按下鼠标中键。
  - cv2.EVENT_MBUTTONUP：释放鼠标中键。
  - cv2.EVENT_MOUSEHWHEEL：滚动鼠标中键（正、负值表示向左或向右滚动）。
  - cv2.EVENT_MOUSEMOVE：移动鼠标指针。
  - cv2.EVENT_MOUSEWHEEL：滚动鼠标中键（正、负值表示向前或向后滚动）。
  - cv2.EVENT_RBUTTONDBLCLK：双击鼠标右键。
  - cv2.EVENT_RBUTTONDOWN：按下鼠标右键。

- cv2.EVENT_RBUTTONUP：释放鼠标右键。
- cv2.EVENT_FLAG_ALTKEY：按下“Alt”键。
- cv2.EVENT_FLAG_CTRLKEY：按下“Ctrl”键。
- cv2.EVENT_FLAG_LBUTTON：按住鼠标左键拖动。
- cv2.EVENT_FLAG_MBUTTON：按住鼠标中键拖动。
- cv2.EVENT_FLAG_RBUTTON：按住鼠标右键拖动。
- cv2.EVENT_FLAG_SHIFTKEY：按下“Shift”键。

● param 为传递给回调函数的其他数据。

4.3.2 绑定鼠标回调函数

回调函数是一个被作为参数传递的函数。将回调函数注册在另一个函数中后，当发生某种事件时，另一个函数将会自动调用回调函数。回调函数的使用可以大大提升程序设计的效率以及代码的可读性，所以在现代程序设计中使用得很多，在窗口交互程序中的应用尤其广泛。

setMouseCallback()函数可用于为图像窗口绑定鼠标回调函数，格式如下：

```
cv2.setMouseCallback(wname, mouseCallback)
```

说明如下。

- wname：图像窗口的名称。
- mouseCallback：鼠标回调函数的名称。

【例 4-11】实现用鼠标画圆，按下鼠标左键时，画一个半径为 10 的蓝色圆，示例代码如下：

```
import numpy as np
import cv2
img=np.zeros((200,320,3), np.uint8)+255          #创建一张白色图像
cv2.imshow('drawing',img)                        #显示图像
def draw(event,x,y,flag,param):
    if event==cv2.EVENT_LBUTTONDOWN:
     cv2.circle(img,(x,y),10,(255,0,0),1)        #按下鼠标左键时画圆
     cv2.imshow('drawing',img)                   #显示图像

cv2.namedWindow('drawing')
cv2.setMouseCallback('drawing',draw)
cv2.waitKey(0)
```

运行结果如图 4-11 所示。

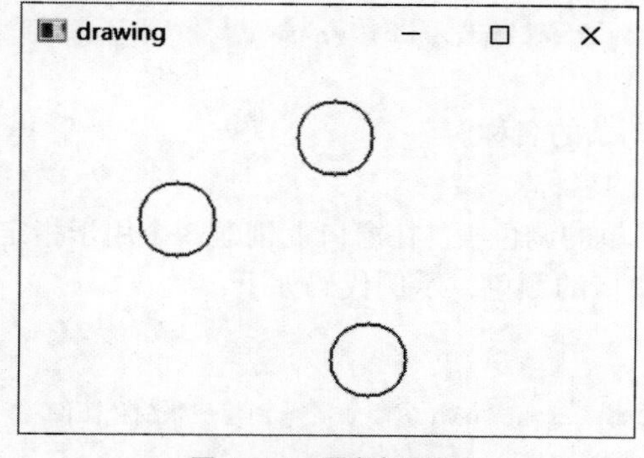

图 4-11 用鼠标画圆

4.4 滑动条

滑动条（Trackbar）是 OpenCV 为图像窗口提供的交互工具，用户可以通过滑动条中滑块的位置动态调节参数，比如调节颜色、对比度、亮度等。

4.4.1 创建滑动条

createTrackbar()函数可用于创建滑动条，格式如下：

```
cv2.createTrackbar(trackbarname,wname,value,count,onChange,userdata)
```

说明如下。

- trackbarname：滑动条的名称。
- wname：图像窗口的名称。
- value：滑动条中滑块的初始位置。
- count：滑动条滑块位置的最大值，最小值为 0。
- onChange：滑动条滑块位置变化时调用的回调函数的名称，默认值为 0，表示不处理滑块位置变化。
- userdata：传递给回调函数的其他可选数据，默认值为 0。

4.4.2 滑动条回调函数

滑动条回调函数有特定的格式，函数格式如下：

```
TrackbarCallback(pos,userdata)
```

说明如下。

- TrackbarCallback：函数名，该函数名可以由用户自定义。
- pos：滑动条滑块当前的位置。
- userdata：可选参数，默认值为 0。

注意，函数名可以由用户自定义，并不是必须为 TrackbarCallback。例如在例 4-12 的调色板示例代码中，首先定义回调函数 onChange()，用于获取滑动条的值并设置颜色；然后用 createTrackbar()函数创建滑动条并绑定这个回调函数；单击滑动条时，就会自动调用 onChange()函数。

4.4.3 获取滑动条的当前值

getTrackbarPos()函数可用于获取滑动条的当前值，格式如下：

```
ret=cv2.getTrackbarPos(trackbarname, wname)
```

说明如下。

- trackbarname：滑动条的名称。
- wname：图像窗口的名称。

【例 4-12】实现一个简单的调色板。在窗口上创建 3 个用于指定 B、G、R 颜色的滑动条，拖动滑动条，就可以更改窗口的颜色，示例代码如下：

```
import numpy as np
import cv2
img=np.zeros((200,400,3), np.uint8)+255 #创建一张白色图像
cv2.namedWindow('trackbar')
```

```
def onChange(x):                        #回调函数，函数名可以自定义
    b=cv2.getTrackbarPos('B','trackbar')
    g=cv2.getTrackbarPos('G','trackbar')
    r=cv2.getTrackbarPos('R','trackbar')
    img[:]=[b,g,r]                                    #更改颜色值
    cv2.imshow('trackbar',img)                        #显示图像

cv2.createTrackbar('B','trackbar',0,255,onChange)#创建滑动条B，绑定回调函数
cv2.createTrackbar('G','trackbar',0,255,onChange)#创建滑动条G，绑定回调函数
cv2.createTrackbar('R','trackbar',0,255,onChange)#创建滑动条R，绑定回调函数
cv2.waitKey(0)
```

运行结果如图 4-12 所示。

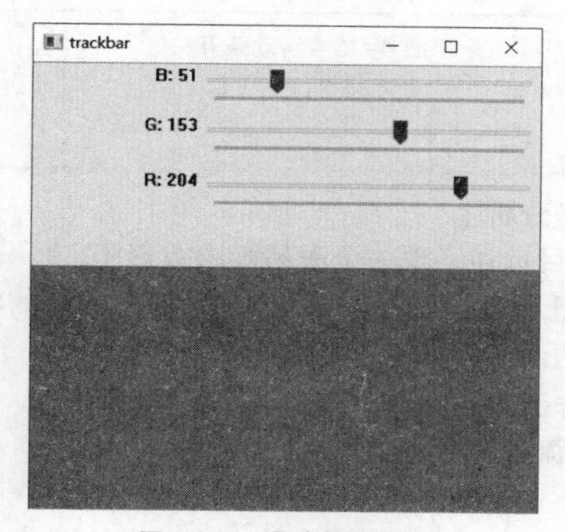

图 4-12　滑动条调色板

滑动条的另一个重要应用是将其作为按钮或开关。OpenCV 中没有按钮或开关的功能，我们可以用值仅为 0 和 1 的滑动条来实现按钮或开关的效果。

【例 4-13】创建一个滑动条开关，值为 0 时窗口为黑色，否则为白色，示例代码如下：

```
import numpy as np
import cv2
def doChange(x):
    #得到当前值
    s = cv2.getTrackbarPos('0/1','image')
    if s == 0:
        img[:] = 0
    else:
        img[:] = 255

#创建一个窗口
img = np.zeros((200,320,3), np.uint8)
cv2.namedWindow('image')

#为开关功能创建开关
cv2.createTrackbar('0/1', 'image',0,1,doChange)
while(1):
    cv2.imshow('image',img)
    k = cv2.waitKey(1) & 0xFF
```

```
    if k == 27:
        break
```

运行结果如图 4-13 所示。

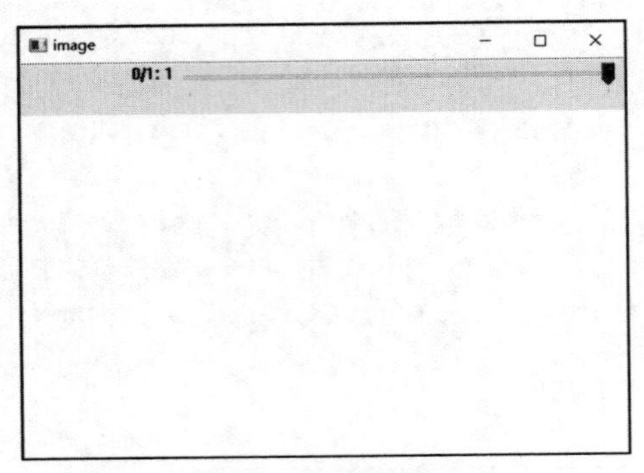

图 4-13　滑动条开关

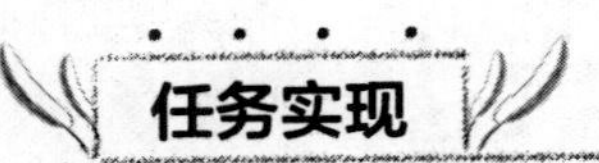

【任务分析】

本项目旨在实现一个简易画图板程序，可分为以下 2 个子任务。

- 任务 1：在窗口中随着鼠标指针移动的轨迹绘图。
- 任务 2：右击清空画图板。

【工作流程】

工作流程可分解如下。

（1）创建窗口。

（2）定义鼠标回调函数。响应移动鼠标指针在窗口中绘图、右击清空画图板的操作，按下鼠标左键时开始绘图，以红色圆点为圆心拖动绘制，释放鼠标左键时结束绘图。

（3）绑定鼠标回调函数。

（4）用鼠标绘图，显示绘制的图像。

工作流程如图 4-14 所示。

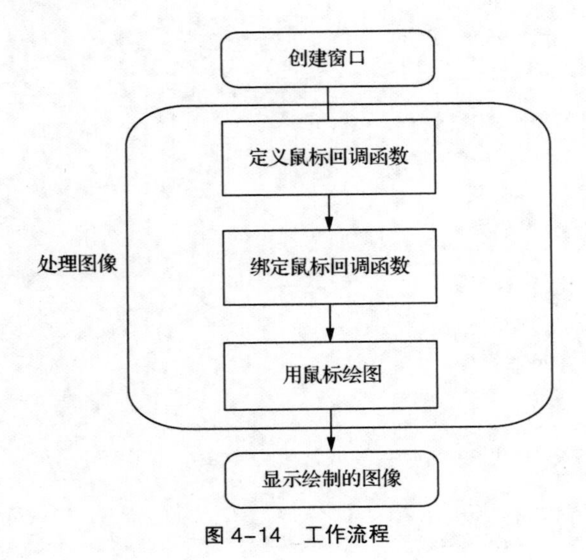

图 4-14　工作流程

任务 4.1 在窗口中随着鼠标指针移动的轨迹绘图

如何在窗口中绘图？我们可以将画线视为画一系列的点，而点的半径很小，所以我们可以根据鼠标指针移动事件 EVENT_MOUSEMOVE 获取鼠标指针移动的位置，在该处画圆点。示例代码如下：

```
#定义回调函数
def draw_circle(event, x, y, flags, param):
    if event == cv2.EVENT_MOUSEMOVE: #鼠标指针移动事件
        cv2.circle(img, (x, y), 2, (0, 0, 255), -1)
```

但此时，只要鼠标指针进入窗口区域，一移动就会开始绘图，无法停止，因此还需要实现停止绘图的功能。

【例 4-14】设置一个标志 drawingflag，当按下鼠标左键时开始画圆点，释放鼠标左键，则停止绘图，示例代码如下：

```
import cv2
import numpy as np
drawingflag = False #标记是否正在绘图。按下鼠标左键时，该值为 True
def draw_circle(event, x, y, flags, param):
    global drawing
    if event == cv2.EVENT_LBUTTONDOWN: #鼠标左键按下事件
        drawing = True
    elif event == cv2.EVENT_MOUSEMOVE: #鼠标指针移动事件
        if drawing == True:
            cv2.circle(img, (x, y), 2, (0, 0, 255), -1)
    elif event == cv2.EVENT_LBUTTONUP: #鼠标左键释放事件
        drawing = False     #释放鼠标左键，则停止绘图
```

任务 4.2 右击清空画图板

要实现右击清空画图板功能，则在回调函数中还要增加对鼠标右键的操作。示例代码如下：

```
elif event == cv2.EVENT_RBUTTONDOWN:
    # 按下鼠标右键清空画图板
    img[:] = 255     #将画图板设为白色
```

【例 4-15】增加右击清空画图板功能，完整示例代码如下：

```
import cv2
import numpy as np

drawingflag = False #标记是否正在绘图。按下鼠标左键时，该值为 True
def draw_circle(event, x, y, flags, param):
    global drawingflag
    if event == cv2.EVENT_LBUTTONDOWN: #鼠标左键按下事件
        drawingflag = True
    elif event == cv2.EVENT_MOUSEMOVE: #鼠标指针移动事件
        if drawingflag == True:
            cv2.circle(img, (x, y), 2, (0, 0, 255), -1)
    elif event == cv2.EVENT_LBUTTONUP: #鼠标左键释放事件
```

```
        drawingflag = False     #释放鼠标左键，则停止绘图
    elif event == cv2.EVENT_RBUTTONDOWN:
        # 按下鼠标右键清空画图板
        img[:] = 255  # 将画图板设为白色

img = np.zeros((400, 500, 3), np.uint8)+255     #创建一张白色图像
cv2.namedWindow('drawing',cv2.WINDOW_NORMAL)    #命名图像窗口
cv2.setMouseCallback('drawing', draw_circle)    # 设置鼠标回调函数

while True:
    cv2.imshow('drawing', img)
    k = cv2.waitKey(1) & 0xFF
    if k == 27:                 #按“Esc”键退出
        break
```

提高与拓展

【提高】用滑动条设置画笔的粗细

可以利用滑动条来设置画笔的粗细。例如创建一个滑动条，设置画笔的粗细为 1～20：

```
cv2.createTrackbar('thickness', 'drawing',1,20,doChange)
#从滑动条回调函数中获取画笔的粗细：
def doChange(x):
    #得到当前值
    global s
    s = cv2.getTrackbarPos('thickness','drawing')
```

需要将画笔的粗细传递给绘图函数 draw_circle()，因此定义全局变量：

```
s=2     #画笔的粗细
```

也可以使用滑动条增加更多功能，例如设置鼠标画笔的颜色等。

【例 4-16】增加滑动条设置鼠标画笔的颜色，完整示例代码如下：

```
import cv2
import numpy as np

drawingflag = False #标记是否正在绘图。按下鼠标左键时，该值为 True
s=2        #画笔的粗细
b=0        #画笔的颜色
g=0
r=255
#鼠标回调函数
def draw_circle(event, x, y, flags, param):
    global drawingflag
    if event == cv2.EVENT_LBUTTONDOWN: #鼠标左键按下事件
        drawingflag = True
    elif event == cv2.EVENT_MOUSEMOVE: #鼠标指针移动事件
        if drawingflag == True:
            cv2.circle(img, (x, y), s, (b, g, r), -1)
```

```
        elif event == cv2.EVENT_LBUTTONUP:  #鼠标左键释放事件
            drawingflag = False             #释放鼠标左键，则停止绘图
        elif event == cv2.EVENT_RBUTTONDOWN:
            # 按下鼠标右键清空画图板
            img[:] = 255  # 将画图板设为白色

#滑动条回调函数
def getThickness(x):
    global s
    s = cv2.getTrackbarPos('thickness','drawing')    #得到当前值

def doChange(x):
    global b,g,r
    b=cv2.getTrackbarPos('B','drawing')
    g=cv2.getTrackbarPos('G','drawing')
    r=cv2.getTrackbarPos('R','drawing')

img = np.zeros((400, 500, 3), np.uint8)+255            #创建一张白色图像
cv2.namedWindow('drawing')                             #命名图像窗口
cv2.setMouseCallback('drawing', draw_circle)           #设置鼠标回调函数
cv2.createTrackbar('thickness', 'drawing',1,30,getThickness)#创建跟踪栏-画笔粗细
cv2.createTrackbar('B','drawing',0,255,doChange)       #创建跟踪栏-画笔颜色
cv2.createTrackbar('G','drawing',0,255,doChange)
cv2.createTrackbar('R','drawing',0,255,doChange)

while True:
    cv2.imshow('drawing', img)
    k = cv2.waitKey(1) & 0xFF
    if k == 27:                 #按“Esc”键退出
        break
```

运行结果如图 4-15 所示。

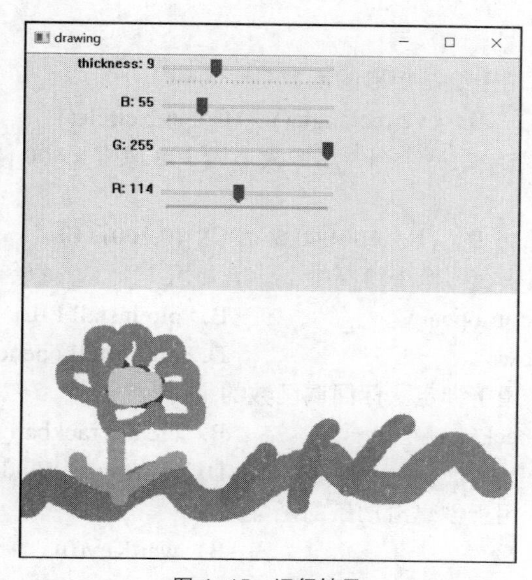

图 4-15 运行结果

【拓展】我国的人工智能产业简介

我国的人工智能产业简介

“第四次工业革命”正在来临，AI 已经从科幻逐步走入现实。从 1956 年 AI 概念被首次提出以来，AI 的发展几经沉浮。随着核心算法的突破、计算能力的迅速提高，以及海量互联网数据的支撑，AI 终于在 21 世纪的第二个十年里迎来质的飞跃，成为全球瞩目的科技焦点。对于我国而言，AI 的发展是一个历史性的战略机遇，对缓解未来人口老龄化压力、应对可持续发展挑战以及促进经济结构转型和升级至关重要。

我国有很多在 AI 领域有突出表现的企业。这些企业在计算机视觉、自然语言处理、语音等 AI 技术产业落地等方面都取得了显著的成果，并在各个垂直“赛道”上发挥着领导作用。入选国家新一代 AI 开放创新平台的 15 家企业，包括百度（自动驾驶）、阿里云（城市大脑）、腾讯（医疗影像）、科大讯飞（智能语音）、商汤科技（智能视觉）、依图科技（视觉计算）、明略科技（智能营销）、华为（基础软硬件）、中国平安（普惠金融）、海康威视（视频感知）、京东（智能供应链）、旷视科技（图像感知）、360（安全大脑）、好未来（智慧教育）、小米（智能家居）。这些企业不仅引领着计算机视觉、自然语言处理、语音等 AI 技术产业的落地，而且朝向芯片、扩展现实（Extended Reality，XR）、计算机图形学、科学智能（AI for Science）的更多技术维度开拓创新，其业务覆盖生成式人工智能（Artificial Intelligence Generated Content，AIGC）、自动驾驶、生物医药、安防、金融、医疗、电商、物流、内容社区等当前主流的 AI 应用领域。

虽然面临着一些挑战，如提高 AI 的整体战略、业务结合能力和人才培养能力等，但这些企业在 AI 领域的发展空间仍然很大，在加速 AI 技术的发展和应用推广方面发挥着重要的作用。这些企业在各自的领域内都取得了重要成就，在 AI 技术的研究、开发和应用方面也发挥着重要作用，并为推动全球 AI 技术的进步做出了重要贡献。

思考与练习

1. 单选题

（1）在 OpenCV 中，用于绘制矩形的函数是（　　）。

A. cv2.line()　　B. cv2.rectangle()　　C. cv2.circle()　　D. cv2.polylines()

（2）用 cv2.circle()函数绘制一个圆，图像大小为 300 像素 × 400 像素，运行时以下坐标和半径会引起错误的是（　　）。

A. (0,0),40　　B. (160,100),40.5　　C. (0,100),-40　　D. (-20,100),40

（3）如果使用 PIL 模块在图像中绘制中文，需要用（　　）命令安装 PIL 模块。

A. pip install python-opencv　　B. pip install PIL

C. pip install pillow　　D. pip install opencv-contrib-python

（4）在 OpenCV 中，用于绑定鼠标回调函数的是（　　）。

A. setMouseCallback()　　B. createTrackbar()

C. waitKey(0)　　D. destroyAllWindows()

（5）在 OpenCV 中，用于创建滑动条的函数是（　　）。

A. imshow()　　B. waitKey(0)

C. createTrackbar()　　D. destroyAllWindows()

（6）在 OpenCV 中，（　　）可获取滑动条的当前值。

A. 使用 getTrackbar()函数　　B. 使用 getTrackbarValue()函数

C. 使用 getTrackbarPos()函数　　D. 使用 getValue()函数

（7）关于鼠标回调函数 mouseCallback(event,x,y,flags,param)说法错误的是（　　）。

A. mouseCallback 为回调函数名称，名称可更改

B. event 为调用时传递给函数的鼠标事件对象

C. x 和 y 为触发鼠标事件时，鼠标指针在窗口中的坐标(x,y)

D. 鼠标回调函数只能处理鼠标事件，不能处理键盘事件

2. 简答题

（1）如何在窗口中等待用户按下键盘上的任意键？

（2）如果需要在图像中绘制中文，怎么办？

（3）简述回调函数的作用。

3. 应用题

（1）在高 600 像素，宽 800 像素的白色窗口中横向绘制 3 个圆环，颜色分别为红、黄、绿。

（2）在红色窗口中绘制一颗黄色五角星。

（3）在白色窗口左上角位置绘制红色文字“China”。

（4）用鼠标画一个半径为 2 的蓝色圆点，并标注圆心坐标。

（5）打开一张图像，使用滑动条选择 B、G、R 通道，并显示不同通道的图像。

项目五

图像融合——直方图与图像金字塔

直方图可以反映图像的统计特性，是图像处理中一种非常重要的分析工具。图像金字塔是由一张图像的多个不同分辨率的子图构成的图像集合，金字塔底部由大尺寸的原图像组成，越往上层，尺寸越小，堆叠起来就是一个金字塔的形式。图像金字塔具有极大的应用潜力，可以在图像处理和计算机视觉的许多任务中发挥重要作用，例如图像的压缩、融合、分割、超分辨率重建、特征提取等。

本项目中将实现两张图像的融合拼接。两张图像的内容、色彩、亮度的差异可能较大，可应用直方图均衡化调整色彩和亮度，再利用图像金字塔进行融合。

知识目标

了解直方图的意义和用途。
学会计算并绘制直方图的 3 种方法。
学会直方图均衡化、直方图相似度比较的方法。
了解图像金字塔的意义和作用。
学会利用高斯金字塔进行图像的缩小和放大。
学会构造拉普拉斯金字塔。

技能目标

能计算并绘制直方图。
能对直方图进行数据分析。
能根据需求对图像运用直方图均衡化、直方图相似度比较。
能利用图像金字塔进行图像的缩小、放大、融合。

情景描述

下面有两张风景图片，如图 5-1 和图 5-2 所示，本项目要对这两张图片进行图像融合，形成一张有趣的图片，使图中的景物左边和右边呈现不同季节，如图 5-3 所示。

这两张图片内容、亮度的差异较大，如果简单地用加法进行拼接，会比较生硬，如图 5-4 所示。应该怎么调节这两张图片，使亮度均衡，然后融合在一起呢？

图 5-1　秋季

图 5-2　冬季

图 5-3　图像融合

图 5-4　图像简单拼接

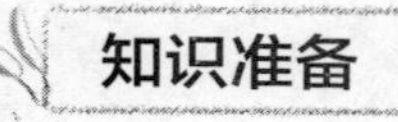

知识准备

5.1　直方图

直方图是一种用于表示图像像素分布的统计工具，用于统计图像中每个灰度级的像素的分布情况。直方图一般以灰度级为横坐标，以像素数量为纵坐标进行表示，呈现为柱状图。

5.1　直方图

例如，图 5-5 所示是放大显示的 4 像素 × 4 像素的图像，其中黑色像素（灰度级为 0）有 4 个，深灰色像素（灰度级为 150）有 6 个，浅灰色像素（灰度级为 200）有 2 个，白色像素（灰度级为 255）有 4 个，图 5-6 所示为对应的直方图。

图 5-5　放大显示的 4 像素 × 4 像素的图像

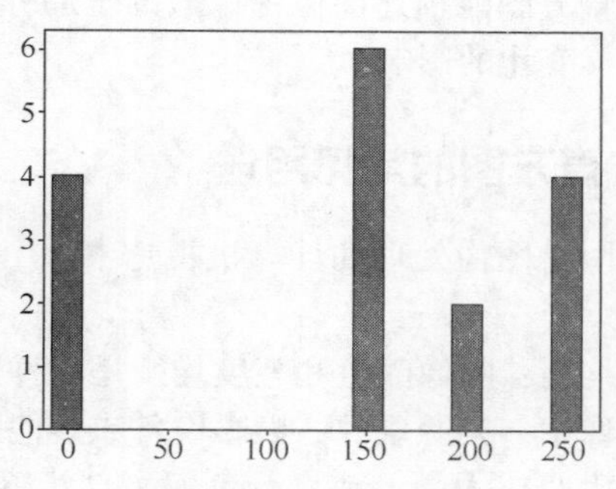

图 5-6　对应的直方图

5.1.1　直方图的特点

直方图有以下几个有趣的特点。

（1）一张图像对应唯一的直方图。但由于直方图无法描述图像中颜色的局部分布及每种颜色所处的空间位置，即无法描述图像中某一具体的对象或物体，因此不同的图像可以对应相同的直方图。例如图 5-7 所示的 3 张图像是不同的，但三者的直方图都相同。

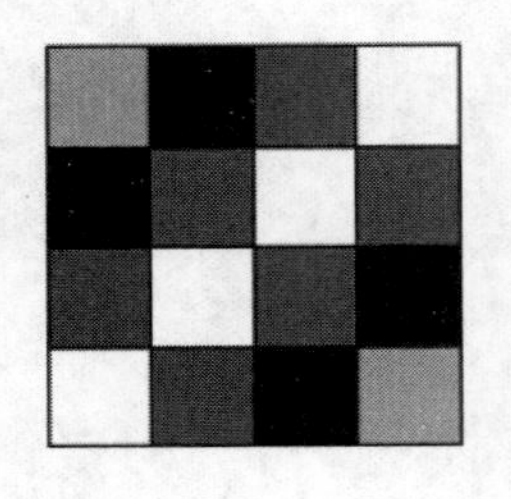

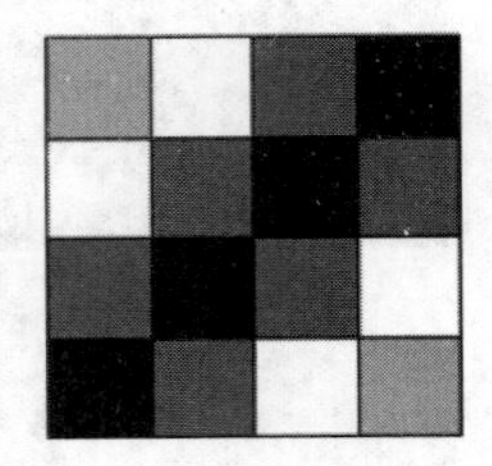

图 5-7　3 张不同的图像

（2）直方图中的峰值表示图像中灰度级或颜色值较集中的区域，一般对应图像中的主要目标，谷值则表示图像中灰度级或颜色值较少的区域，可能对应背景或无关区域。

例如一张风景照片，其中有明亮的天空和较暗的草地，其直方图如图 5-8 所示，可以看出主要有两个波峰，左侧波峰对应较暗的草地，像素最多的深绿色形成了一个峰值，右侧波峰对应明亮的天空，像素最多的浅蓝色形成了一个峰值。草地上有少量其他物品，则形成了直方图中间的波谷。

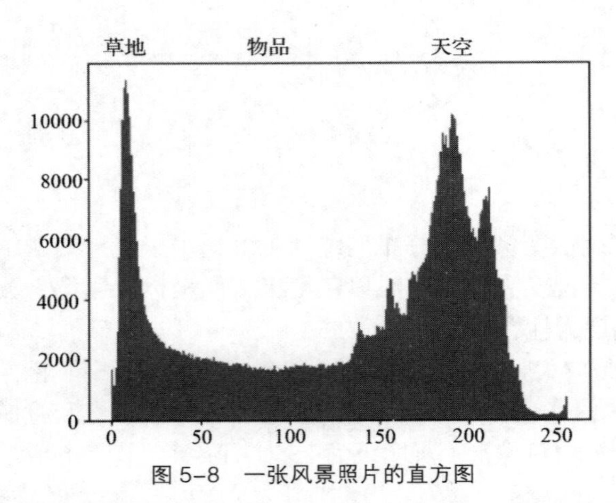

图 5-8　一张风景照片的直方图

（3）直方图能描述图像中像素的全局分布，即不同颜色在图像中所占的比例，不受图像旋转和平移变化的影响。

5.1.2　直方图的常见用途

直方图是图像处理和计算机视觉中一个重要的工具，用途有很多。以下是直方图的常见用途。

图像均衡：图像颜色和亮度均衡是一种图像增强的处理技术，旨在提高图像的视觉效果。在某些图像中，光照条件、摄影设备或其他因素的影响，可能会导致图像的亮度分布不均匀，一些区域太暗或太亮，或者颜色偏离自然感知。可以利用直方图调整图像的对比度、亮度或颜色平衡，提高图像的质量，使图像具有更好的视觉效果。

相似度比较：图像由像素构成，反映像素分布的直方图可以作为图像一个很重要的特征数据，而且不受图像旋转和平移变化的影响。如果两张图像有极高的相似度，那么在一定程度上，可以认为这两张图像是相似的。用直方图进行对比可以快速判断图像是否有变化，例如可用于检测图册中的重复照片、实时监测是否有人闯入监控区域等。

目标检测与识别：直方图在目标检测与识别中有广泛的应用。直方图在一定程度上可以反映图像的特征，根据直方图的差异或相似度，可以判断图像中是否存在与样本图像相似的特征，例如相似的颜色分布。根据需求，可以设定一个阈值，当差异或相似度低于或高于该阈值时，判断为匹配或识别成功。

图像分割：直方图在图像分割中起着重要作用。通过观察直方图的形状和特征，可以确定图像中不同对象或区域的灰度级范围，从而实现图像的分割和提取。相关应用将在项目六中详细介绍。

图像压缩：直方图可以提供有关图像中像素分布的信息，这对于图像压缩是很有用的。基于直方图的压缩方法可以利用像素分布的统计特性，降低图像数据的冗余性，以实现更高效的压缩。

图像质量评估：直方图可以用于评估图像的质量。通过比较原图像和经过处理后的图像的直方图，可以量化地评估图像的信息丢失情况，从而进行图像质量的分析和评估。

此外，直方图还可以用于图像分析、特征提取、图像检索和图像匹配等。

5.2 计算和绘制直方图

OpenCV、NumPy、Matplotlib 都提供了函数用于计算和绘制直方图，绘制的效果有所不同，可以根据需要选用。

5.2.1 计算直方图

OpenCV 的 calcHist()函数可用于计算直方图。calcHist()函数的基本格式如下。

```
hist=cv2.calcHist(image,channels,mask,histSize,ranges)
```

说明如下。

- image：原图像，传入实际参数时需用方括号括起来，如[img]。
- channels：通道编号。灰度图像的通道编号为[0]，BGR 彩色图像的通道编号为[0][1][2]。
- mask：掩模图像，值为 None 时计算整张图像，否则计算掩模的部分图像。掩模图像为黑底，可将其中的白色区域视为透明区域，将其覆盖到原图像上，原图像中可显示出来的部分为掩模结果图像。
- histSize：灰度级分组数量，传递参数时需用方括号括起来，如[16]。
- ranges：像素值范围，8 位灰度图像的像素值范围为[0,255]。
- hist：返回的直方图数据，是一个 NumPy 数组，保存了原图像中各个灰度级分组的像素数量。

通过调整 histSize 参数和 ranges 参数，可以控制直方图的区间数量和范围，从而适应不同的数据分布和分析需求。如果计算得到的结果是 NumPy 数组，还需要将其绘制出来，才能得到直观的直方图。

5.2.2 用 Matplotlib 的 pyplot.plot()函数绘制直方图

绘制直方图的方法比较多，这里介绍三种。一是可以利用 Matplotlib 的 pyplot.plot()函数绘制直方图。这个函数是 Matplotlib 中用于绘制折线图的函数，可以绘制出坐标系，有利于直观展示灰度级和对应的像素数量，函数的基本格式如下。

```
matplotlib.pyplot.plot(*args, scalex=True, scaley=True, data=None, **kwargs)
```

说明如下。

- *args：可变长度参数，用于传递绘图数据。每组数据可以是一个单独的数组或列表，也可以是多个数组或列表组成的序列。
- scalex：布尔值，指示是否在 x 轴上自动缩放数据范围，默认值为 True。
- scaley：布尔值，指示是否在 y 轴上自动缩放数据范围，默认值为 True。
- data：可选参数，用于传递数据的字典或类似 Pandas DataFrame 的数据结构。如果提供了 data 参数，则可以直接使用列名引用数据。
- ** kwargs：关键字参数，用于设置绘图的各种属性和样式，如线条颜色、线条类型、标记符号、标签等。

Pyplot 的别名为 plt。

【例 5-1】以图 5-9 所示图像为例，计算并绘制直方图，示例代码如下：

```
import cv2
import matplotlib.pyplot as plt
img=cv2.imread('pic/xueyetupian.jpg')                         #读取图像
gray=cv2.cvtColor(img,cv2.COLOR_BGR2GRAY)                     #转换为灰度图像
cv2.imshow('original',img)                                    #显示原图像
histgray=cv2.calcHist([gray],[0],None,[256],[0,255])          #计算直方图
plt.plot(histgray,color='black')                              #绘制直方图，黑色
plt.show()                                                    #显示直方图
histb=cv2.calcHist([img],[0],None,[256],[0,255])              #计算 B 通道直方图
histg=cv2.calcHist([img],[1],None,[256],[0,255])              #计算 G 通道直方图
histr=cv2.calcHist([img],[2],None,[256],[0,255])              #计算 R 通道直方图
plt.plot(histb,color='b')                          #绘制 B 通道直方图，蓝色
plt.plot(histg,color='g')                          #绘制 G 通道直方图，绿色
plt.plot(histr,color='r')                          #绘制 R 通道直方图，红色
plt.show()                                         #显示直方图
```

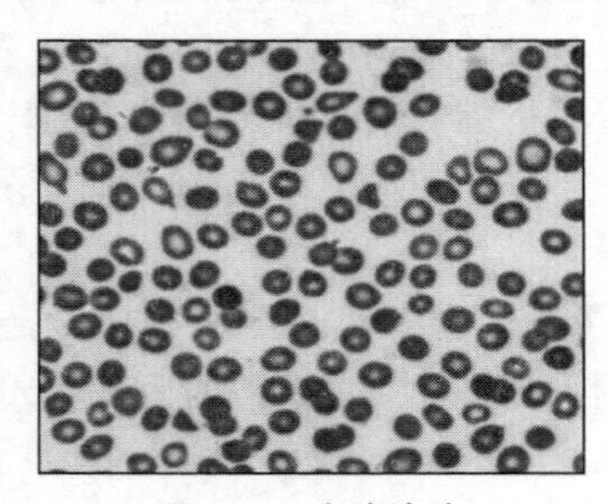

图 5-9　血液涂片

运行结果如图 5-10、图 5-11 所示，图 5-10 所示为用黑色线条绘制的灰度图像直方图，图 5-11 所示为用蓝、绿、红 3 种颜色的线条绘制的三通道直方图。用 pyplot.plot()函数绘制的直方图呈现为连续曲线形状。

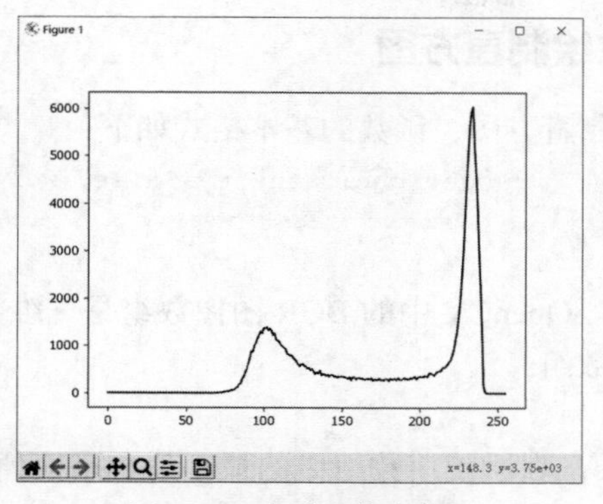

图 5-10　灰度图像直方图

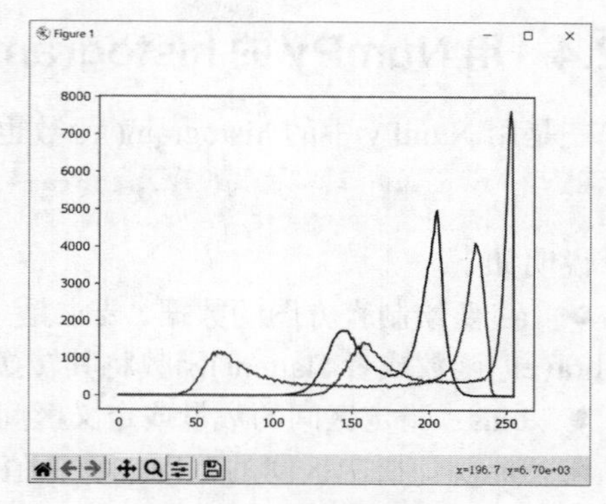

图 5-11　三通道直方图

5.2.3　用 Matplotlib 的 pyplot.hist()函数绘制直方图

二是使用 Matplotlib 的 pyplot.hist()函数绘制直方图，其基本格式如下：

```
    matplotlib.pyplot.hist(src,bins=None,range=None,  density=False,  weights=None,
cumulative=False, bottom=None, histtype='bar', align='mid', orientation='vertical',
rwidth=None, log=False, color=None, label=None, stacked=False, **kwargs)
```

该函数参数较多，不过大多可以用默认值，主要说明如下。

● src：要绘制直方图的数据，要求是一维数组。OpenCV 中的 BGR 图像数组是三维数组，可用 ravel()函数或者 flatten()函数将其转换为一维数组。

● bins：灰度级分组数量，即在处理直方图时，将灰度级按一定范围进行划分得到的子集数量。例如，灰度图像的灰度级范围为[0,255]，按 8 个灰度级分为一组，可分成 32 个子集，则 bins 的值为 32。

【例 5-2】使用 pyplot.hist()函数绘制直方图，示例代码如下：

```
import cv2
import matplotlib.pyplot as plt
img=cv2.imread('pic/xueyetupian.jpg',cv2.IMREAD_GRAYSCALE) #读取图像为灰度图

cv2.imshow('original',img)              #显示图像
imgArr = img.ravel()                    #将 BGR 三维图像数组转换为一维数组
plt.hist(imgArr,256)                    #绘制直方图
plt.show()                              #显示直方图
```

用 pyplot.hist()函数绘制的直方图如图 5-12 所示。

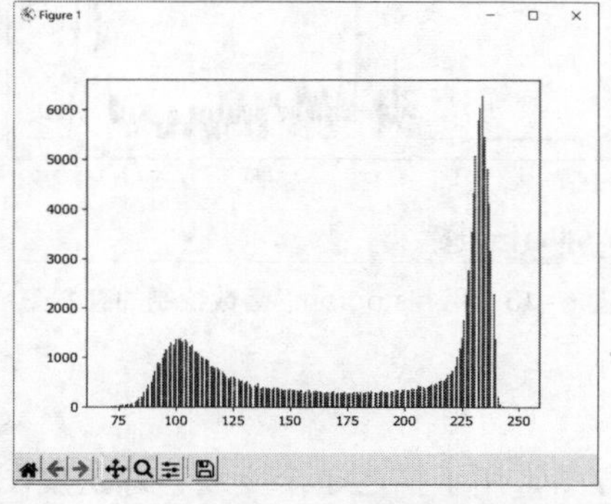

图 5-12　用 pyplot.hist()函数绘制的直方图

5.2.4 用 NumPy 的 histogram()函数绘制直方图

三是用 NumPy 中的 histogram()函数也可以绘制直方图，函数的基本格式如下：

```
    hist, bin_edges = numpy.histogram(a, bins=10, range=None, density=False, weights=
None)
```

说明如下。

- a：要绘制直方图的数据，要求是一维数组。OpenCV 中的 BGR 图像数组是三维数组，可用 ravel()函数或者 flatten()函数将其转换为一维数组。
- bins：指定区间的数量或定义区间的方式。
- range：指定区间的范围。默认值为 None，表示使用数组中的最小值和最大值构成区间。
- density：指定是否返回归一化的直方图。如果值为 True，则返回的直方图将表示概率密度而不是元素数量。
- weights：指定每个元素的权重。如果指定了权重，则计算直方图时将考虑每个元素的权重。
- hist：表示直方图的数组，记录了每个区间的元素数量或概率密度。
- bin_edges：表示直方图的区间边界的数组。

【例 5-3】使用 histogram()函数绘制直方图，示例代码如下：

```
import cv2
import numpy as np
import matplotlib.pyplot as plt
img=cv2.imread('pic/xueyetupian.jpg',cv2.IMREAD_GRAYSCALE)
histgray,e1=np.histogram(img[0].ravel(),256,[0,256])#计算直方图
plt.plot(histgray,color='b')                          #绘制直方图，蓝色
plt.show()
```

运行结果如图 5-13 所示。

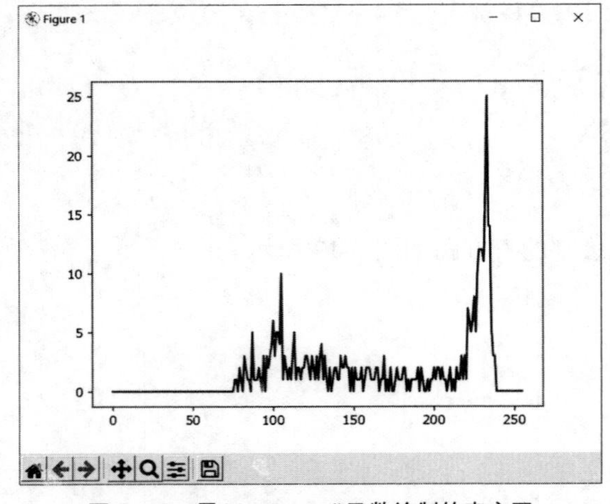

图 5-13　用 histogram()函数绘制的直方图

5.2.5 二维直方图

在图像处理中，一维直方图常用于描述单个变量，即灰度图像的像素分布。而二维直方

图（2D Histogram）是一种用于描述两个变量之间关系的统计图，常用于彩色图像的颜色分布统计。

对于彩色图像，二维直方图可以表示不同颜色通道之间的关系。通常，将图像的色彩空间划分为两个维度（如 RGB 色彩空间中的 R 和 G 通道），并统计每种颜色组合的像素数量。二维直方图在横轴和纵轴上分别表示两个颜色通道的取值范围，通过直方图中每个单元格的高度表示对应颜色组合的像素数量。

OpenCV 的 calcHist()函数既可用于计算一维直方图，也可以用于计算二维直方图，只需要用参数 channels 传入彩色图像的两个通道数，在此不进行赘述。

5.3　直方图的应用

直方图的应用有很多，这里介绍 OpenCV 的直方图均衡化和直方图相似度比较。

5.3.1　直方图均衡化

直方图均衡化是直方图的一个重要应用，高效且易于实现，被广泛应用于图像增强处理。如果一张图像的灰度级都集中在一个小的范围内，那么这张图像看起来就是一个色调，图像里面的画面也没有什么对比度。直方图均衡化可以将原图像的灰度级均匀地映射到整个灰度级范围内，得到一个灰度级分布均衡的图像。在人类视觉系统中，灰度级均匀的图像看起来色彩对比度更高，也更加清晰。

OpenCV 的 equalizeHist()函数可用于实现对灰度图像直方图进行均衡化的功能，其基本格式如下。

```
dst=cv2.equalizeHist(src)
```

说明如下。

- dst：直方图均衡化后的图像。
- src：原图像，只支持单通道图像。

【例 5-4】以图 5-14 所示的图像为例，对其进行均衡化，示例代码如下：

```
import cv2
import matplotlib.pyplot as plt
img=cv2.imread('clahe.jpg',cv2.IMREAD_GRAYSCALE)     #以灰度图模式打开图像
cv2.imshow('original',img)                           #显示原图像
plt.figure('原图像的直方图')
plt.hist(img.ravel(),256)                            #绘制原图像的直方图

img2=cv2.equalizeHist(img)                           #直方图均衡化
cv2.imshow('equalizeHist',img2)                      #显示均衡化后的图像
plt.figure('均衡化后的直方图')
plt.hist(img2.ravel(),256)                           #绘制均衡化后图像的直方图
plt.show()                                           #显示直方图
```

图 5-14 所示为原图像，图 5-15 所示为均衡化后的图像，可以发现经过均衡化的图像的明暗对比度明显提高。再观察一下处理前后的直方图，图 5-16 中像素主要集中在左侧值较小的区域，均衡化后图 5-17 中暗部均衡地扩展开了，有效地利用了 0～255 的空间。

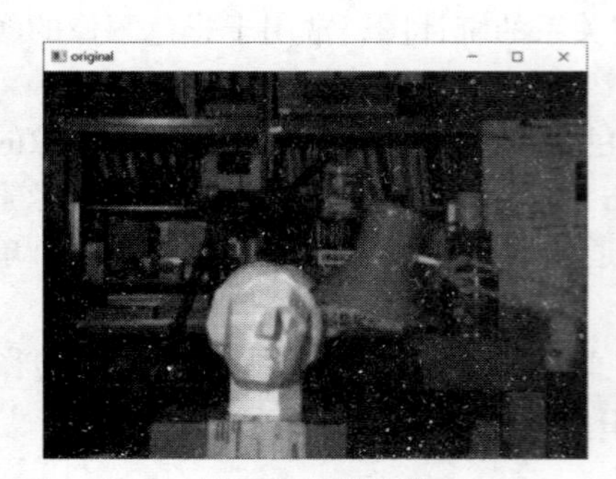
图 5-14 原图像

图 5-15 均衡化后的图像

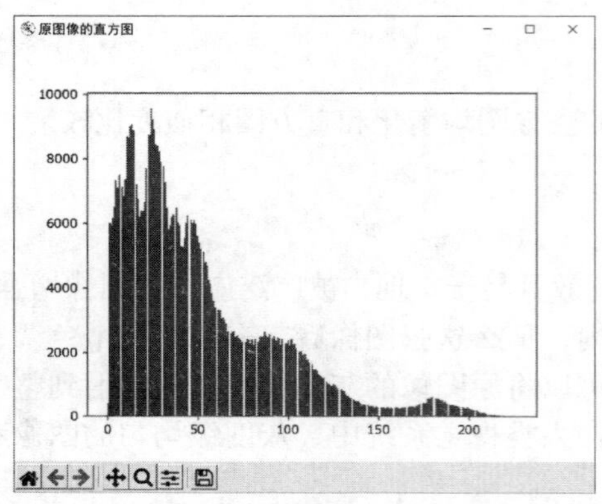

图 5-16 原图像的直方图

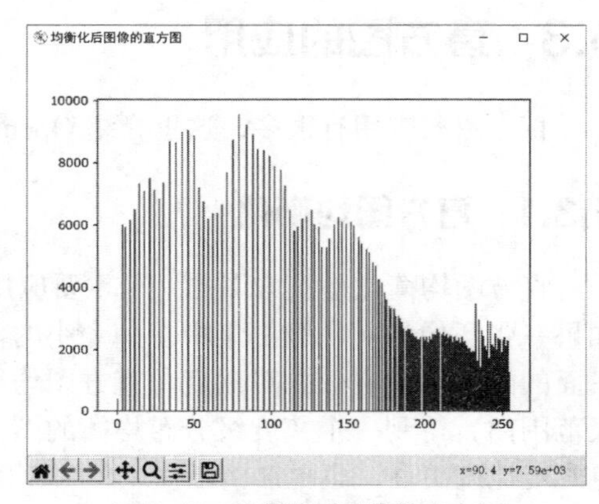

图 5-17 均衡化后图像的直方图

5.3.2 限制对比度自适应直方图均衡化

有的图像明暗范围过大，用 equalizeHist()函数对图像全局进行调整，可能会造成局部太暗或太亮。限制对比度自适应直方图均衡化（CLAHE）的特点是自适应，它将图像分成小块，并对每个小块进行直方图均衡化，通过限制每个小块的对比度增益，避免过度增强噪声，并保留图像的局部细节。这使得 CLAHE 在处理具有大动态范围的图像或存在明显亮度变化的图像时特别有效。

OpenCV 的 createCLAHE()函数可用于创建 CLAHE 对象，然后调用 CLAHE 对象的 apply()方法，将其应用到图像中进行均衡化。createCLAHE()函数基本格式如下：

```
ret=cv2.createCLAHE([clipLimit[,tileGridSize]])
```

说明如下。

- ret：返回的 CLAHE 对象。
- clipLimit：对比度受限的阈值，默认值为 40.0。
- tileGridSize：直方图均衡化的网格大小，默认值为(8,8)。

【例 5-5】以图 5-14 所示图像为例，示例代码如下：

```
import cv2
import matplotlib.pyplot as plt
img=cv2.imread('clahe.jpg',0)                    #读取图像为灰度图
clahe=cv2.createCLAHE(clipLimit=5)               #创建 CLAHE 对象
img2 = clahe.apply(img)                          #应用 CLAHE 对象
```

```
cv2.imshow('CLAHE',img2)                          #显示应用 CLAHE 后的图像
cv2.waitKey(0)
```

运行结果如图 5-18 所示。

图 5-18　CLAHE 后的图像

对比图 5-15 所示的直方图均衡化后的图像，图 5-15 中前景中石膏像亮度过大，失去了细节，可以看出图 5-18 所示的 CLAHE 后的图像中前景和背景的亮度比较均衡。

5.3.3　彩色图像的直方图均衡化

前两节的直方图均衡化只支持单通道图像，而日常中大多使用的是彩色图像。如何对三通道彩色图像进行均衡化处理呢？

要实现图像亮度均衡，可以通过重新分布图像的亮度直方图，使得亮度范围更加平衡，细节更加清晰可见。要实现图像色彩均衡，可以通过重新映射图像的颜色直方图，使得图像中的颜色更加平衡和饱满。这样可以增强图像的对比度和鲜艳度，改善视觉效果。

由于直方图均衡化对亮度和灰度比较敏感，所以对彩色图像进行直方图均衡化时，一般可先将图像的色彩空间由默认的 BGR 转换为 HSV，对 HSV 色彩空间的 V 通道（亮度通道）进行直方图均衡化，再合并 H、S、V 这三个通道，最后转换为 RGB 色彩空间。

【例 5-6】以图 5-19 所示图像为例，对其进行亮度均衡化，示例代码如下：

```
import cv2
import matplotlib.pyplot as plt
img=cv2.imread('pic/flower2.jpg')
hsv = cv2.cvtColor(img, cv2.COLOR_BGR2HSV)        #转换为 HSV 色彩空间
h = hsv[:,:,0]
s = hsv[:,:,1]
v = hsv[:,:,2]                                    #V 通道
v=cv2.equalizeHist(v)                             #对 V 通道进行直方图均衡化
hsv2 = cv2.merge([h, s, v])                       #再合并 H、S、V 这三个通道
bgr = cv2.cvtColor(hsv2, cv2.COLOR_HSV2BGR)       #转换到 RGB 色彩空间
cv2.imshow('equalizeHist',bgr)                    #显示均衡化后的图像
cv2.imwrite('pic/flower-equalizeHist.jpg',bgr) #保存图像
cv2.waitKey(0)
```

运行结果如图 5-20 所示。

图 5-19 马缨丹

图 5-20 直方图均衡化结果

5.3.4 直方图相似度比较

compareHist()函数可以用于直方图相似度比较，其基本格式如下。

```
retval=cv.compareHist(H1, H2, method)
```

说明如下。

- retval：直方图相似度比较的结果，为一个浮点数值，表示相似性或距离，具体取决于比较方法。
- H1：第 1 个直方图。
- H2：第 2 个直方图。
- method：比较的方式，常用的方式如下。
  - cv.HISTCMP_CORREL：相关性比较方法，返回一个范围在-1 到 1 之间的值，值越接近 1 表示两个直方图越相似。
  - cv.HISTCMP_CHISQR：卡方比较方法，返回卡方距离，值越接近 0 表示两个直方图越相似。
  - cv.HISTCMP_BHATTACHARYYA：巴氏距离比较方法，返回一个范围在 0 到 1 之间的值，值越接近 0 表示两个直方图越相似，值越接近 1 表示两个直方图越不相似。

【例 5-7】以 2.4.6 节中的图 2-29、图 2-30 所示图像为例，对这两张图像进行相似度比较，示例代码如下：

```
import cv2
# 读取两张图像
image1 = cv2.imread('pic/v1.jpg')
image2 = cv2.imread('pic/v2.jpg')
# 将图像转换到 HSV 色彩空间
image1_hsv = cv2.cvtColor(image1, cv2.COLOR_BGR2HSV)
image2_hsv = cv2.cvtColor(image2, cv2.COLOR_BGR2HSV)
# 计算图像的直方图
hist1 = cv2.calcHist([image1_hsv], [0, 1], None, [180, 256],
  [0, 180, 0, 256])
hist2 = cv2.calcHist([image2_hsv], [0, 1], None, [180, 256],
  [0, 180, 0, 256])
# 归一化直方图
cv2.normalize(hist1, hist1, alpha=0, beta=1, norm_type=cv2.NORM_MINMAX)
cv2.normalize(hist2, hist2, alpha=0, beta=1, norm_type=cv2.NORM_MINMAX)
# 比较直方图相似度
```

```
similarity = cv2.compareHist(hist1, hist2, cv2.HISTCMP_CORREL)
print("相似度:", similarity)
```

输出结果如下：

```
相似度: 0.9959702786613621
```

这两张图像的相似度接近 1，说明这两张图像非常相似。

5.4　图像金字塔

5.4　图像金字塔

图像金字塔是一系列以金字塔形状排列的、分辨率逐步降低且来源于同一张原图像的图像集合。如图 5-21 所示，图像金字塔的底部为原图像，对原图像进行下采样得到图像金字塔的其他各层图像。图像金字塔的层次越高，图像越小，通常每向上一层，图像的宽度和高度就为下一层的一半。

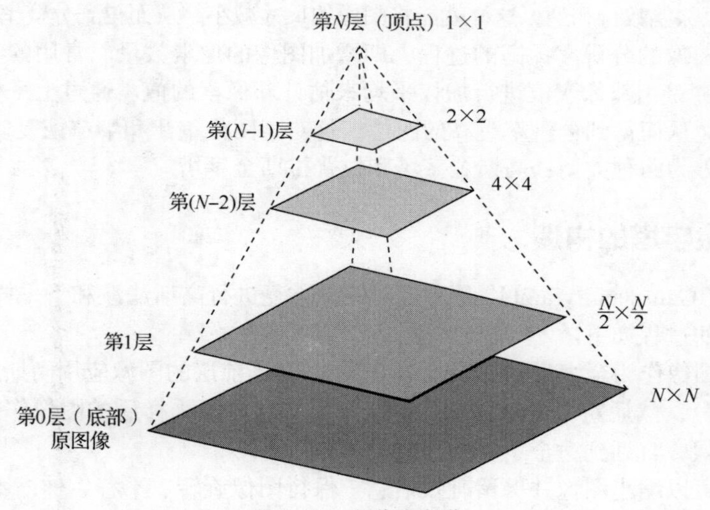

图 5-21　图像金字塔

图像金字塔最初用于图像压缩，现在在计算机视觉和图像处理中应用非常广泛，包括但不限于以下领域。

图像压缩：图像金字塔可以用于图像压缩。通过对图像进行多次下采样，可以减小图像的尺寸并减少图像的数据量，从而实现图像压缩。图像金字塔在图像压缩中的应用可以追溯到 20 世纪 70 年代。当时，图像压缩算法的研究人员意识到，通过对图像进行多层次的分解和编码，可以实现不同分辨率的图像重建。

图像融合：图像金字塔可用于图像融合，实现图像的融合和拼接。通过在不同尺度上对两张或多张图像进行融合，可以实现图像的无缝拼接，消除拼接边缘的瑕疵，生成高质量的全景图像。

图像分割：图像金字塔在图像分割中有广泛应用。通过构造图像金字塔，可以在不同尺度上对图像进行分解，并基于不同尺度上的特征进行分割。

超分辨率重建：图像金字塔可用于超分辨率重建，即从低分辨率图像重建出高分辨率图像。通过构造图像金字塔，可以将低分辨率图像上采样到不同尺度，并利用图像金字塔中较高层次的图像信息进行重建，从而得到分辨率更高的图像。

特征提取：在特征提取中，图像金字塔可以用于在不同尺度上寻找特征点，例如在尺度不变特征变换中的应用。

目标检测与跟踪：检测对象在图像中的大小往往非常多变，通过在不同尺度上进行图像金字塔匹配，可以实现目标物体的检测与跟踪，例如人脸检测中的多尺度检测。

图像去噪：通过在图像金字塔的较高层次上进行去噪操作，可以在保留图像细节的同时减少图像中的噪声。

5.5 图像金字塔的构造

构造图像金字塔时会用到下采样和上采样两种方法。

下采样是将图像的分辨率降低的过程，即减少图像的像素数量。在 OpenCV 中常用的下采样算法用于将图像去除偶数行和列，这样就能将图像的尺寸减小，从而得到分辨率更低的图像。

上采样是将图像的分辨率提高的过程，即增加图像的像素数量。常用的上采样方法是双线性插值，即通过对相邻像素值进行加权平均来估计新像素的值。通过上采样，我们可以将图像的尺寸增大，从而得到分辨率更高的图像。这对于图像重建和细节恢复非常有用。

图像金字塔分为两种类型：高斯金字塔和拉普拉斯金字塔。

5.5.1 高斯金字塔的构造

高斯金字塔（Gaussian Pyramid）是通过对图像重复进行高斯滤波和下采样操作来构造的。构造高斯金字塔的过程如下。

首先，将原图像作为金字塔的底层（第 0 层），对当前层的图像应用高斯滤波，以平滑图像并去除高频部分，然后对平滑后的图像进行下采样，将下采样后的图像作为金字塔的下一层。重复上述步骤，直到到达金字塔的顶层。

高斯金字塔可以缩小图像并保留有效信息，保持图像旋转、平移、伸缩不变形。

1. 高斯金字塔的下采样

OpenCV 中的 pyrDown()函数可用于执行构造高斯金字塔时的下采样操作，其基本格式如下。

```
ret=cv2.pyrDown(image[,dstsize[,borderType]])
```

说明如下。

- ret：返回的结果图像，类型和输入图像的类型相同。
- image：输入图像。
- dstsize：结果图像大小。
- borderType：边界值类型。

【例 5-8】构造 3 层高斯金字塔，并将每一层图像保存为文件，示例代码如下：

```
import cv2
img = cv2.imread("pic/flower.jpg")# 读取图像
levels = 3  #金字塔层数
#构造高斯金字塔
pyramid = [img]          # pyramid[0]为原图像
```

```
    for i in range(levels):
        img = cv2.pyrDown(img)
        pyramid.append(img)
    # 从金字塔第 1 层开始逐级显示图像
    for i in range(1, levels + 1):
        cv2.imshow(f'{i}',
     pyramid[i])
        cv2.imwrite(f'{i}.jpg', pyramid[i])  #将图像保存为文件
    cv2.waitKey(0)
```

运行结果如图 5-22 所示。

图 5-22 高斯金字塔的下采样

可以看出，每次采样图像的高度和宽度都减小为原来的一半。

2. 高斯金字塔的上采样

上采样和下采样相反，采用插值方法补充像素，使每次采样时图像的高度和宽度都扩大为原来的两倍，然后对插值后的图像进行高斯滤波操作，平滑图像并减少插值过程中引入的伪影和噪声。常见的插值方法有最近邻插值、双线性插值、双三次插值等。

上采样的目的是放大原图像。上采样操作可用于图像恢复、图像分割、图像匹配等应用中，通过提高图像的分辨率来提高细节信息的可见性或精度。然而，由于上采样无法恢复原图像中丢失的信息，因此在一定程度上会引入一些伪影或失真。

OpenCV 中的 pyrUp()函数用于执行构造高斯金字塔时的上采样操作，其基本格式如下。

```
ret=cv2.pyrUp(image[,dstsize[,borderType]])
```

说明如下。

- ret：返回的结果图像，类型和输入图像的类型相同。
- image：输入图像。
- dstsize：结果图像大小。
- borderType：边界值类型。

【例 5-9】构造上采样高斯金字塔，示例代码如下：

```
import cv2
img0=cv2.imread('flower2.jpg')
img1=cv2.pyrUp(img0)                #第 1 次采样
img2=cv2.pyrUp(img1)                #第 2 次采样
cv2.imshow('img0',img0)             #显示第 0 层
cv2.imshow('img1',img1)             #显示第 1 层
cv2.imshow('img2',img2)             #显示第 2 层
print('0 层形状：',img0.shape)       #输出图像的形状
```

```
print('1层形状：',img1.shape)          #输出图像的形状
print('2层形状：',img2.shape)          #输出图像的形状
cv2.waitKey(0)
```

运行结果如下，图像如图 5-23 所示。

```
0层形状： (77, 117, 3)
1层形状： (154, 234, 3)
2层形状： (308, 468, 3)
```

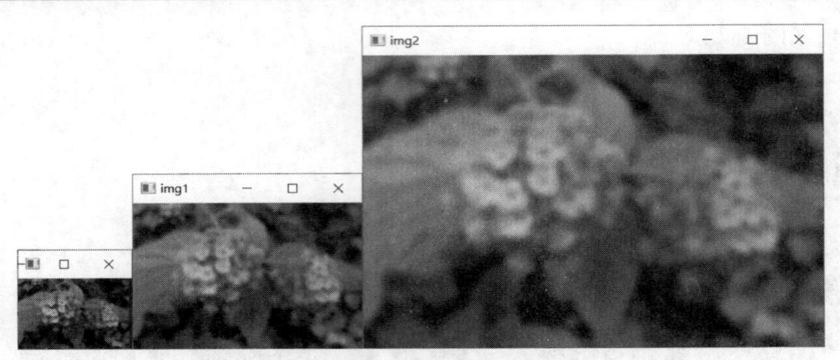

图 5-23　高斯金字塔的上采样

采样图像的高度和宽度每次都放大为原来的 2 倍，但比较模糊。

思考一下，如果先对一张图像进行一次下采样缩小，再进行一次上采样放大，得到的图像为什么和原图像不一样？

因为图像金字塔下采样时像素有压缩，属于有损压缩；上采样只能恢复图像大小，像素是估算出来的，所以与原图不一样。

5.5.2　拉普拉斯金字塔的构造

拉普拉斯金字塔（Laplacian Pyramid）是通过高斯金字塔构造而来的。构造拉普拉斯金字塔的过程如下。

首先，从高斯金字塔的顶层（第 N 层）开始，将当前层的图像上采样（放大）到与下一层（第 N-1 层）图像相同的尺寸。将第 N-1 层的图像与上采样后的图像进行相减，得到第 N 层的拉普拉斯图像。重复上述步骤，直到到达金字塔的底层（第 0 层）。

拉普拉斯金字塔的一层图像记录的是高斯金字塔中每一层图像在下采样后又再上采样，与下采样前图像之间的残差。

【例 5-10】以图 5-24 所示图像为例，构造 3 层拉普拉斯金字塔，示例代码如下：

```
import cv2

def laplacian_pyramid(img, levels):
    pyramid = []
    current_level = img.copy()
    pyramid.append(current_level)
    for i in range(levels):
        next_level = cv2.pyrDown(current_level)
        expanded = cv2.pyrUp(next_level, dstsize=current_level.shape[:2][::-1])
        laplacian = cv2.subtract(current_level, expanded)
        pyramid.append(laplacian)
        current_level = next_level
```

```
    return pyramid

#读取图像
img = cv2.imread('pic/huanghelou.jpg')
#img = cv2.cvtColor(img, cv2.COLOR_BGR2GRAY)

#构造拉普拉斯金字塔
levels = 3
pyramid = laplacian_pyramid(img, levels)
#显示各层拉普拉斯图像
for i in range(levels+1):
    cv2.imshow(f"Level{i}", pyramid[i])

cv2.waitKey(0)
```

图 5-24　黄鹤楼

运行结果如图 5-25 所示。可以看出，拉普拉斯金字塔的图像看起来大部分区域都是黑色（像素值为 0）的，只有图像边缘不是。这个边缘就是图像下采样缩小再上采样放大得到的图像和原图像的残差。拉普拉斯金字塔可以用于图像无损压缩。

图 5-25　拉普拉斯金字塔

5.6　图像金字塔的应用

图像金字塔可以用于图像融合、图像复原等。通过构造拉普拉斯金字塔，可以将待融合的图像分解为基于尺度的表示，然后对不同尺度的图像进行融合，最终重建出融合后的图像。

【例 5-11】现在有两张大小相同的图像，如图 5-26 和图 5-27 所示，利用图像金字塔将两者拼接在一起，示例代码如下：

```
#应用图像金字塔实现图像拼接
import cv2  #导入 OpenCV 模块
img1 = cv2.imread('pic/orange.jpg')     #读取图像 1
img2 = cv2.imread('pic/apple.jpg')      #读取图像 2
#生成图像 1 的高斯金字塔 img1Gaus
img = img1.copy()       #复制一份图像 1
img1Gaus = [img]        #从底层开始构造，即图像 1 的原图像
n=6                     #金字塔层数
#进行 n 次高斯金字塔向下采样
for i in range(n):
    img = cv2.pyrDown(img)      #高斯金字塔向下采样
    img1Gaus.append(img)        #把每次高斯金字塔向下采样的结果追加给 img1Gaus

#生成图像 2 的高斯金字塔 img2Gaus
img = img2.copy()       #复制一份图像 2
img2Gaus = [img]        #从底层开始构造，即图像 2 的原图像
#进行 n 次高斯金字塔向下采样
for i in range(n):
    img = cv2.pyrDown(img)      #高斯金字塔向下采样
    img2Gaus.append(img)        #把每次高斯金字塔向下采样的结果追加给 img2Gaus

#生成图像 1 的 n 层拉普拉斯金字塔
img1Laps = [img1Gaus[n-1]]      #从顶层开始构造，即高斯金字塔的顶层
#从顶层开始，不断向上采样
for i in range(n-1,0,-1):
    img = cv2.pyrUp(img1Gaus[i])                #向上采样
    lap = cv2.subtract(img1Gaus[i-1],img)   #用下一层的高斯金字塔图像减去上一层高斯金字
塔图像的上采样，如果两张图像大小不同，做减法会出错
    img1Laps.append(lap)                        #将拉普拉斯金字塔构造结果追加给 img1Laps

#生成图像 2 的 n 层拉普拉斯金字塔
img2Laps = [img2Gaus[n-1]]                      #从顶层开始构造，即高斯金字塔的顶层
#从顶层开始，不断向上采样
for i in range(n-1,0,-1):
    img = cv2.pyrUp(img2Gaus[i])                #向上采样
    lap = cv2.subtract(img2Gaus[i-1],img)   #用下一层的高斯金字塔图像减去上一层高斯金字
塔图像的上采样，如果两张图像大小不同，做减法会出错
    img2Laps.append(lap)    #将拉普拉斯金字塔构造结果追加给 img2Laps

#拉普拉斯金字塔拼接：将图像 1 拉普拉斯金字塔每层上半部分与图像 2 拉普拉斯金字塔每层下半部分拼接
imgLaps = []
for img1lap,img2lap in zip(img1Laps,img2Laps):
```

```
        rows,cols,dpt = img1lap.shape    #取img1lap或img2lap的尺寸皆可，这里取img1lap的尺寸
        ls=img1lap.copy()        #复制一份img1lap
        ls[int(rows/2):,:]=img2lap[int(rows/2):,:]    #将img1lap的上半部分和img2lap的下半部分拼接
        imgLaps.append(ls)       #将两个拉普拉斯金字塔拼接后的结果追加给imgLaps

    #从拉普拉斯金字塔恢复图像
    img = imgLaps[0]             #初始化img为拼接后拉普拉斯金字塔的顶层，即imgLaps[0]
    for i in range(1,n):
        img = cv2.pyrUp(img)     #每层图像先向上采样
        img = cv2.add(img, imgLaps[i])            #再和当前层的下一层图像相加

    #将图像1原图像的上半部分与图像2原图像的下半部分直接拼接
    stitch = img1.copy()         #复制一份图像1
    stitch[int(row/2):,:]=img2[int(row/2):,:]   #取img1的上半部分和img2的下半部分拼接成一张融合的图像

    cv2.imshow('merg',stitch)                   #显示直接拼接结果
    cv2.imshow('Pyramid',img)                   #显示图像金字塔拼接结果
    cv2.waitKey(0)  #设置按任意键关闭窗口
```

图5-26　图像1

图5-27　图像2

运行结果如图5-28、图5-29所示，可见对图像进行直接拼接时，连接处比较生硬，而图像金字塔拼接有一定的融合效果。

图5-28　直接拼接

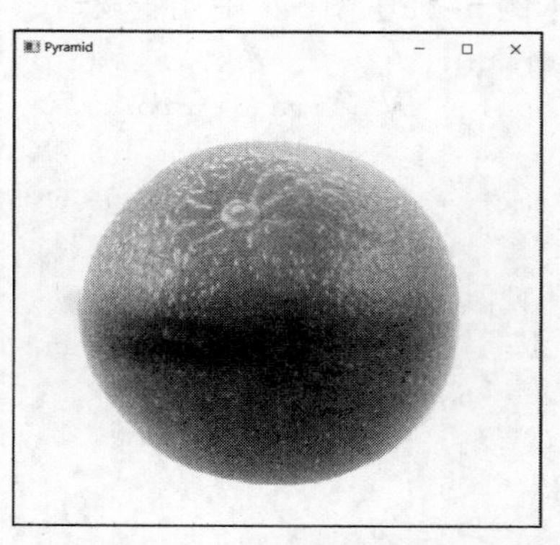

图5-29　图像金字塔拼接

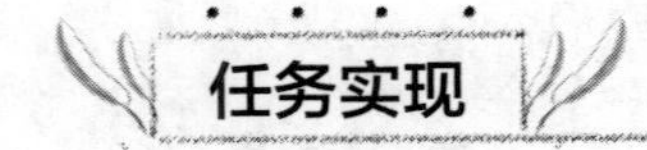

【任务分析】

分析两张图片，图 5-1 比图 5-2 中光线更暗，根据前面所学的知识，我们可以先对这两张图片进行直方图均衡化，然后采用图像金字塔进行图像融合。本项目可分为以下两个子任务。

- 任务 1：直方图均衡化。
- 任务 2：用图像金字塔实现图像融合。

【工作流程】

工作流程可分解为 4 个步骤，如图 5-30 所示。

（1）读取图像。

（2）将要调节亮度的图像的色彩空间转换到 HSV 色彩空间，对 V 通道进行直方图均衡化。

（3）采用图像金字塔进行图像融合。

（4）显示结果。

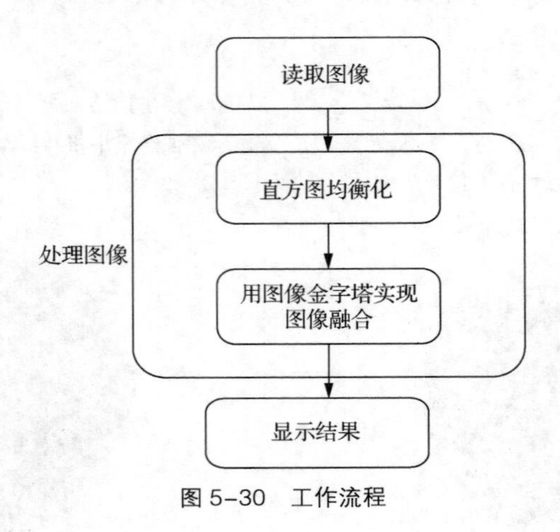

图 5-30　工作流程

任务 5.1　直方图均衡化

【例 5-12】图 5-1 中光线较暗，对其进行直方图均衡化，示例代码如下：

```
import cv2
img1 = cv2.imread('pic/fall.jpg')  #读取图像

img1 = cv2.resize(img1,(800,512))  #重置图像的尺寸，尺寸为 2 的 n 次幂


hsv = cv2.cvtColor(img1, cv2.COLOR_BGR2HSV)   #转换为 HSV 色彩空间
h = hsv[:,:,0]

s = hsv[:,:,1]
v = hsv[:,:,2]                      #V 通道
v=cv2.equalizeHist(v)               #对 V 通道进行直方图均衡化
```

```
hsv2 = cv2.merge([h, s, v])          #再合并 H、S、V 这三个通道
img1 = cv2.cvtColor(hsv2, cv2.COLOR_HSV2BGR)          #转换为 RGB 色彩空间
cv2.imshow('equalizeHist',img1)                       #显示均衡化后的图像
cv2.waitKey(0)
```

运行结果如图 5-31 所示，秋季风景图的亮度得到了提升。

图 5-31 直方图均衡化

任务 5.2 用图像金字塔实现图像融合

【例 5-13】接下来，将两张图像的左、右两半融合在一起，示例代码如下：

```
#生成图像 1 的高斯金字塔 img1Gaus
img = img1.copy()       #复制一份图像 1
img1Gaus = [img]        #从底层开始构造，即图像 1 的原图像
#进行 6 次高斯金字塔向下采样
for i in range(6):
    img = cv2.pyrDown(img)       #高斯金字塔下采样
    img1Gaus.append(img)         #把每次高斯金字塔向下采样的结果追加给 img1Gaus

#生成图像 2 的高斯金字塔 img2Gaus
img = img2.copy()       #复制一份图像 2
img2Gaus = [img]        #从底层开始构造，即图像 2 的原图像
#进行 6 次高斯金字塔下采样
for i in range(6):
    img = cv2.pyrDown(img)       #高斯金字塔下采样
    img2Gaus.append(img)         #把每次高斯金字塔下采样的结果追加给 img2Gaus

#生成图像 1 的 6 层拉普拉斯金字塔
img1Laps = [img1Gaus[5]]         #从顶层开始构造，即高斯金字塔的顶层
#从顶层开始，不断上采样
for i in range(5,0,-1):
    img = cv2.pyrUp(img1Gaus[i])     #上采样
    lap = cv2.subtract(img1Gaus[i-1],img)     #用下一层的高斯金字塔图像减去上层高斯金字塔
图像的上采样，如果两张图像大小不同，做减法会出错
```

```
        img1Laps.append(lap)        #将拉普拉斯金字塔构造结果追加给 img1Laps

    #生成图像 2 的 6 层拉普拉斯金字塔
    img2Laps = [img2Gaus[5]]              #从顶层开始构造，即高斯金字塔的顶层
    #从顶层开始，不断上采样
    for i in range(5,0,-1):
        img = cv2.pyrUp(img2Gaus[i])    #上采样
        lap = cv2.subtract(img2Gaus[i-1],img)    #用下一层的高斯金字塔图像减去上层高斯金字塔
图像的上采样，如果两张图像大小不同，做减法会出错
        img2Laps.append(lap)              #将拉普拉斯金字塔构造结果追加给 img2Laps

    #拉普拉斯金字塔拼接：将图像 1 拉普拉斯金字塔每层左半部分与图像 2 拉普拉斯金字塔每层右半部分拼接
imgLaps = []
    for img1lap,img2lap in zip(img1Laps,img2Laps):
        rows,cols,dpt = img1lap.shape    #取 img1lap 或 img2lap 的尺寸皆可，这里取 img1lap 的
尺寸
        ls=img1lap.copy()       #复制一份 img1lap
        ls[:,
    int(cols/2):]=img2lap[:,
    int(cols/2):]    #将 img1lap 的左半部分和 img2lap 的右半部分拼接
        imgLaps.append(ls)      #将两个拉普拉斯金字塔拼接后的结果追加给 imgLaps

    #从拉普拉斯金字塔恢复图像
    img = imgLaps[0]            #初始化 img 为拼接后拉普拉斯金字塔的顶层，即 imgLaps[0]
    for i in range(1,6):
        img = cv2.pyrUp(img)    #每层图像先上采样
        img = cv2.add(img, imgLaps[i])  #再和当前层的下一层图像相加

    #图像 1 原图像的左半部分与图像 2 原图像的右半部分直接拼接
    stitch = img1.copy()        #复制一份图像 1
    stitch[:,
    int(cols/2):]=img2[:,
    int(cols/2):] #取 img1 的左半部分和 img2 的右半部分拼接成一个融合的图像

    cv2.imshow('merg',stitch)                   #显示直接拼接结果
    cv2.imshow('Pyramid',img)                   #显示图像金字塔拼接结果
    cv2.waitKey(0)  #设置按任意键关闭窗口
```

运行上述代码，可以获得图 5-3 和图 5-4 所示的效果。

提高与拓展

【提高】色彩均衡

如果图像有偏色现象，例如图 5-32 所示图像的色彩整体偏红紫色，该怎么处理呢？

【例 5-14】可以对彩色图像的 B、G、R 通道分别进行直方图均衡化再合并 3 个通道，示

例代码如下：

```
import cv2
import matplotlib.pyplot as plt

img = cv2.imread("pic/color.jpg")
#split
b,g,r=cv2.split(img)

blue_equ = cv2.equalizeHist(b)
green_equ = cv2.equalizeHist(g)
red_equ = cv2.equalizeHist(r)

equ = cv2.merge([blue_equ, green_equ, red_equ])

cv2.imshow("img",img)
cv2.imshow("equalize",equ)
plt.figure("原图像的直方图")
plt.hist(img.ravel(), 256)
plt.figure("均衡化后图像的直方图")
plt.hist(equ.ravel(), 256)
plt.show()

cv2.waitKey(0)
```

运行结果如下，图 5-33 所示为均衡化后图像，色彩自然，不再偏色。图 5-34、图 5-35 所示分别为原图像和均衡化后图像的直方图，可以看出后者分布更均衡。

图 5-32　原图像

图 5-33　均衡化后图像

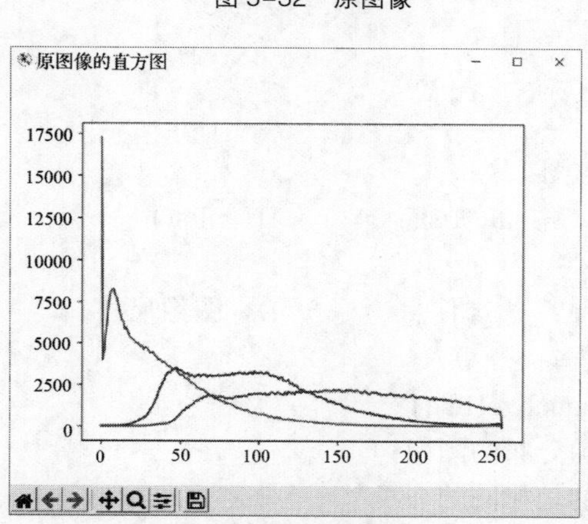

图 5-34　原图像的直方图

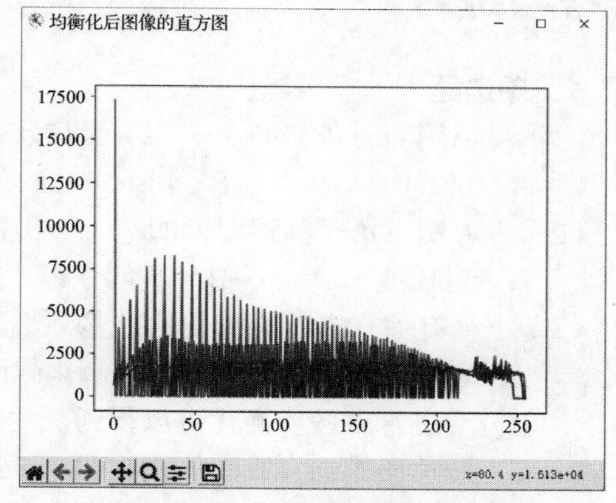

图 5-35　均衡化后图像的直方图

【拓展】图像缩放攻击

图像缩放在计算机视觉领域是一个常用的技术和操作。在计算机视觉任务中，如目标检测、图像分类、人脸识别等，通常需要对输入的图像进行预处理，例如出于计算成本考虑，会压缩图像，减少计算量，加快处理速度。

恶意攻击者可以利用这种图像缩放技术，对用于人脸识别、目标检测等计算机视觉领域的 DNN 模型发起攻击。攻击者把需要隐藏的图像按特定算法插在图像的像素中，例如在图 5-36 中，将停车标志图像的像素按顺序嵌入道路图像中，肉眼就看不出生成的图像与原图像的区别。不过，如果在预处理过程中把图像缩小，停车标志就会显示出来。

图 5-36 图像缩放攻击

假设你正在训练一个神经网络模型来识别停车标志的图像，以便自动驾驶汽车使用。恶意攻击者采用图像缩放攻击，在训练图像集中嵌入停车标志图像，这样会导致自动驾驶的汽车把一些普通图像当作含有停车标志图像的攻击图像。如果有人把这些图像掺进自动驾驶训练数据集，那么我们训练出来的自动驾驶系统还可靠吗？

如何防御图像缩放攻击？由于攻击者通过控制缩放过程的一小部分像素来操作，研究者可以采用更为理想的缩放算法对所有像素进行加权平均，还可精确地识别攻击图像中的这组像素，然后使用图像的剩余像素重建它们的内容。

矛与盾的争端从未息止，攻击者不断发展新的攻击技术和策略，以突破 AI 图像识别系统的防御。为了应对这些攻击，研究人员和开发者也在不断升级防御措施。

思考与练习

1. 单选题

（1）可以用 OpenCV 的（　　）函数计算直方图。

A. hist()　　B. histogram()　　C. calcHist()　　D. plot()

（2）直方图可用于描述图像的（　　）特征。

A. 对比度　　B. 颜色分布　　C. 边缘信息　　D. 图像尺寸

（3）下列有关直方图均衡化的描述，错误的是（　　）。

A. OpenCV 提供了直方图均衡化的函数 equalizeHist()

B. 通过直方图均衡化可以得到灰度级均匀分布的图像

C. 彩色图像的直方图均衡化和灰度图像的是相同的

D. 通过直方图均衡化可以达到图像增强的目的

（4）图像金字塔处理中的下采样是指（　　）。

A. 提取图像的边缘信息　　B. 提取图像的纹理信息

C. 放大图像尺寸　　D. 缩小图像尺寸

（5）对一张图像进行一次下采样，再进行一次上采样，得到的图像将会（　　）。

A. 和原图像一样　　B. 高度、宽度和原图像的一样

C. 高度、宽度都缩小为原来的一半　　D. 高度、宽度都放大为原来的两倍

2. 简答题

（1）直方图是图像处理和计算机视觉中一个重要的工具，简述它的常见用途。

（2）简述对彩色图像进行直方图均衡化的步骤。

（3）简述高斯金字塔是怎么构造的。

（4）图像金字塔可以在图像处理和计算机视觉的许多任务中发挥重要作用，请列举 5 个常见应用。

（5）相对于直方图均衡化，如果采用加法的方式来提高亮度，会出现什么问题？

3. 应用题

（1）计算一张彩色图像的直方图，用不同的颜色显示其 B、G、R 这 3 个通道的直方图。

（2）一张 X 射线照片如图 5-37 所示，对其进行直方图均衡化，并以“hist_原文件名称”形式保存文件，如图 5-38 所示。

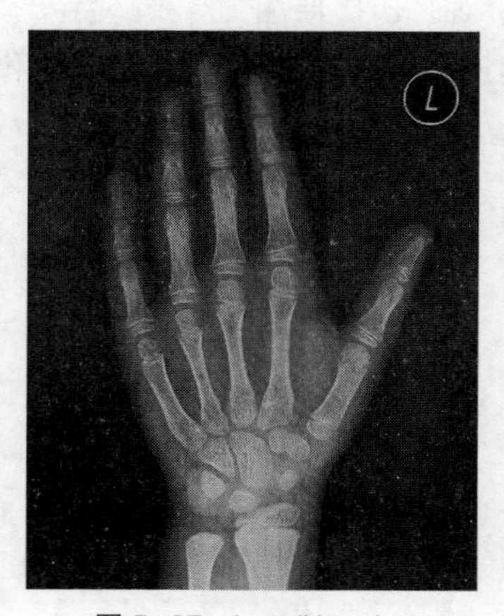

图 5-37　handXray.jpg

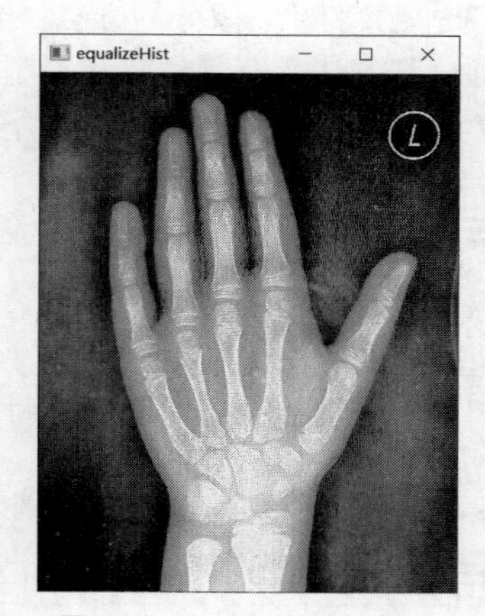

图 5-38　hist_handXray.jpg

（3）对一张图像，使用高斯金字塔进行两次上采样，生成多张不同尺度的图像，展示金字塔每层的图像。

（4）利用图像金字塔实现两张图像的融合。

项目六

图像换背景——图像分割

图像分割是计算机视觉领域中的一个重要任务，它对于实现许多应用程序，如目标检测、图像分析、图像识别等，都至关重要。例如在自动驾驶技术中，车载摄像头探查到图像后，要将图像中车道、标志、行人、车辆等不同的物体分割出来，以便进一步实现辅助驾驶算法。还有图像换背景，首先需要对图像的前景和背景进行分割，再对背景区域进行替换。

OpenCV 提供了多种图像分割方法，包括阈值处理、边缘检测、分水岭算法、交互式前景提取等。每种分割方法都有其优势和限制，最佳的选择取决于具体的应用场景和需求。在实际应用中，常常需要根据具体情况选择合适的分割方法或者结合多种方法进行分割。

知识目标

了解图像分割的几种常用方法。

掌握阈值处理的方法。

掌握使用分水岭算法进行图像分割的方法。

掌握交互式前景提取的方法。

技能目标

能设定合适的阈值，利用 OpenCV 中的函数进行阈值处理。

能利用 OpenCV 中的函数使用分水岭算法进行图像分割。

能利用 OpenCV 中的函数进行交互式前景提取。

能根据应用场景，灵活地选择合适的函数进行图像分割。

情景描述

在日常工作和生活中，我们经常遇到以下情况：抠除商品背景，快速实现商品广告制作；需将证件照的白底变为蓝底；艺术照片更换背景等。我们能否利用 OpenCV 实现快速抠图以更换图像背景呢?

本项目要制作一个有关中国传统美食水饺的海报，我们需要从图 6-1 所示的照片中分割出目标，去除背景杂物只留下一盘水饺，然后将背景替换为一张红色底图，替换背景的效果如图 6-2 所示。

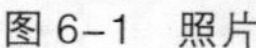
图 6-1　照片

图 6-2　替换背景的效果

知识准备

图像分割指的是将一张图像分割成具有一定语义的不同区域或对象的过程。图像分割是计算机视觉领域中的一个重要任务，也是图像处理中备受关注的一个热点。

图像分割的方法有很多种，如阈值处理、边缘检测、分水岭算法、交互式前景提取等。

阈值处理是常用的一种分割方法，它根据图像灰度值的不同将图像分为几个不同的区域，这种方法简单易行，适用于具有明显对比度差异的图像。边缘检测可以有效地抑制噪声并检测图像中的边缘，从而有助于将图像分割成不同的区域。Canny 边缘检测算法被广泛认为是当前理论上最完善的边缘检测算法之一。

分水岭算法是一种经典的图像分割方法，它将图像的灰度空间看作是地球表面的地理结构，每个像素的像素值代表高度，通过模拟水流汇聚的过程来实现图像的分割，它在处理具有重叠区域或接触区域的图像时表现良好。基于交互式前景提取的分割方法，只需要少量的交互操作，就能够准确地提取出图像的前景。但这种方法相对比较烦琐，需要用户设定目标所在的矩形区域，或者用黑色标注背景区域，用白色标注前景区域。不同的方法适用于不同的图像处理任务，我们可以根据图像的特性、应用需求以及处理的复杂性选择合适的方法来进行分割。

6.1　阈值处理

6.1　阈值处理

阈值处理可用于将图像中的像素分为两个或多个不同的类别。阈值处理的目标是根据像素值将像素分类为背景或前景。阈值处理可分为全局阈值处理、自适应阈值处理、颜色阈值处理。接下来介绍以下几种常见的方法。

全局阈值处理：最简单的阈值处理方法。它使用一个固定的阈值来分割图像的像素。如果像素值高于该阈值，则将其设置为白色（或另一个预定义的颜色），否则将其设置为黑色。阈值的选择是关键，通常基于图像的直方图或统计信息来确定。

自适应阈值处理：与全局阈值处理不同，自适应阈值处理根据图像的局部特性来确定每个像素的阈值。这种方法用于处理照明不均匀或背景对比度较大的图像非常有效。

颜色阈值处理：根据颜色而不是灰度值来应用阈值，用于将图像中符合特定颜色范围的像素提取出来或将图像转化为二值化图像。颜色阈值处理常用于目标检测、颜色分割和图像分析等应用领域。

阈值处理用于将图像中的像素根据设定的阈值进行分类，该方法基于图像的像素特性，通过比较像素值与阈值的大小关系，将像素分为不同的类别，具有计算简单、运算效率较高、速度快的优点，在重视运算效率的应用场合较为常用。

6.1.1 全局阈值处理

threshold()函数可用于实现全局阈值处理。该函数支持多种类型的阈值，由类型参数 type 确定，其基本格式如下：

```
retval, dst=cv2.threshold(src, thresh, maxval, type)
```

说明如下。

- retval：返回的阈值。
- dst：全局阈值处理后的结果图像。
- src：要处理的图像，必须是灰度图像。
- thresh：设置的阈值。
- maxval：像素的最大值。
- type：阈值类型，如表 6-1 所示。

表 6-1 阈值类型

阈值类型	值	用途
THRESH_BINARY	0	二值化阈值处理。将大于阈值的像素值设为 255，其他像素值设为 0
THRESH_BINARY_INV	1	反二值化阈值处理。将大于阈值的像素值设为 0，其他像素值设为 255
THRESH_TRUNC	2	截断阈值处理。将大于阈值的像素值设为阈值的大小，其他像素值不变
THRESH_TOZERO	3	超阈值零处理。大于阈值的像素值不变，其他像素值设为 0
THRESH_TOZERO_INV	4	反超阈值零处理。将大于阈值的像素值设为 0，其他像素值不变
THRESH_OTSU	8	采用 Otsu 算法自动寻求全局阈值
THRESH_TRIANGLE	16	采用三角形法自动寻求全局阈值

全局阈值处理采用 THRESH_BINARY、THRESH_BINARY_INV 这两种类型时，会将图像上全部像素的值设置为 0 或 255，即将灰度图像或彩色图像转换为高对比度的二值图像，又可称为图像的二值化。

在图像处理中，二值图像占有非常重要的地位。图像的二值化通过减少数据量和去除噪声，突出目标的轮廓，这有助于使用高级算法识别和分析物体时依赖轮廓信息。

【例 6-1】以图 6-3 所示图像为例，用不同阈值类型来进行处理，并查看效果，示例代码如下：

```
import cv2
import matplotlib.pyplot as plt

img=cv2.imread('pic/gradient.png',cv2.IMREAD_GRAYSCALE)        #以灰度图模式读取图像
#阈值处理
ret,img1=cv2.threshold(img,125,255,cv2.THRESH_BINARY)          #二值化阈值处理
ret,img2=cv2.threshold(img,125,255,cv2.THRESH_BINARY_INV)      #反二值化阈值处理
ret,img3=cv2.threshold(img,125,-1,cv2.THRESH_TRUNC)            #截断阈值处理
```

```
ret,img4=cv2.threshold(img,125,-1,cv2.THRESH_TOZERO)          #超阈值零处理
ret,img5=cv2.threshold(img,125,-1,cv2.THRESH_TOZERO_INV)      #反超阈值零处理

# 用Matplotlib显示原图像及各种类型的二值化处理结果
plt.figure()
plt.subplot(2, 3, 1)#图像窗口分为2行3列，当前位置为1
plt.imshow(img, cmap ='gray')
plt.title("gray")

plt.subplot(2, 3, 2)
plt.imshow(img1, cmap ='gray')
plt.title("BINARY")

plt.subplot(2, 3, 3)
plt.imshow(img2, cmap ='gray')
plt.title("BINARY_INV")

plt.subplot(2, 3, 4)
plt.imshow(img3, cmap ='gray')
plt.title("TRUNC")

plt.subplot(2, 3, 5)
plt.imshow(img4, cmap ='gray')
plt.title("TOZERO")

plt.subplot(2, 3, 6)
plt.imshow(img5, cmap ='gray')
plt.title("TOZERO_INV")
# plt.xticks([])
# plt.yticks([])
plt.show()
```

运行结果如图6-4所示，标签为gray的图像是要处理的灰度图像，BINARY是二值化阈值处理结果，可以看出值小于125的像素都被处理为黑色，大于等于125的像素都被处理为白色。BINARY_INV是反二值化阈值处理结果，黑白分布和BINARY中的正好相反。TRUNC是截断阈值处理结果，大于阈值的像素值将被截断（设为阈值大小），而小于等于阈值的像素值保持不变。TOZERO是超阈值零处理结果，大于阈值的像素值保持不变，其他像素值都被处理为0。TOZERO_INV是反超阈值零处理，与TOZERO相反，大于阈值的像素值被处理为0。

图6-3　灰度图像

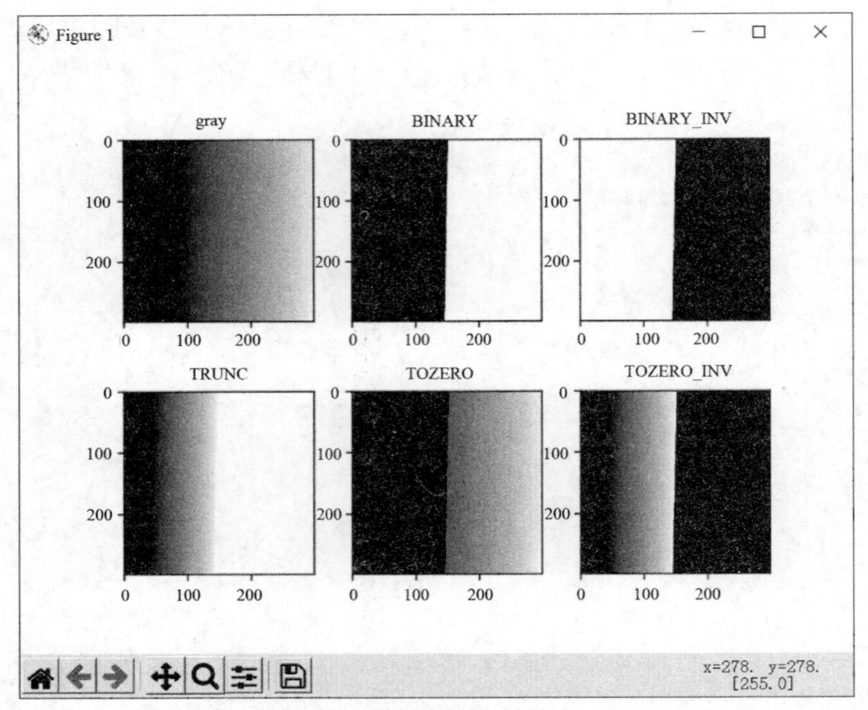

图 6-4　全局阈值处理结果

阈值的选择对最终的图像处理效果至关重要。如何在 threshold()函数中为像素设置合适的阈值呢？如果图像较为简单，可以根据自己的经验试几次，也可以利用直方图来确定合适的阈值，以图 6-5 所示图像为例，计算其直方图，如图 6-6 所示，可以看出有两个波峰，左侧的波峰主要对应桌面背景，右侧的波峰对应亮度较高的答题卡。在两个波峰之间的波谷的像素值大约为 160，可以将这个值设置为阈值，再进行阈值处理，就可将答题卡与背景分离。

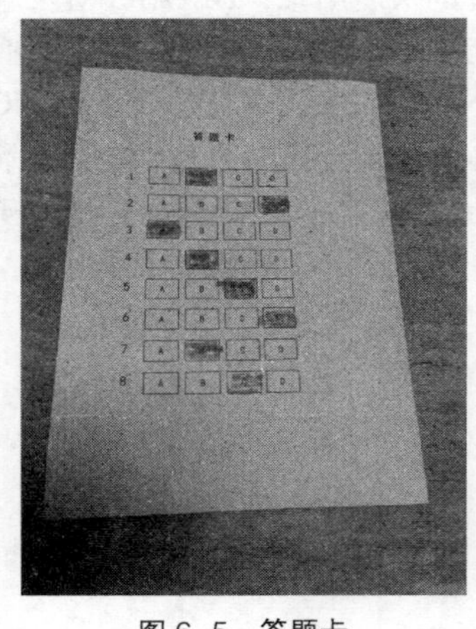

图 6-5　答题卡

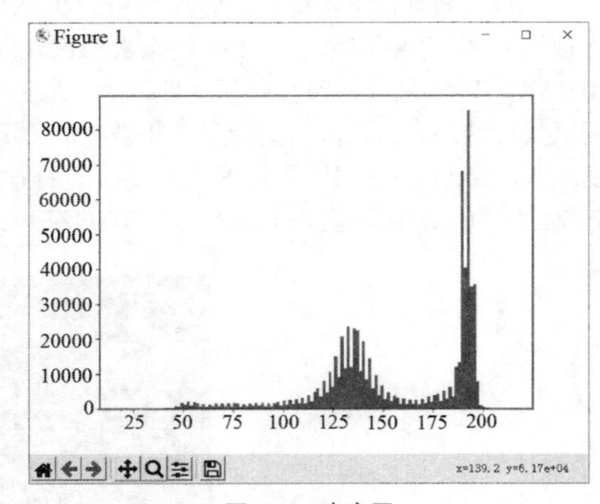

图 6-6　直方图

OpenCV 中 threshold()函数结合 Otsu 算法（又称为大津法）可以自动确定图像阈值，其原理是遍历所有可能的阈值，并计算每个阈值对应的类间方差，选择使类间方差最大的阈值作为最佳阈值。Otsu 算法能够自动确定最佳的阈值，而无须人工干预，与手动设置阈值相比，这种方法更高效。Otsu 算法适用于具有双峰直方图的图像，即明显具有背景和前景两种不同的像素分布的图像。

要使用 Otsu 算法自动确定阈值，只需在 threshold()函数的阈值类型参数后添加 cv2.THRESH_OTSU 即可。

【例 6-2】以图 6-5 所示图像为例，Otsu 算法阈值处理结果如图 6-7 所示，示例代码如下：

```
import cv2
img=cv2.imread('pic/test1.jpg',cv2.IMREAD_GRAYSCALE)#阈值为 200
cv2.imshow('img',img)
ret,img2=cv2.threshold(img,160,255,cv2.THRESH_BINARY+cv2.THRESH_OTSU)#阈值处理
print("THRESH_OTSU:",ret)
cv2.imshow('threshold',img2)
cv2.waitKey(0)
```

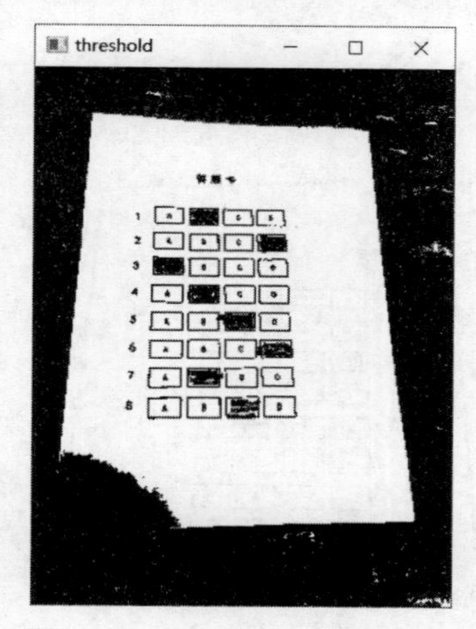

图 6-7　Otsu 算法阈值处理结果

6.1.2　自适应阈值处理

对于色彩不均衡或明暗差异较大的图像，用全局阈值处理来分割图像的效果往往不佳。OpenCV 提供了自适应阈值处理（有时也称为“局部阈值处理”）算法，可根据图像的局部特性，在不同区域使用不同的阈值进行处理。这种方法可以应对图像中局部光照变化或对比度不均匀的情况。

6.1.2～6.2 自适应阈值处理、颜色阈值处理、边缘检测

adaptiveThreshold()函数可用于实现自适应阈值处理，其基本格式如下：

```
dst=cv2.adaptiveThreshold(src,maxValue,adaptiveMethod,
thresholdType,
blockSize,C)
```

说明如下。

- dst：阈值处理后的结果图像。
- src：原图像。
- maxValue：输出的像素最大值。
- adaptiveMethod：自适应方法，其值为 cv2.ADAPTIVE_THRESH_MEAN_C（邻域中所有像素的权重相同）或者 cv2.ADAPTIVE_THRESH_GAUSSIAN_C（邻域中像素的权重与其到中心点的距离有关，通过高斯方程可计算各个点的权重）。
- thresholdType：阈值处理方式，其值为 cv2.THRESH_BINARY（二值化阈值处理）或者 cv2.THRESH_BINARY_INV（反二值化阈值处理）。

- blockSize：计算局部阈值的邻域的大小。
- C：常量，用于自适应阈值处理，通过从 blockSize 指定邻域的加权平均值中减去 C 来确定每个像素的阈值。

【例 6-3】实现自适应阈值处理，处理结果如图 6-8 所示，示例代码如下：

```
import cv2
img=cv2.imread('pic/test1.jpg',cv2.IMREAD_GRAYSCALE)     #读取图像，并将其转换为单通道灰度图像
cv2.imshow('img',img)
img2=cv2.adaptiveThreshold(img,255,cv2.ADAPTIVE_THRESH_MEAN_C,
                           cv2.THRESH_BINARY,5,10)     #阈值处理
cv2.imshow('img2',img2)
cv2.waitKey(0)
```

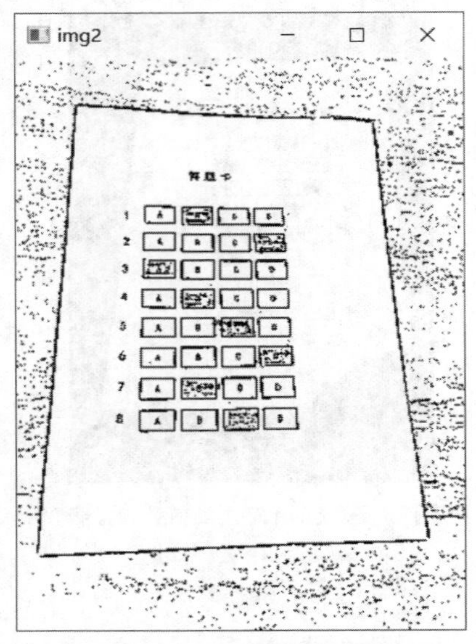

图 6-8　自适应阈值处理结果

6.1.3　颜色阈值处理

OpenCV 也可以利用颜色的阈值进行颜色分割，它可以用于提取图像中特定颜色的区域，例如提取特定颜色的目标，如汽车、交通信号灯等。在颜色阈值处理中，首先需要确定感兴趣的颜色范围，并进行标识。然后通过设定高低阈值来筛选出在指定颜色范围内的像素。

颜色阈值处理一般不在 RGB 色彩空间进行，而在 HSV 色彩空间中进行。因为在 RGB 色彩空间中，颜色信息与亮度信息耦合在一起。这意味着在 RGB 色彩空间中很难直接通过阈值来准确分割特定颜色。而在 HSV 色彩空间中，颜色信息与亮度信息被划分在不同分量中，所以进行颜色阈值处理更为直观和方便。HSV 色彩空间中颜色的范围如表 6-2 所示。

表 6-2　HSV 色彩空间中颜色的范围

色彩空间	红	橙	黄	绿	青	蓝	紫	灰	白	黑
H 低	0	11	26	35	78	100	125	0	0	0
H 高	10	25	34	77	99	124	180	180	180	180
S 低	43	43	43	43	43	43	43	0	0	0

续表

色彩空间	红	橙	黄	绿	青	蓝	紫	灰	白	黑
S 高	255	255	255	255	255	255	255	43	30	255
V 低	46	46	46	46	46	46	46	46	221	0
V 高	255	255	255	255	255	255	255	220	255	46

可以看出，红、橙、黄、绿、青、蓝、紫等颜色的 S 值的范围是 43 至 255，V 值的范围是 46 到 255，只有 H 值的范围不同。例如橙色，其 H 值的范围为 11 至 25。

OpenCV 提供了 inRange()函数，用于实现颜色阈值处理，该函数的作用是将在高低阈值区间内的像素值设置为 255（白色），阈值区间外的像素值设置为 0（黑色），这样就生成了一张二值输出图像，函数格式如下：

```
dst = cv2.inRange(src,lowerb, upperb[, dst])
```

说明如下。

- src：要处理的图像，可以为单通道或多通道的图像。
- lowerb：包含像素值的低阈值，与要处理的图像的像素值类型相同。
- upperb：包含上边界数组或标量。
- dst：输出的图像，是二值图像，其尺寸与输入图像的尺寸相同。

【例 6-4】以图 6-9 所示图像为例，莲花的颜色为紫色，在 HSV 色彩空间中设定紫色的颜色阈值，分割图像，示例代码如下：

```
import cv2
import numpy as np
#读取图像，转换为 HSV 色彩空间
img = cv2.imread('pic/lian.jpg')
hsv = cv2.cvtColor(img, cv2.COLOR_BGR2HSV)
#设定花朵颜色（紫色）的高低阈值
lower = np.array([130, 43, 46])     #低阈值
upper = np.array([175, 255, 255]) #高阈值
# 根据颜色的高低阈值进行处理
mask = cv2.inRange(hsv, lower, upper)
cv2.imshow("img", img)
cv2.imshow("mask", mask)
cv2.waitKey(0)
```

运行结果如图 6-10 所示。

图 6-9　莲花

图 6-10　颜色阈值处理结果

6.2 边缘检测

边缘是指图像中灰度或颜色变化显著的位置，如物体的轮廓、纹理边界、阴影等。Canny边缘检测算法由约翰·坎尼（John Canny）于1986年提出，可以有效地检测图像中的边缘，检测到的边缘像素值被设置为255（白色），非边缘像素被设置为0（黑色）。主要包含以下步骤：

（1）去噪声：使用高斯滤波器对输入图像进行平滑处理，以减少噪声对边缘检测的影响。

（2）计算梯度：使用索贝尔边缘检测算子计算图像的梯度，得到图像中每个像素的梯度强度和方向。

（3）非最大抑制：在梯度方向上，对图像进行非最大值抑制，抑制非边缘像素，使得只有局部最大梯度值的像素被保留。

（4）双阈值处理：根据设定的两个阈值，对抑制后的图像进行阈值处理。高于高阈值的像素被确定为强边缘，低于低阈值的像素被排除，介于两个阈值之间的像素被标记为弱边缘。

（5）边缘连接：通过连接强边缘像素和与之相邻的弱边缘像素，形成完整的边缘路径。

OpenCV提供了Canny()边缘检测函数，函数格式如下：

```
edges = cv.Canny(image, threshold1, threshold2[, edges[, apertureSize[, L2gradient]]])
```

说明如下：

- edges:函数的返回值,是一个二进制图像，其中边缘像素被设置为255（白色），非边缘像素被设置为0（黑色）。
- image：输入图像，通常为灰度图像（单通道）。
- threshold1：低阈值，用于边缘强度的梯度值筛选。通常情况下，设置较低的阈值可以保留更多的边缘信息。
- threshold2：高阈值，用于边缘强度的梯度值筛选。通常情况下，设置较高的阈值可以过滤掉较弱的边缘。
- apertureSize：可选参数，索贝尔算子的孔径大小，用于计算图像的梯度，其默认值为3，表示使用3×3的索贝尔算子。较大的孔径大小可以捕获更大范围的梯度变化，但也可能导致边缘模糊。
- L2gradient：可选参数，布尔值，用于指定梯度幅值计算的方法，默认值为False。

【例6-5】以图6-9的莲花为例，用Canny()函数进行边缘检测并显示，再对检测结果反色，将边缘用黑色显示。示例代码如下：

```
import cv2
import cv2
img=cv2.imread('pic/lian.jpg')          #读取图像
cv2.imshow('original',img)              #显示原图像
img2=cv2.Canny(img,200,300)             #边缘检测
cv2.imshow('Canny',img2)                #显示结果

white_img = ~img2                       #图像反色
cv2.imshow('white_img',white_img)       #显示结果
cv2.waitKey(0)
```

运行结果如图6-11所示：

图 6-11 边缘检测结果

6.3 分水岭算法

6.3 分水岭算法

当图像中的多个目标物体是连接在一起的时，要用阈值处理来分割出目标很困难，而使用分水岭算法分割通常会取得比较好的效果。分水岭算法在处理医学生物领域图像中的应用较多，例如标记细胞核或者细胞边界、检测医学影像中的病变区域、根据血管造影图像提取血管网络等。

分水岭（Watershed）算法在分割的过程中，会把跟邻近像素间的相似度作为重要的参考依据，从而将在空间位置上相近并且值相近的像素连接起来构成一个封闭的轮廓。其他图像分割方法，如阈值处理、边缘检测等都不会考虑像素在空间关系上的相似度和封闭性。分水岭算法较其他图像分割方法更具有思想性，更符合人眼对图像的印象。

分水岭算法的基本原理如图 6-12 所示。将图像的灰度空间看作地球表面的地理结构，每个像素的灰度值代表高度。其中灰度值较大的部分表示山峰，而灰度值较小的部分表示山谷。用不同颜色的水（可将二值化阈值理解为水平面）填充每个独立的山谷（局部最小值），如图 6-12（a）所示。

随着水平面的上升，为了避免不同山谷（具有不同颜色）的水混合，需要在水的汇合位置建造水坝（这就是分水岭，标注为区域的分割位置），如图 6-12（b）所示。

持续填充水和建造水坝，直到所有山峰都在水下，整个过程中水坝形成的线就对整张图像进行了分区，实现对图像的分割，如图 6-12（c）所示。

通常，图像可能受到噪点或其他干扰因素的影响，如果直接使用分水岭算法进行分割，可能会导致图像被过度分割，即细小的区域过多。如果先对图像进行高斯滤波操作、阈值处理等，然后在图像中对前景和背景进行标注区别，再应用分水岭算法会取得较好的分割效果。使用分水岭算法执行图像分割操作时通常包含下列步骤。

（1）先对图像进行灰度化处理，再进行二值化处理，得到二值图像，将目标区域设为白色，背景区域设为黑色。

（2）应用形态变换中的开运算，去除图像噪声，再进行膨胀操作，得到确定的背景区域。

（3）进行距离变换，再进行阈值处理，得到确定的前景区域。

（4）确定图像的未知区域（用图像的背景减去前景的剩余部分）。

（5）对确定的前景标记连通域。

（6）执行分水岭算法分割图像。

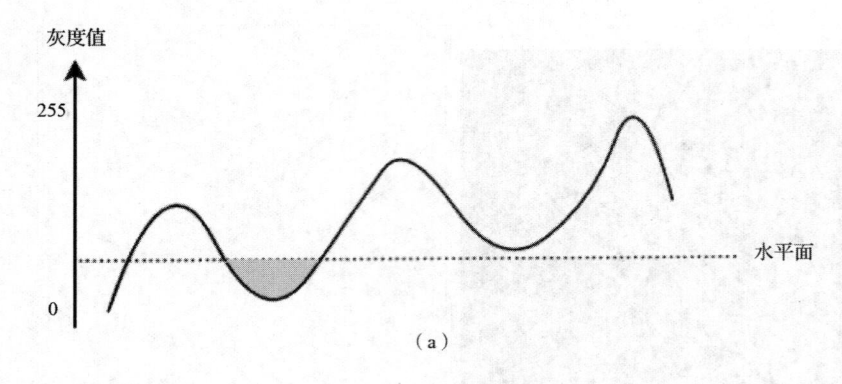

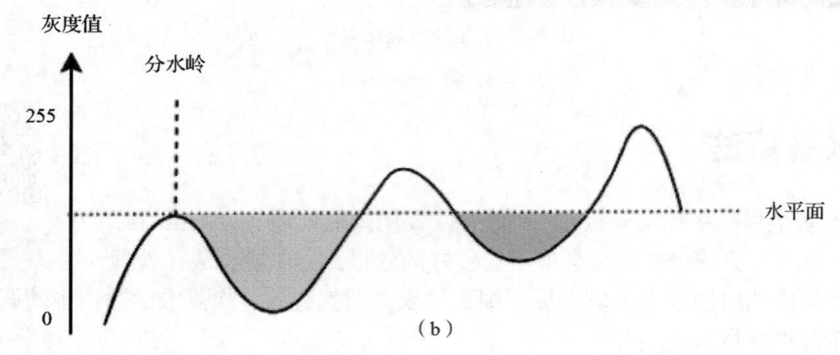

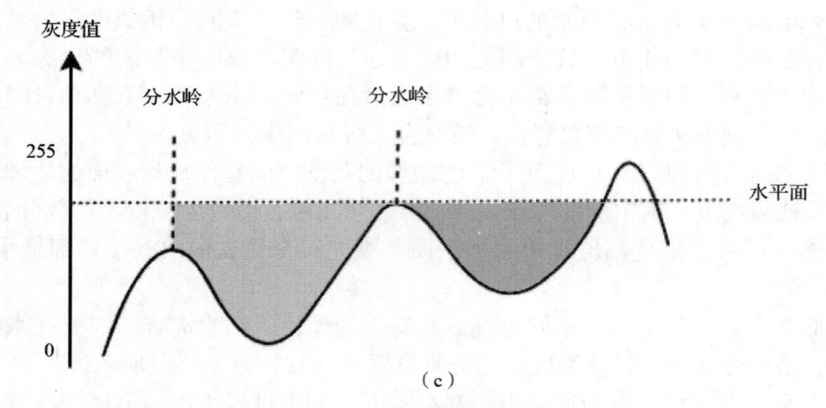

图 6-12　分水岭算法的基本原理

分水岭算法执行后的结果是一个标记图像，其中，不同的区域被标记为不同的整数值。这些整数值代表不同的分割区域。这个结果需要进一步处理，如经过距离变换、归一化后，才能显示为图像。

6.3.1～6.4　分水岭算法的具体实现及交互式前景提取

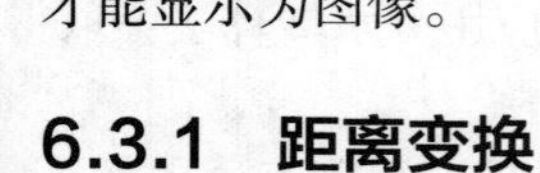

6.3.1　距离变换

距离变换可计算图像中每一个白色像素（目标区域）与离自己最近的黑色像素（背景区域）的距离。距离变换函数的执行结果是一个浮点类型的二维数组，可看作是与原图像大小相同的图像，其中每个像素的值表示该像素到最近黑色像素的距离，黑色像素的距离值为 0。

OpenCV 中的 distanceTransform()函数可用于距离变换，其基本格式如下：

```
dst=cv2.distanceTransform(src,distanceType,maskSize[,dstType])
```

说明如下。

- dst：输出值，是距离变换的结果，为浮点型的二维数组，表示每个白色像素（目标像素）到最近黑色像素（背景像素、边界像素）的距离。
- src：原图像，必须是 8 位单通道二值图像。
- distanceType：距离类型，常用值有 CV_DIST_L1（街区距离）、CV_DIST_L2（欧氏距离）、CV_DIST_C（棋盘距离）。
- maskSize：掩模矩阵的大小，可设置为 0、3 或 5。
- dstType：返回图像的类型，默认值为 CV_32F（32 位浮点型）。

如果直接用 imshow()函数将距离值映射为图像的像素值，就会导致图像显示不合理或无法观察到有效的边缘信息。因此需先做归一化处理，将距离值缩放到 0 到 255 的范围，使得最小距离对应最暗的像素值（0），最大距离对应最亮的像素值（255），中间的距离值在这个范围内线性映射为对应的像素值，这样就可以使距离变换后的结果具有更好的可视化效果

【例 6-6】以图 6-13 所示图像为例，进行距离变换并用图像的方式显示距离变换结果。示例代码如下：

```
import cv2
import numpy as np
img=cv2.imread('pic/coins.jpg')
cv2.imshow('img',img)                                  #显示原图像
gray=cv2.cvtColor(img,cv2.COLOR_BGR2GRAY)   #转换为灰度图像
ret,imgthresh=cv2.threshold(gray,0,255,
        cv2.THRESH_BINARY_INV+cv2.THRESH_OTSU)          #Otsu 算法阈值处理

kernel=np.ones((3,3),np.uint8)#定义形态变换卷积核
imgopen=cv2.morphologyEx(imgthresh,cv2.MORPH_OPEN,
                        kernel,iterations=2)            #形态变换：开运算
imgdist=cv2.distanceTransform(imgopen,cv2.DIST_L2,5)    #距离变换
cv2.imshow('distanceTransform',imgdist)                 #直接距离变换结果
imgdist = cv2.normalize(imgdist, None, 255,0, cv2.NORM_MINMAX, cv2.CV_8UC1)#将距
离值归一化处理为 0～255
cv2.imshow('distance',imgdist)#显示归一化处理后的距离变换结果
cv2.waitKey(0)
```

距离变换的结果直接用图像显示，如图 6-14 所示。距离变换的结果归一化后用灰度图像显示，如图 6-15 所示，硬币的中心处比较亮，越接近硬币边缘则越暗，这样就可以将每个硬币的边缘显示出来了。

图 6-13　硬币

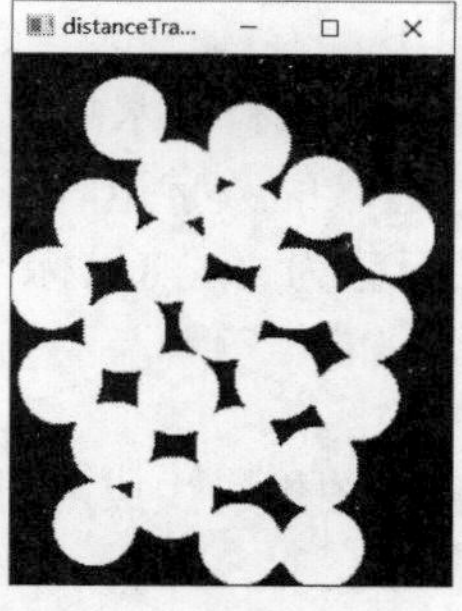

图 6-14　距离变换结果

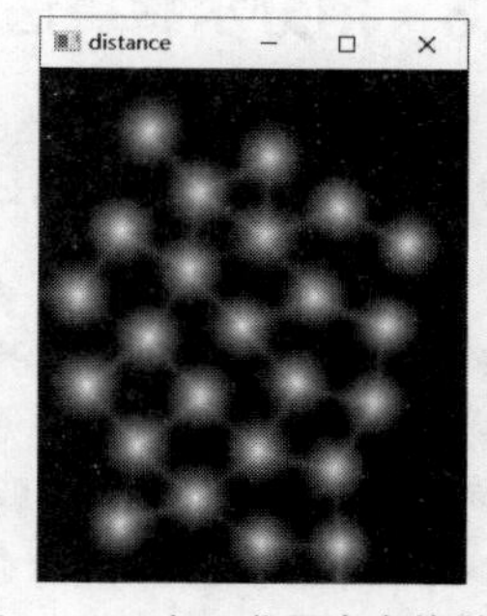

图 6-15　归一化距离变换结果

6.3.2 标记连通域

在学习图像连通域之前，需要先了解图像邻域的概念。图像中两个像素相邻有两种定义方式，分别是 4 邻域和 8 邻域，如图 6-16、图 6-17 所示。4 邻域下像素必须在水平和垂直方向上相邻，8 邻域下两个像素可以在对角线方向相邻。

0	1	0
1		1
0	1	0

图 6-16　4 邻域

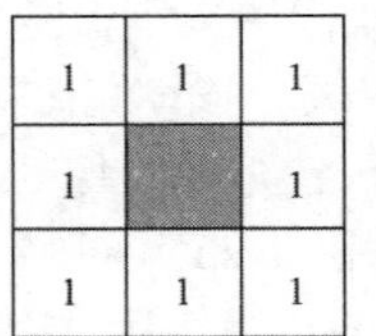

图 6-17　8 邻域

图像的连通域是指图像中具有相同值并且位置相邻的像素组成的区域，标记连通域是指在图像中寻找出彼此独立的连通域并将其标记出来。根据两个像素相邻的定义方式不同，得到的连通域也不相同，因此在标记连通域的同时，一定要声明是在哪种邻域类型下分析得到的结果。

提取图像中不同的连通域是图像处理中较为常用的方法，例如在车牌识别、文字识别、目标检测等领域对 ROI 进行分割与识别。一般情况下，一个连通域内只包含同一个像素值，因此为了防止像素值波动对提取不同连通域的影响，标记连通域前要先对图像进行二值化。

OpenCV 提供了 connectedComponents()函数，用于计算二值图像中连通域的个数，并在图像中用不同的数字标记不同的连通域，用 0 标记图像的背景，用从 1 开始的整数标记其他对象，基本格式如下：

```
ret,labels=cv2.connectedComponents(image[,connectivity,ltype])
```

说明如下。

- ret：输出值，图像中连通域的数量
- labels：输出值，标记不同连通域的二维数组，与输入图像具有相同的尺寸。
- image：待标记不同连通域的 8 位单通道图像。
- connectivity：可选参数，表示邻域类型，值为 4 或 8，默认值为 8（8 邻域）。
- ltype：返回的标记结果图像的类型，为可选参数，目前支持 CV_32S 和 CV_16U。

OpenCV 还提供了另一个连通域标记函数 connectedComponentsWithStats()，除了可以标记出图像中不同连通域，还可计算更多连通域的信息，如连通域的位置信息和质心坐标。这里不做详细介绍。

6.3.3 用分水岭算法分割图像

OpenCV 中的 watershed()函数可用于执行分水岭算法分割图像。该函数是基于标记的分割算法，输入值需要一个标记不同连通域的数字矩阵，输出值可将图像中生成的分水岭线标记为-1，不确定区域标记为 0，背景标记为 1，前景标记为大于 1 的整数，其基本格式如下：

```
ret=cv2.watershed(image,labels)
```

说明如下。

- ret：输出的 8 位或 32 位单通道图像，生成的分水岭线用-1 标记。
- image：输入的 8 位三通道图像。
- labels：标记不同连通域的数字矩阵。

在调用分水岭算法前，先用 connectedComponents()函数计算出连通域得到数字矩阵。分水岭算法会将传入的数字矩阵作为种子（也就是所谓的注水点），对图像上其他的像素根据分水岭算法规则进行判断，并对每个像素的区域归属进行划定，直到处理完图像上所有像素。有多少个种子，图像分割完成后就有多少个区域。而区域与区域之间的分界处（分水岭线）的值被设置为-1，以做区分。

【例 6-7】以图 6-13 所示图像为例，用分水岭算法进行图像分割，示例代码如下：

```
#使用分水岭算法分割图像
import cv2
import numpy as np
import matplotlib.pyplot as plt
img=cv2.imread('pic/coins.jpg')
gray=cv2.cvtColor(img,cv2.COLOR_BGR2GRAY)                    #转换为灰度图像
ret,imgthresh=cv2.threshold(gray,0,255,
          cv2.THRESH_BINARY_INV+cv2.THRESH_OTSU)    #Otsu 算法阈值处理
cv2.imshow('thresh', imgthresh)

imgdist=cv2.distanceTransform(imgthresh,cv2.DIST_L2,0)#距离变换
ret,imgfg=cv2.threshold(imgdist,0.7*imgdist.max(),
                    255,cv2.THRESH_BINARY) #对距离变换结果进行阈值处理，获得前景
cv2.imshow('sure_fg',imgfg)
imgfg=np.uint8(imgfg)                               #转换为整数
ret,labels=cv2.connectedComponents(imgfg)  #标记阈值处理结果，返回连通域
print('num_labels = ',ret)     #连通域的数量
print('labels = ',labels)      #连通域的标签

unknown=cv2.subtract(imgthresh,imgfg)            #不确定区域，像素值为 255
cv2.imshow('unknown',unknown)

   #分水岭算法要求将图像中的不确定区域标记为 0，背景标记为 1，前景标记为大于 1 的整数。而
connectedComponents()函数输出的 labels 用 0 标记图像的背景，用从 1 开始的整数标记其他对象，因此需
要转换一下数值
markers=labels+1
markers[unknown==255]=0                         #分水岭算法要求用 0 标记不确定区域
imgwater=cv2.watershed(img,markers)             #执行分水岭算法分割图像

img[imgwater==-1]=[0,255,0]            #将分水岭线（标记为-1）设为绿色
img[imgwater==1]=[0,0,0]               #将背景线（标记为 1）设为黑色
cv2.imshow('watershed',img)            #显示分水岭线
cv2.waitKey(0)

plt.imshow(imgwater)                   #绘制热图，显示图像分割结果
plt.title('watershed')
plt.axis('off')
plt.show()
```

上述代码运行过程中得到的图像如图 6-18 至图 6-20 所示。最终的分割结果如图 6-21 所示，可以看出互相接触的硬币被分割开了，分水岭线显示为绿色，背景区域显示为黑色，前景保持原图像。图 6-22 所示图像中，每一个分割开的区域用不同的颜色显示，这种热图通过

色差、亮度来展示数据的差异，是数据可视化的常用方法。

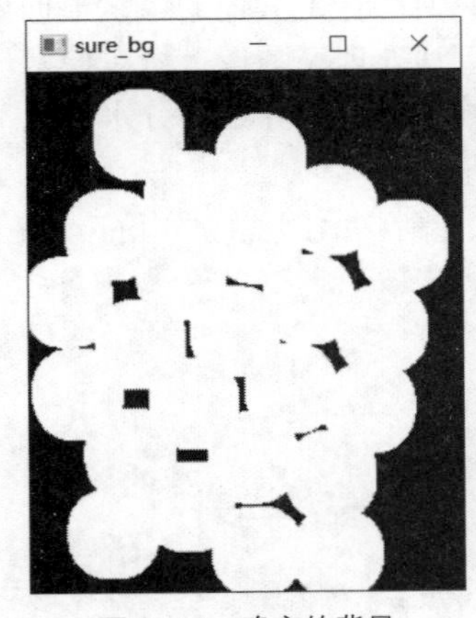

图 6-18 确定的背景

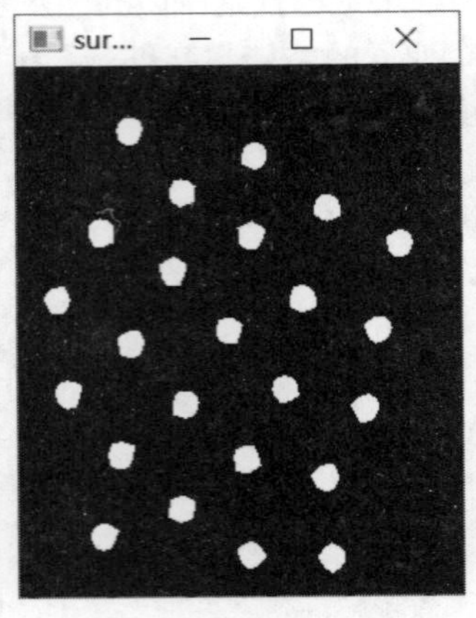

图 6-19 确定的前景

图 6-20 不确定区域

图 6-21 分水岭显示结果

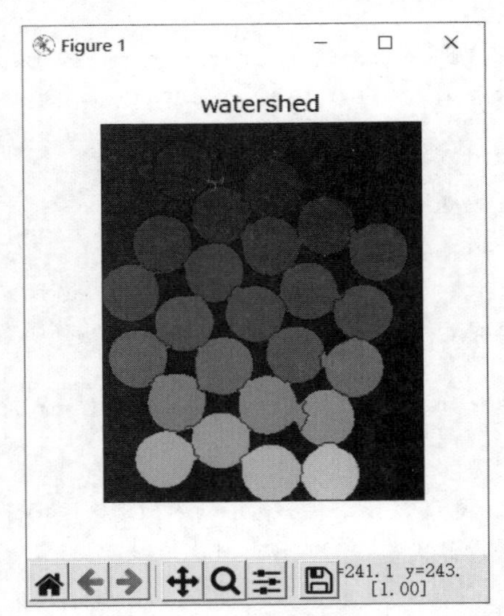

图 6-22 热图

6.4 交互式前景提取

交互式前景提取仅需少量交互操作就能获得不错的图像分割效果，因此在抠图、背景虚化的很多应用中可以看到其身影。基本方法：用户首先需要提供一个初始的分割结果，例如由用户设置一个矩形区域，框出要提取的前景所在的大致范围；然后执行前景提取算法，得到初步分割结果，初步分割结果中包含的前景可能并不理想，存在前景未提取完整或者背景被处理为前景等问题；用户可以再用黑、白两种颜色大略标注背景和前景作为掩模图像，然后使用掩模图像执行前景提取算法，从而获得更准确的前景和背景分割结果。这个过程可以多次迭代，直到获得用户满意的分割结果为止。

通过不断的交互和优化迭代，利用交互式前景提取来分割图像可以逐步提升分割的准确率，并根据用户的交互进行定制化的分割。这种方法能够有效地突破自动分割算法难以处理复杂场景和细节的限制，提供更准确的分割结果。

OpenCV 中的 grabCut()函数可用于实现交互式前景提取，其基本格式如下：

```
mask2,bgdModel,fgdModel=cv2.grabCut(img,mask1,rect,bgdModel,fgdModel,iterCount
[,mode])
```

输入说明如下。

- img：输入的 8 位三通道图像。
- mask1：输入的 8 位单通道掩模图像，用于标记前景区域、背景区域，与输入图像大小相同，其值可以设置为以下几种。
    - cv2.GC_BGD：表示确定背景，也可以用数值 0 表示。
    - cv2.GC_FGD：表示确定前景，也可以用数值 1 表示。
    - cv2.GC_PR_BGD：表示可能的背景，也可以用数值 2 表示。
    - cv2.GC_PR_FGD：表示可能的前景，也可以用数值 3 表示。
- rect：矩形区域的坐标。要提取的前景在矩形内部，将矩形的外部视为背景。只有当 mode 参数的值为 cv2.GC_INIT_WITH_RECT 时，rect 参数才有效。其格式为(x,y,w,h)，分别表示区域左上角像素的横坐标和纵坐标，以及区域的宽度和高度。使用掩模模式时，将该值设置为 None 即可。
- bgdModel,fgdModel：用于内部计算的临时数组，定义为大小是 1×65 的 np.float64 类型的数组，数组元素值均为 0。
- iterCount：迭代次数。
- mode：前景提取模式，可设置为下列值。
    - cv2.GC_INIT_WITH_RECT：使用矩形模板。
    - cv2.GC_INIT_WITH_MASK：使用自定义掩模。
    - cv2.GC_EVAL：使用修复模式。
    - cv2.GC_EVAL_FREEZE_MODEL：使用固定模式。

输出说明如下。

- mask2：输出的掩模图像，也就是前景提取的结果。其中的 0 表示确定的背景，1 表示确定的前景，2 表示可能的背景，3 表示可能的前景。注意，grabCut()函数的执行结果会同时输出在 mask1 和 mask2 中。
- bgdModel,fgdModel：输出背景、前景的概率。

6.4.1　使用矩形模板的交互式前景提取

【例 6-8】以图 6-23 所示图像为例，用户根据原图像中包含前景的矩形大小，手动设置一个矩形区域，将前景所在的大致位置使用矩形区域标注出来。注意，此时矩形区域框出的仅仅是前景的大致位置，其中既包含前景又包含背景，所以该区域实际上是不确定区域。但是，该矩形以外的区域被认为是“确定背景”。示例代码如下：

```
import cv2
import numpy as np
img = cv2.imread('pic/flower.jpg')

#提取前景，mask 为输出结果
mask = np.zeros(img.shape[:2],np.uint8)      #定义与原图像大小相同的掩模图像
bg = np.zeros((1,65),np.float64)             #背景
```

```
fg = np.zeros((1,65),np.float64)              #前景
rect = (30,30,450,400)              #根据原图像设置包含前景的矩形大小
cv2.grabCut(img,mask,rect,bg,fg,5,cv2.GC_INIT_WITH_RECT)#提取前景

#设置用于分割前景的掩模图像
mask2 = np.where((mask==2)|(mask==0),0,1).astype('uint8')#将提取结果掩模图像设置为 0
或 1
#将掩模图像与原图像相乘获得分割出来的前景
img = img*mask2[:,:,np.newaxis]#img 是三维数组，mask2 是二维数组，无法相乘。np.newaxis
的作用是使 mask2 增加一维
cv2.imshow('grabCut',img)#显示获得的前景
cv2.waitKey(0)
```

输出结果如图 6-24 所示。

图 6-23　flower.jpg

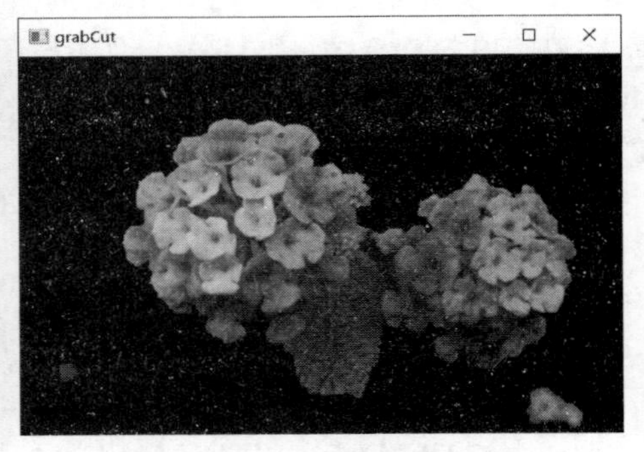

图 6-24　交互式前景提取结果

使用 grabCut()函数提取出前景后，得到的结果 mask 是一个与 img 图像大小相同的二维数组，标记像素属于前景区域还是背景区域。然后还需要进一步处理，构造掩模，再用掩模图像与原图像相乘，才能直观地显示提取的前景。

上述代码中使用了 NumPy 的 where()函数，目的是构造掩模。where()函数的基本格式如下：

```
np.where(condition, x, y)
```

where()函数作用是如果满足条件 condition，则输出 x，不满足则输出 y。

示例代码中，提取结果 mask 中的 0 表示确定的背景，1 表示确定的前景，2 表示可能的背景，3 表示可能的前景。但是在使用 mask 与原图像相乘以获得分割图像时，mask 的像素值必须为 0 或 1。因此需要将所有为 0 或 2 的像素值设置为 0（确认为背景），所有为 1 或 3 的像素值设置为 1（确认为前景）。

这里举一个简单的例子来说明 where()函数的作用，示例代码如下：

```
import numpy as np
a = np.arange(4)
b = np.where((a==2)|(a==0),0,1)
print(a,"转换为",b)
```

输出结果如下，可以看出输出结果中只有 0 或者 1：

```
[0 1 2 3] 转换为 [0 1 0 1]
```

接下来需要将掩模图像与原图像相乘获得分割出来的前景。但是三维数组与二维数组无法相乘。np.newaxis 的作用就是使 mask 增加一维，比如将一维数组变成二维数组、二维数组

变成三维数组等，示例代码如下：

```
mask = np.zeros((2,3),np.uint8) #定义一个二维数组
c=mask[ : ,np.newaxis]
print(mask,"转换为",c)
```

输出结果如下，可以看出输出结果中二维数组转换为三维数组：

```
[[0 0 0]
 [0 0 0]]
 转换为
 [[[0 0 0]]
 [[0 0 0]]]
```

6.4.2　使用掩模的交互式前景提取

为了获得更好的提取效果，可以使用自定义掩模来进行前景提取，这个过程的主要步骤如下。

（1）先复制一份原图像，将其重命名为 flowerMask.jpg 并作为掩模图像，使用 Windows 系统自带的绘图工具打开这张图像，使用白色笔刷在希望提取的前景区域做标记，使用黑色笔刷在希望删除的背景区域做标记，如图 6-25 所示。

（2）利用 grabCut()函数在 cv2.GC_INIT_WITH_RECT 模式下对图像进行初步的前景提取，得到初步提取的结果图像。

（3）将掩模图像中白色值和黑色值映射到掩模 mask 中。将掩模图像中的白色值（像素值为 255）映射为掩模 mask 中的确定前景（像素值为 1），将模板图像中的黑色值（像素值为 0）映射为掩模 mask 中的确定背景（像素值为 0）。

（4）以掩模 mask 作为函数 grabCut()的模板参数，在 cv2.GC_INIT_WITH_MASK 模式下进一步完成图像的前景提取。

【例 6-9】使用自定义掩模来进行前景提取，示例代码如下：

```
import cv2
import numpy as np
img = cv2.imread('pic/flower.jpg')
mask = np.zeros(img.shape[:2], np.uint8)
bg = np.zeros((1, 65), np.float64)
fg = np.zeros((1, 65), np.float64)
rect = (0,0,img.shape[0],img.shape[1])  #矩形大小和原图像相同大小
cv2.grabCut(img, mask, rect, bg, fg, 5, cv2.GC_INIT_WITH_RECT)#第一次提取

maskImg = cv2.imread('pic/flowerMask.jpg',cv2.IMREAD_GRAYSCALE)
mask[maskImg == 0] = 0
mask[maskImg == 255] = 1
mask, bgd, fgd = cv2.grabCut(img, mask, None, bg, fg, 5, cv2.GC_INIT_WITH_MASK)#
第二次提取
mask = np.where((mask == 2) | (mask == 0), 0, 1).astype('uint8')
img = img * mask[:, :, np.newaxis]
cv2.imshow('grabCut2',img)#显示前景提取结果
cv2.waitKey(0)
```

前景提取结果如图 6-26 所示，背景中的绿叶都被去除了，效果良好。

图 6-25　flowerMask.jpg

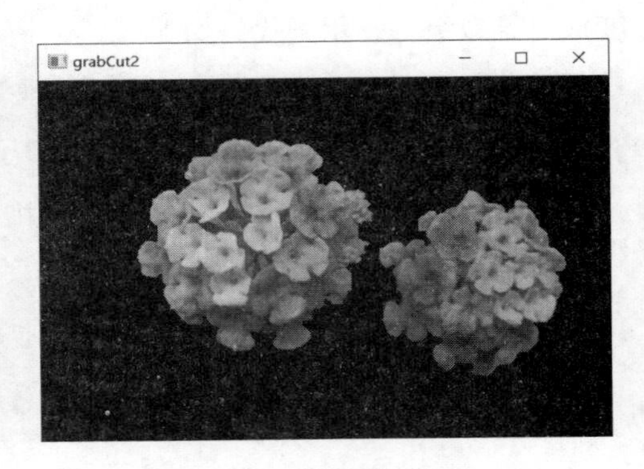

图 6-26　前景提取结果

任务实现

【任务分析】

如果要更换普通照片的背景，首先需要选择一个合适的方法将图像的前景和背景分割，然后更换背景。本项目可分为以下两个子任务。

- 任务 1：选取合适的图像分割方法进行图像分割。
- 任务 2：更换背景。

【工作流程】

本项目的工作流程如图 6-27 所示。

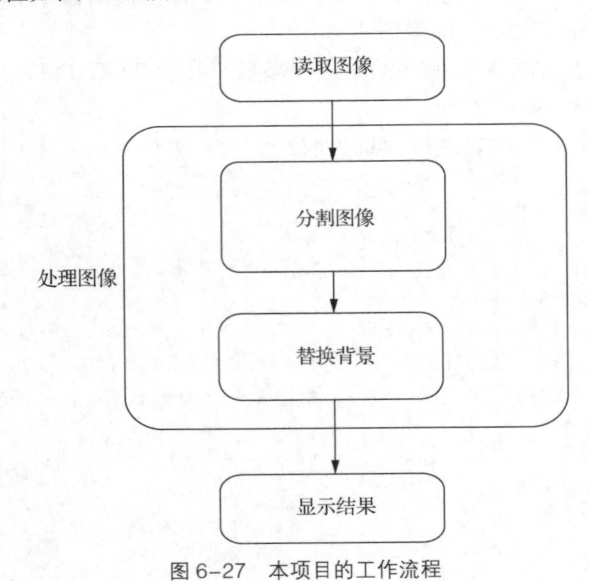

图 6-27　本项目的工作流程

任务 6.1　选取合适的图像分割方法进行图像分割

通过前面的内容，我们学习了多种图像方法：阈值处理、分水岭算法、交互式前景提取等。不同的方法适用于不同的图像处理任务，阈值处理适用于具有明显灰度差异的图像；分水岭算法适用于具有复杂的目标形状和重叠的场景；交互式前景提取是一种需要用户交互的分割方法，通常通过用户提供的标记或者笔画来指示前景和背景区域，它可以精确地提取图像中的前景。

【例 6-10】根据图 6-1 所示的图像的特点，本例我们选用交互式前景提取来实现图像分割，示例代码如下：

```
import cv2
import numpy as np

img = cv2.imread('pic/shuijiao.jpg')
mask = np.zeros(img.shape[:2],np.uint8)#定义掩模图像
bg = np.zeros((1,65),np.float64)
fg = np.zeros((1,65),np.float64)
rect = (0,0,img.shape[0],img.shape[1])
rect = (130,100,450,300)                  #根据原图像设置包含前景的矩形大小
cv2.grabCut(img,mask,rect,bg,fg,5,cv2.GC_INIT_WITH_RECT)#第 1 次提取前景,采用矩形模式

#将返回的掩模图像中为 0 或 2 的像素值设置为 0（确认为背景）
mask2 = np.where((mask==0)|(mask==2),0,1).astype('uint8')
img = img*mask2[:,:,np.newaxis]#将掩模图像与原图像相乘获得分割出来的前景
cv2.imshow('grabCut',img)#显示获得的前景
```

运行结果如图 6-28 所示。

图 6-28　获得的前景

任务 6.2　更换背景

我们先试试将背景简单地全部更换为红色，效果如图 6-29 所示。若作为海报，效果有些不佳。

```
img_BG= np.copy(img)
img_BG[mask2 == 0] = [0,0,255]
cv2.imshow("RedBackground",img_BG)
```

运行结果如图 6-29 所示。

图 6-29　将背景换为红色

为了使海报效果更好，我们选用图 6-30 所示的背景。注意，前景和背景两张图片大小要相同，可以提前将背景图片处理好，或者在代码中用 resize()函数调整大小。读取背景图片，然后利用上一步 grabCut()函数的返回结果将背景图片中对应目标物体的位置设为黑色，如图 6-31 所示。最后将图 6-28 所示的前景和图 6-31 所示的背景相加，就能获得图 6-2 所示的图像了。示例代码如下：

```
# 读取背景图片，注意前景和背景两张图片大小要相同
imgBg = cv2.imread("pic/shuijiaoBg.jpg")
cv2.imshow('imgBg',img)#显示获得的背景
#将所有为 1 或 3 的像素值设置为 1（确认为前景）
maskObject = np.where((mask == 1) | (mask == 3), 0, 1).astype('uint8')
imgBg[maskObject == 0] = [0, 0, 0]#将背景中对应目标物体的位置设为黑色
cv2.imshow('imgBg', imgBg)
img = img + imgBg
cv2.imshow('grabCut',img)#显示获得的前景
cv2.imshow('shuijiao',img)#显示获得的图像
cv2.waitKey(0)
```

图 6-30　背景

图 6-31　目标位置设为黑色的背景

提高与拓展

【提高】鼠标交互的前景提取

在 6.4 节中，进行交互式前景提取前需要先用其他工具查看图片，确定要提取的前景的坐

标，再通过 rect 参数将其传入 grabCut()函数，不够直观。能否让用户直接用鼠标来框选呢？我们可以结合项目四所学内容来实现用鼠标框选前景范围的功能。用户使用鼠标在图像上绘制矩形来框选感兴趣的对象，用浅色的矩形框选中一丛花朵，如图 6-32 所示；当松开右键时，算法将根据用户提供的区域开始执行 grabCut()函数，将图像分割为前景和背景，如图 6-33 所示。相较之前的示例方法，此方法更为方便、直观。

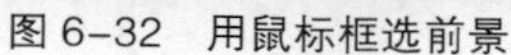
图 6-32　用鼠标框选前景

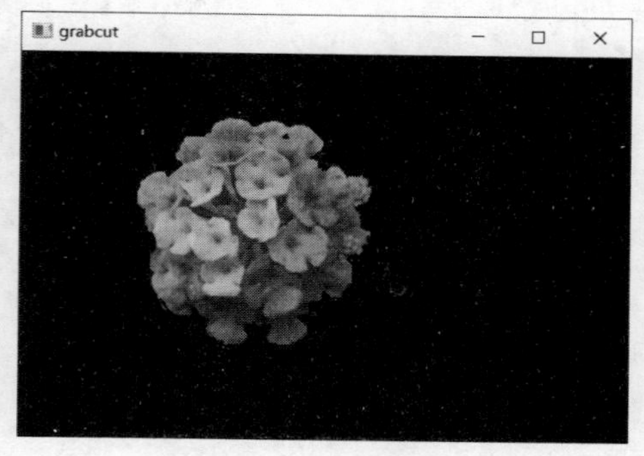

图 6-33　分割结果

【例 6-11】增加鼠标回调函数，对鼠标左键的按下、释放以及鼠标指针的移动进行响应，用鼠标画出绿色矩形，并将矩形坐标作为 rect 参数，示例代码如下：

```
import numpy as np
import cv2
# 鼠标回调函数
def on_mouse(event, x, y, flag, param):
    global rect
    global leftButtonDowm
    global leftButtonUp
    #鼠标左键按下事件
    if event == cv2.EVENT_LBUTTONDOWN:
        rect[0] = x
        rect[2] = x
        rect[1] = y
        rect[3] = y
        leftButtonDowm = True
        leftButtonUp = False

    #移动鼠标指针事件
    if event == cv2.EVENT_MOUSEMOVE:
        if leftButtonDowm and not leftButtonUp:
            rect[2] = x
            rect[3] = y

    #鼠标左键释放事件
    if event == cv2.EVENT_LBUTTONUP:
        if leftButtonDowm and not leftButtonUp:
            x_min = min(rect[0], rect[2])
            y_min = min(rect[1], rect[3])
            x_max = max(rect[0], rect[2])
            y_max = max(rect[1], rect[3])
            rect[0] = x_min
            rect[1] = y_min
```

```
                rect[2] = x_max
                rect[3] = y_max
                leftButtonDowm = False
                leftButtonUp = True

    img = cv2.imread('pic/flower.jpg')
    mask = np.zeros(img.shape[:2], np.uint8)
    bgdModel = np.zeros((1, 65), np.float64)
    fgdModel = np.zeros((1, 65), np.float64)

    rect = [0, 0, 0, 0]          #初始化矩形窗口

    leftButtonDowm = False       #按下鼠标左键
    leftButtonUp = True          #释放鼠标左键

    cv2.namedWindow('img')
    cv2.setMouseCallback('img', on_mouse)#设置鼠标回调函数
    cv2.imshow('img', img)

    while cv2.waitKey(10) == -1:
        #按下鼠标左键，绘制矩形
        if leftButtonDowm and not leftButtonUp:
            img_copy = img.copy()
            cv2.rectangle(img_copy, (rect[0], rect[1]), (rect[2], rect[3]), (0, 255, 0), 2)
            cv2.imshow('img', img_copy)
        #释放鼠标左键，绘制矩形完成
        elif not leftButtonDowm and leftButtonUp and rect[2] - rect[0] != 0 and rect[3]
- rect[1] != 0:
            #转换为宽度、高度
            rect[2] = rect[2] - rect[0]
            rect[3] = rect[3] - rect[1]
            rect_copy = tuple(rect.copy())
            rect = [0, 0, 0, 0]
            cv2.grabCut(img, mask, rect_copy, bgdModel, fgdModel, 5, cv2.GC_INIT_
WITH_RECT)
            mask2 = np.where((mask == 2) | (mask == 0), 0, 1).astype('uint8')
            img_show = img * mask2[:, :, np.newaxis]
            cv2.imshow('grabcut', img_show)#显示结果
```

【拓展】无人驾驶技术中的道路标志检测

无人驾驶（即自动驾驶）是 AI 发展的一个重要方向，拥有良好的发展前景，而实时、准确的目标检测与识别是保证自动驾驶汽车安全、稳定运行的基础与关键。找到道路上的车道线、车道标志，对于人类来说是非常简单的任务，可是计算机无法简单地完成该任务。因为任何一点光影或者道路颜色的变化或者车道发生了遮挡都会给检测带来极大的挑战。

我们通常采用传统的算法来完成这一任务，例如基于边缘检测的道路标志检测，如图 6-34 所示，这也是行业中经常会使用的解决方案。这些算法在某些情况下也确实取得了不错的效果，但是其对于参数的敏感度非常高，以至于在某一路段或者场景中获得好的识别效果之后，

在另一路段或者别的场景中效果却没有那么好，换句话说，传统解决方案的泛化问题没有得到很好的解决。

图 6-34　基于边缘检测的道路标志检测

随着 AI 和深度学习模型的飞速发展，道路标志检测也进入了深度学习的阶段。目前常用的深度学习模型包括以下几种。

（1）YOLOv3、YOLOv4 和 YOLOv5 模型：YOLO 系列模型是由目标检测算法构成的，通过一个单一的网络就能完成对图像中物体的检测和定位。在道路标志检测中，可以利用 YOLO 系列模型来识别车道线并定位其位置。

（2）Mask R-CNN 模型：Faster R-CNN 的一个扩展，它除了可以输出物体的边界线外，还可以输出物体的掩模，即识别出物体的精确轮廓。在道路标志检测中，可以利用 Mask R-CNN 来识别车道线的边缘，从而实现对车道线的检测。

（3）Transformer 模型：近年来在自然语言处理领域中得到广泛应用的模型，它通过自注意力机制和位置编码来捕捉输入数据的内在依赖关系。在道路标志检测中，可以利用 Transformer 模型来提取车道线的特征并进行分类和定位。

其中，Mask R-CNN 模型相对于其他模型的一个关键优势是它可以在同一网络中同时实现目标检测和分割，而不需要像其他模型那样分别做这两个任务。这使得 Mask R-CNN 模型在处理复杂场景和遮挡问题时具有更好的性能。同时，Mask R-CNN 模型的 ROI 对齐和多尺度特征融合等设计也进一步提高了其性能，这些设计使得模型能够更好地处理不同大小和形状的目标，因此，Mask R-CNN 模型在实例分割任务中的平均准确率（AP75）相对于其他模型有显著提升，提升了约 10.5 个百分点。这表明 Mask R-CNN 模型在实例分割领域具有强大的实力和巨大的潜力，分割效果如图 6-35 所示。

图 6-35　Mask R-CNN 模型的分割效果

思考与练习

1. 单选题

（1）图像分割是指将图像划分为具有一定语义或结构上相关的区域，其主要目的是（　　）。

A. 图像去噪　　B. 目标检测　　C. 特征提取　　D. 图像压缩

（2）分水岭算法是一种常用的图像分割算法，其基本思想是（　　）。

A. 基于像素的相似度进行区域划分

B. 利用图像的梯度信息进行区域分割

C. 将图像看作地形图，通过水流模拟进行分割

D. 使用机器学习算法进行像素分类

（3）在阈值处理中，常用的全局阈值处理算法为（　　）。

A. Otsu 算法　　B. K-means 算法　　C. Canny 算法　　D. Hough 变换

（4）图像分割可以应用于（　　）领域。

A. 医学影像分析　　B. 视频压缩　　C. 文字识别　　D. 人脸检测

（5）细胞涂片检查是生物医学领域的一项常用操作，采用（　　）对细胞图像进行分割比较合适。

A. 全局阈值处理　　B. 边缘分割　　C. 分水岭算法　　D. 交互式前景提取

（6）要对色彩不均衡或明暗差异较大的图像进行分割，选用（　　）较合适。

A. 分水岭算法　　B. 自适应阈值处理　　C. 全局阈值处理　　D. 颜色阈值处理

（7）颜色阈值处理一般在（　　）空间进行。

A. RGB　　B. BGR　　C. HSV　　D. GRAY

（8）用分水岭算法分割图像时，其输出结果中，生成的分水岭线被标记为（　　）。

A. 2　　B. 1　　C. 0　　D. −1

（9）通过交互式前景提取分割图像时，输入的掩模图像 mask1 是 8 位灰度图像，其像素值中（　　）。

A. 1 标记前景区域、0 标记背景区域　　B. 255 标记前景区域、0 标记背景区域

C. 0 标记前景区域、255 标记背景区域　　D. 0 标记前景区域、1 标记背景区域

（10）如果需要用反二值化阈值处理，又不会估计阈值，threshold()函数的阈值类型参数应该设为（　　）。

A. cv2.THRESH_OTSU

B. cv2.THRESH_BINARY+cv2.THRESH_OTSU

C. cv2.THRESH_BINARY_INV+cv2.THRESH_OTSU

D. cv2.THRESH_BINARY_INV

2. 简答题

（1）什么是图像分割？请简要解释其概念和应用领域。

（2）如何通过阈值处理进行图像分割？请简要描述阈值处理的基本原理。

（3）简述如何将一张图像中的草地和蓝天分割出来。

（4）简述 OpenCV 中图像分割的几种常用方法以及相应的函数。

（5）简要解释分水岭算法在图像分割中的原理。

3. 应用题

（1）以图 6-36 所示图像为例，进行自适应阈值处理。

图 6-36　七巧板

（2）以图 6-36 所示图像为例，设置合适的阈值进行全局阈值处理，凸显所有的 7 块图形。

（3）以图 6-36 所示图像为例，设定合适的颜色阈值，凸显天蓝色和蓝色的两块图形。

（4）细胞涂片检查是生物医学领域的一项常用操作，以图 6-37 所示图像为例，对细胞图像进行分割。提示：建议采用分水岭算法。

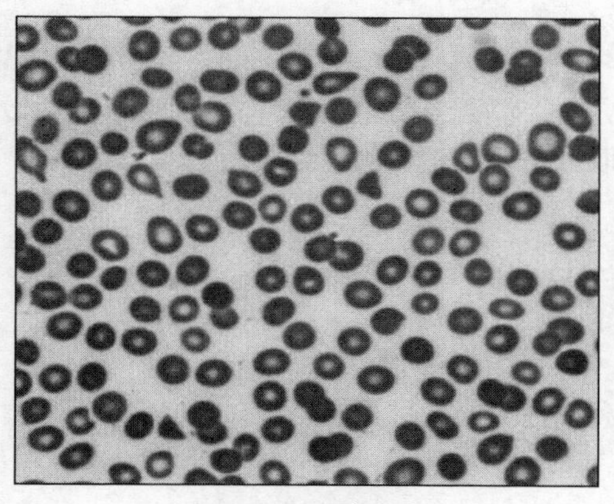

图 6-37　细胞涂片

项目七

物品自动计数——图像轮廓

在农业、工业、医学等领域中，常常需要对物料、零件、细胞等进行计数。人工计数对计数人员的熟练度具有较高的要求，而且存在物品形状和颜色分辨困难、计数精度不高、计数效率低等问题。图像的轮廓可以反映图像中特定对象的形状、边界等特征信息，利用 OpenCV 的查找轮廓功能可以实现物品的形状分选、自动计数，从而提高效率。

本项目将带大家利用轮廓特征对大豆样本进行自动计数。在完成项目的过程中，我们将掌握查找轮廓、绘制轮廓的操作方法，能够利用轮廓特征计算轮廓面积、质心坐标等。

知识目标

掌握查找轮廓、绘制轮廓的方法。

了解轮廓的层次结构。

掌握轮廓外包的绘制方法，包括绘制轮廓外包的近似多边形、外接矩形、最小外接圆等。

掌握轮廓的特征的获取方法了解轮廓的高级属性。

技能目标

能够查找轮廓、绘制轮廓。

能够绘制轮廓的外包。

能够利用轮廓的特征和属性判断轮廓形状。

情景描述

本项目要实现大豆分选和计数功能，通过颜色和形状区分出异物，并对优质大豆进行计数。以图 7-1 所示图像为例，设置橙黄色圆为优质大豆，正方形为异物，其他颜色圆为不良大豆，大豆及异物为无序混合状态。分选和计数结果如图 7-2 所示。

知识准备

轮廓提供了图像中对象的形状、边界等几何信息，还可以用于提取特征，包括面积、周长、质心、边界框等特征。轮廓为图像处理、计算机视觉和模式识别等领域提供了重要的应用基础，它在目标检测、图像分割、形状分析等任务中起着关键作用，可以帮助计算机理解和处理图像。

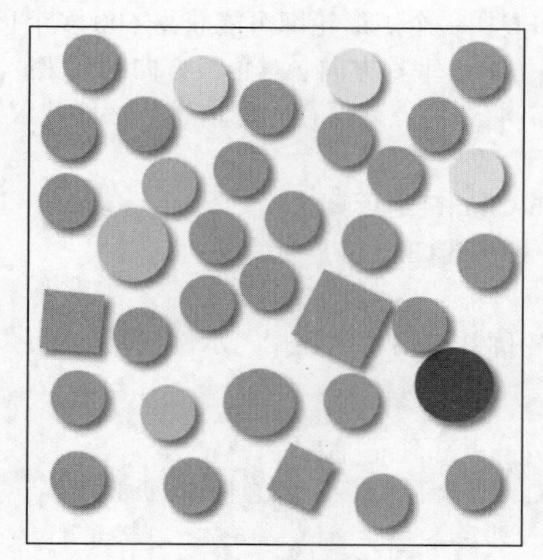
图 7-1　大豆模拟样本

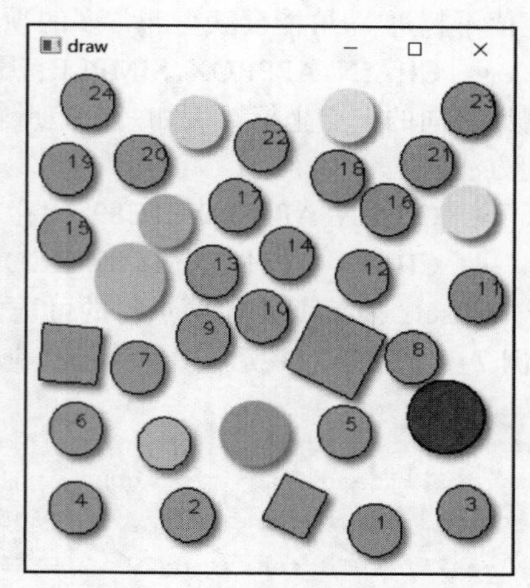

图 7-2　分选和计数结果

7.1　查找并绘制轮廓

可将查找轮廓理解为在黑色背景中寻找白色目标，先找到一个起始像素，再搜索其邻域中的具有相同灰度值的像素，重复这个过程，当起始像素被第二次访问时结束搜索，即可找到一个轮廓。

7.1　查找并绘制轮廓

OpenCV 中用于查找轮廓的函数要求输入二值图像。因此，在找到轮廓之前，需要对要查找轮廓的图像应用阈值处理。对于噪点较多的复杂图像，建议先用滤波或者开运算去除噪点，再用 Otsu 算法进行二值化阈值处理。

7.1.1　查找轮廓

findContours()函数用于从二值图像中查找轮廓，其基本格式如下：

```
c,h=cv2.findContours(image,mode,method[,offset])
```

说明如下。

- c：返回值，查找到的所有轮廓的列表，每个元素是一个轮廓。
- h：返回值，轮廓的层次（Hierarchy），类型为 ndarray。
- image：要查找轮廓的图像，要求是二值图像。
- mode：轮廓的检索模式，可选值如下。
    - cv2.RETR_LIST：仅检索所有轮廓，不创建任何父子关系。这是 4 个可选值中较简单的一个，也较为常用。
    - cv2.RETR_EXTERNAL：仅检索所有的外部轮廓，不包含子级轮廓。
    - cv2.RETR_CCOMP：检索所有轮廓并将它们排列为 2 级层次结构，所有的外部轮廓为 1 级，所有的子级轮廓为 2 级。
    - cv2.RETR_TREE：检索所有轮廓并创建完整的层次列表，如父级、子级、孙子级等。比较常用。

- method 为轮廓的近似方法，可选值如下。
  - CHAIN_APPROX_NONE：获取每个轮廓的所有顶点，相邻的两个点的像素位置差值不超过 1。可能会获得非常多的顶点，例如查找一个矩形轮廓可能获得 600 多个顶点。
  - CHAIN_APPROX_SIMPLE：压缩水平方向、垂直方向、对角线方向的元素，只保留该方向的重点坐标。例如一个矩形轮廓只需 4 个顶点来保存轮廓信息。一般建议选择此方法。
  - CHAIN_APPROX_TC89_L1：单层 Teh-Chin 链逼近算法。
  - CHAIN_APPROX_TC89_KCOS：另一种 Teh-Chin 链逼近算法。
- offset：移动每个轮廓点时的可选偏移量。

【例 7–1】以图 7-3 所示图像为例，查找所有轮廓并输出轮廓数据，示例代码如下：

```
import cv2
import numpy as np
img=cv2.imread('pic/qiqiaoban.jpg',cv2.IMREAD_GRAYSCALE)
ret,img2=cv2.threshold(img,205,255,cv2.THRESH_BINARY)    #二值化阈值处理
c,h=cv2.findContours(img2,cv2.RETR_TREE,cv2.CHAIN_APPROX_SIMPLE) #查找轮廓
print('轮廓个数：',len(c))
print('所有轮廓：',c)
```

运行结果如下：

```
轮廓个数： 8
所有轮廓： (array([[[  0,   0]],
       [[  0, 626]],
       [[568,  0]],
       [[399,   0]]], dtype=int32),
array([[[290, 495]],
       [[291, 494]],
...
       [[259, 252]]], dtype=int32))
```

图 7–3　七巧板

注意，图 7-3 中查找到了 8 个轮廓，因为第 1 个轮廓是白色底图的轮廓，其他 7 个是七巧板中 7 块图形的轮廓。查找到的所有轮廓都是元组类型，每个元素都是一个表示轮廓的数组对象，存储了该轮廓所有顶点的坐标信息。

> **提示：**默认情况下，NumPy 输出数组时，如果数组很长，在输出窗口中会显示省略号，那么要想完整地输出该数组的话该怎么办？

在程序中加上下面的代码就可以了：

```
import numpy as np
np.set_printoptions(threshold=np.inf)
```

7.1.2　绘制轮廓

drawContours()函数可用于绘制轮廓，函数基本格式如下：

```
image=cv2.drawContours(image,contours,contourIdx,color[,thickness[,   lineType[,
hierarchy[, maxLevel[, offset]]]]])
```

说明如下。

- image：原图像。可以为三通道彩色图像或灰度图像。
- contours：要绘制的所有轮廓。
- contourIdx：指示要绘制的轮廓的索引。例如绘制第 3 个轮廓，将 contourIdx 的值设为 3，如果要绘制所有轮廓，则将 contourIdx 的值设为-1。
- color：轮廓线的颜色。
- thickness：可选参数，表示轮廓线的线条粗细。如果值为-1，则绘制轮廓内部。
- lineType：可选参数，表示轮廓线的线条类型。
- hierarchy：可选参数，表示轮廓的层次结构，当只想绘制某些轮廓时才需要。
- maxLevel：可选参数，表示绘制轮廓的最大层次。如果值为 0，则仅绘制指定的轮廓。如果值为 1，则绘制指定轮廓和所有嵌套轮廓。如果值为 2，则绘制指定轮廓、所有嵌套轮廓、所有嵌套到嵌套轮廓等。仅当 hierarchy 参数有效时，才会考虑此参数。
- offset：可选参数，表示轮廓偏移。

【例 7-2】以图 7-3 所示图像为例，查找轮廓、显示轮廓并输出轮廓的层次，示例代码如下：

```
import cv2
import numpy as np
img=cv2.imread('pic/qiqiaoban.jpg')
gray=cv2.cvtColor(img,cv2.COLOR_BGR2GRAY)
ret,img2=cv2.threshold(gray,205,255,cv2.THRESH_BINARY)                    #二值化阈值处理
c,h=cv2.findContours(img2,cv2.RETR_TREE,cv2.CHAIN_APPROX_SIMPLE) #查找轮廓
print('轮廓层次结构如下：',len(c))
img3=np.zeros(img.shape, np.uint8)+255        #按原图像大小创建一张白色图像
img3=cv2.drawContours(img3,c,-1,(0,0,255)
,1)    #绘制轮廓
cv2.imshow('Contours',img3)
cv2.waitKey(0)
```

运行结果如下，绘制出的七巧板轮廓如图 7-4 所示。

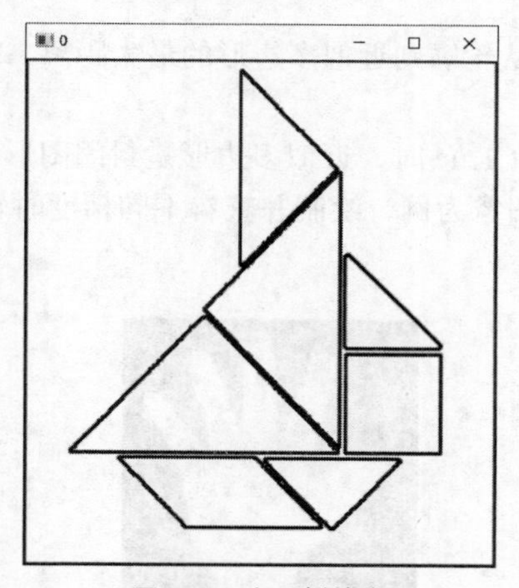

图 7-4 七巧板轮廓

运行出的轮廓层次结构如下：

```
[[[ -1  -1   1  -1]
  [  2  -1  -1   0]
  [  3   1  -1   0]
```

```
   [ 4  2 -1  0]
   [ 5  3 -1  0]
   [ 6  4 -1  0]
   [ 7  5 -1  0]
  [-1  6 -1  0]]]
```

运行结果中的轮廓层次结构是一个包含4个值的数组，可以表示轮廓是如何相互连接的，格式为[下一个轮廓 前一个轮廓 第一个子级轮廓 父级轮廓]。

本示例代码中查找到的轮廓0的值为[-1 -1 1 -1]，是七巧板最外面的矩形外框，它是其他轮廓的父级。因为不存在与它同一层次的轮廓，因此下一个轮廓和前一个轮廓的值为-1。

再以轮廓2为例，值为[3 1 -1 0]，因为轮廓1、轮廓2、轮廓3同层次，轮廓2的下一个轮廓是3，前一个轮廓是1。

7.2 轮廓的外包

7.2 轮廓的外包

轮廓的外包是完全包围目标或物体的最小区域。在目标检测和图像分析任务中，轮廓的外包常被用作执行目标定位、检测对象、物体跟踪和姿态估计等任务的基础。它提供了一种简单而有效的方式来描述和操作目标的位置信息。OpenCV提供了一些函数来计算轮廓的外包，便于进行后续的处理和分析。

7.2.1 近似多边形

我们常常需要获得轮廓的近似多边形，可以用approxPolyDP()函数，根据指定的精度将轮廓的形状近似为顶点数量较少的其他形状，函数基本格式如下：

```
ret=cv2.approxPolyDP(contour,epsilon,closed)
```

说明如下。

- ret：返回的近似多边形。
- contour：一个轮廓。
- epsilon：精度，是指从轮廓到近似多边形的最大距离。需要正确设定epsilon的值才能获得理想的输出。
- closed：布尔值，值为True时，近似多边形是封闭图形。

【例7-3】以图7-5所示图像为例，绘制并查看不同精度时轮廓的近似多边形，示例代码如下：

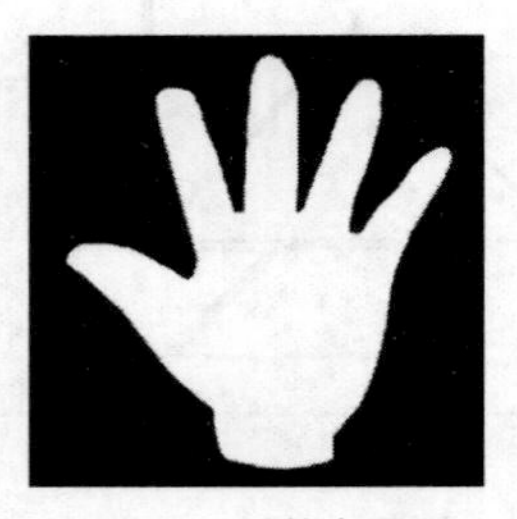

图7-5 手的卡通图

```
import cv2
import numpy as np
img=cv2.imread('pic/hand.jpg')        #读取图像
```

```
cv2.imshow('original',img)          #显示原图像
gray=cv2.cvtColor(img,cv2.COLOR_BGR2GRAY)#转换为灰度图像
ret,img2=cv2.threshold(gray,125,255,cv2.THRESH_BINARY)#二值化阈值处理
c,h=cv2.findContours(img2,cv2.RETR_TREE,cv2.CHAIN_APPROX_SIMPLE)
ep=[0.08,0.05,0.01]                 #以列表存储多个精度
arcl=cv2.arcLength(c[0],True)       #计算轮廓长度，图 7-5 中只有一个轮廓，因此为 c[0]
print(arcl)
img3=np.zeros(img.shape, np.uint8)+255                  #按原图像大小创建一张白色图像
img3=cv2.drawContours(img3,c,-1,(0,0,255),2)            #绘制轮廓
for n in range(len(ep)):
    eps=ep[n]*arcl
    img4=img3.copy()
    app=cv2.approxPolyDP(c[0],eps,False)                #获得近似多边形
    img4=cv2.drawContours(img4,[app],-1,(255,0,0),2) #绘制近似多边形
    cv2.imshow('%.2f' % ep[n],img4)
cv2.waitKey(0)
```

运行结果如图 7-6、图 7-7、图 7-8 所示，可以看出精度越高（值越小），近似多边形与轮廓的相似程度就越高。

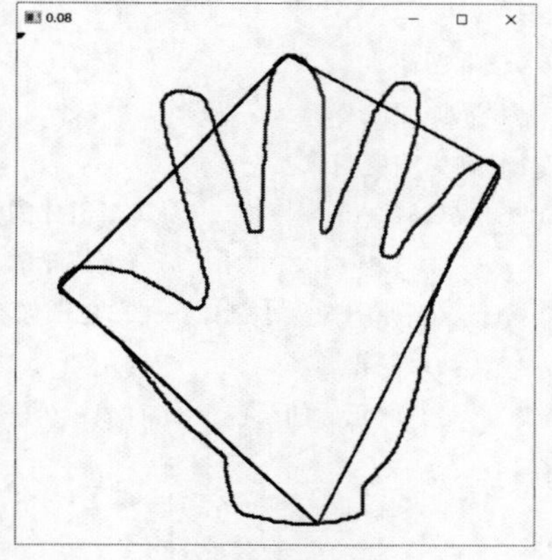

图 7-6　精度 0.08

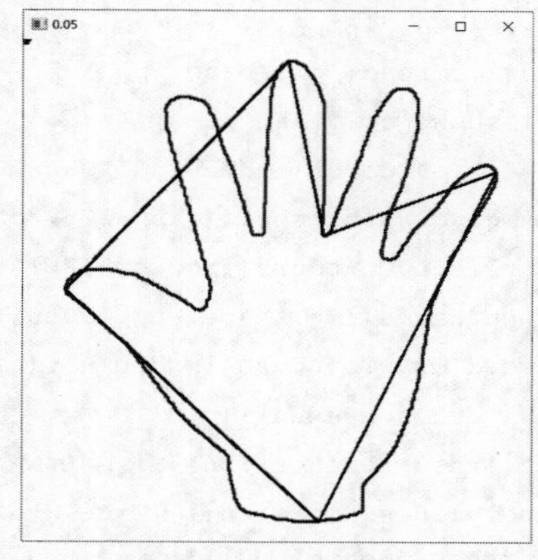

图 7-7　精度 0.05

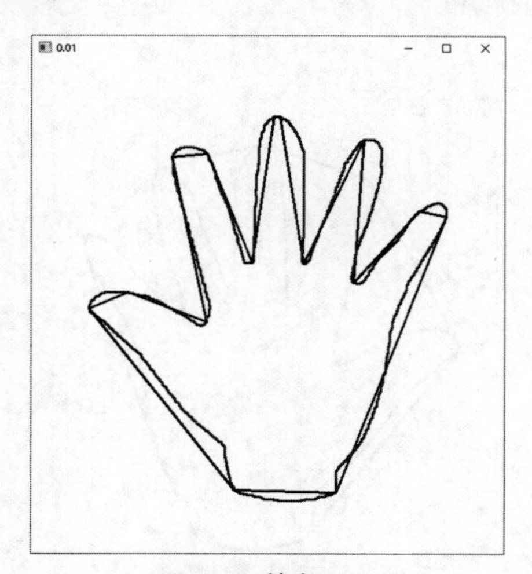

图 7-8　精度 0.01

7.2.2 凸包

轮廓的凸包是由轮廓包围的最小凸多边形，可以用于描述物体的整体形状。轮廓的凸包看起来与轮廓的近似多边形有一些相似，甚至在某些情况下两者可能相同，不同点在于凸包是始终凸出或至少平坦。

convexHull()函数可以获取轮廓的凸包，因此可以用来检查曲线是否存在凸凹缺陷，函数基本格式如下：

```
hull = cv2.convexHull(contour[,clockwise[,returnPoints]])
```

说明如下。

- hull：返回的凸包，是一个 numpy.ndarray 对象，包含凸包的顶点，接着可利用 4.2.5 节中所介绍的 polylines()函数来绘出凸包。
- contour：输入的轮廓。
- clockwise：方向标记。如果为 True，则输出凸包为顺时针方向，否则为逆时针方向。
- returnPoints：默认值为 True，返回凸包关键点的坐标。如果值为 False，则返回的是凸包关键点在轮廓中的索引。

【例 7-4】以图 7-5 所示图像为例，获取其轮廓的凸包，示例代码如下：

```
import cv2
import numpy as np
img=cv2.imread('pic/hand.jpg')                          #读取图像
cv2.imshow('original',img)                              #显示原图像
gray=cv2.cvtColor(img,cv2.COLOR_BGR2GRAY)  #转换为灰度图像
ret,img2=cv2.threshold(gray,125,255,cv2.THRESH_BINARY)            #二值化阈值处理
c,h=cv2.findContours(img2,cv2.RETR_TREE,cv2.CHAIN_APPROX_SIMPLE) #查找轮廓
img3=np.zeros(img.shape, np.uint8)+255          #按原图像大小创建一张白色图像
img3=cv2.drawContours(img3,c,-1,(0,0,255),2)    #绘制轮廓
hull = cv2.convexHull(c[0])                     #获取轮廓的凸包，c[0]表示第一个轮廓
print('returnPoints=True时返回的凸包：\n',hull)
cv2.polylines(img3,[hull],True,(255,0,0),2)     #绘制凸包
cv2.imshow('Convex Hull',img3)
cv2.waitKey(0)
```

运行结果如图 7-9 所示。

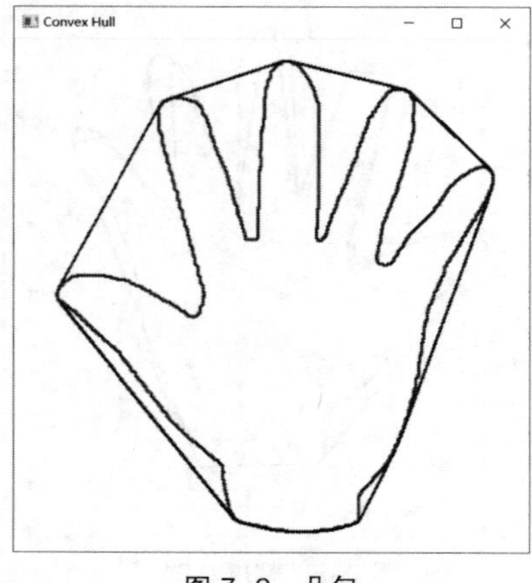

图 7-9 凸包

7.2.3　外接矩形

轮廓的外接矩形是指可容纳轮廓的最小矩形，且矩形的边必须是水平或垂直的。boundingRect()函数可用于获取轮廓的外接矩形，其基本格式如下：

```
ret=cv2.boundingRect(contour)
```

说明如下。

- ret：返回的外接矩形，它是一个四元组，其格式为(矩形左上角横坐标,矩形左上角纵坐标,矩形的宽度,矩形的高度)。接着可用 rectangle()函数绘制出矩形。
- contour：输入的轮廓。

【例 7–5】以图 7-5 所示图像为例，获取其外接矩形，示例代码如下：

```
import cv2
import numpy as np
img=cv2.imread('pic/hand.jpg')                              #读取图像
cv2.imshow('original',img)                                  #显示原图像
gray=cv2.cvtColor(img,cv2.COLOR_BGR2GRAY)                   #将其转换为灰度图像
ret,img2=cv2.threshold(gray,125,255,cv2.THRESH_BINARY)                #二值化阈值处理
c,h=cv2.findContours(img2,cv2.RETR_TREE,cv2.CHAIN_APPROX_SIMPLE) #查找轮廓
img3=np.zeros(img.shape, np.uint8)+255                      #按原图像大小创建一张白色图像
cv2.drawContours(img3,c,-1,(0,0,255),2)                     #绘制轮廓
ret=cv2.boundingRect(c[0])                                  #获取外接矩形
print('外接矩形:\n',ret) #令(x,y)为矩形的左上角坐标,(w,h)为矩形的宽度和高度,用rectangle()
函数绘出矩形
pt1=(ret[0],ret[1])
pt2=(ret[0]+ret[2],ret[1]+ret[3])
cv2.rectangle(img3,pt1,pt2,(255,0,0),2)                     #绘制外接矩形
cv2.imshow('Rectangle',img3)                                #显示结果图像
cv2.waitKey(0)
```

运行结果如图 7-10 所示。

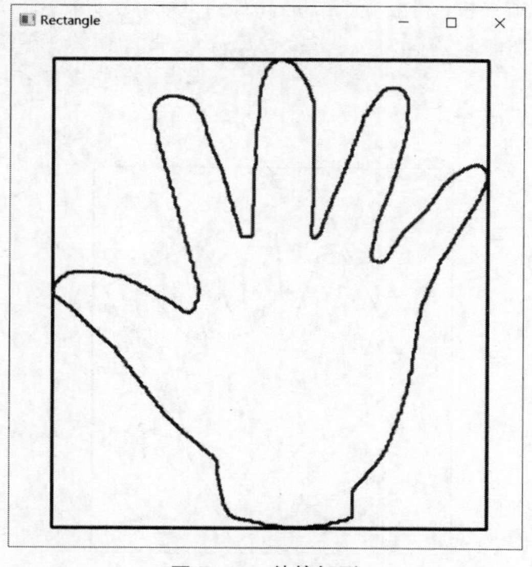

图 7–10　外接矩形

7.2.4　最小外接矩形

外接矩形的边必须是水平或垂直的，不一定是图形的最小外接矩形。最小外接矩形可能有旋转角度，minAreaRect()函数可用于获取最小外接矩形，基本格式如下：

```
box=cv2.minAreaRect(contour)
```

说明如下。

- box：返回的最小外接矩形，它是一个三元组，其格式为((矩形中心点横坐标,矩形中心点纵坐标),(矩形的宽度,矩形的高度),矩形的旋转角度)。
- contour：用于计算最小外接矩形的轮廓。

minAreaRect()函数的返回结果不能直接用于绘制最小外接矩形，可用 boxPoints()函数将其转换为矩形的顶点坐标，其基本格式如下：

```
points=cv2.boxPoints(box)
```

说明如下。

- points：返回的矩形顶点坐标，为浮点型。
- box：minAreaRect()函数返回的最小外接矩形。

【例 7-6】以图 7-5 所示图像为例，获取其轮廓的最小外接矩形，示例代码如下：

```
import cv2
import numpy as np
img=cv2.imread('pic/hand.jpg')                                  #读取图像
cv2.imshow('original',img)                                      #显示原图像
gray=cv2.cvtColor(img,cv2.COLOR_BGR2GRAY)                       #将其转换为灰度图像
ret,img2=cv2.threshold(gray,125,255,cv2.THRESH_BINARY)                  #二值化阈值处理
c,h=cv2.findContours(img2,cv2.RETR_TREE,cv2.CHAIN_APPROX_SIMPLE) #计算轮廓
img3=np.zeros(img.shape, np.uint8)+255                          #按原图像大小创建一张白色图像
cv2.drawContours(img3,c,-1,(0,0,255),2)                         #绘制轮廓
ret=cv2.minAreaRect(contour)                                    #计算最小外接矩形
rect=cv2.boxPoints(ret)                                         #计算矩形顶点
rect=np.int0(rect)                                              #转换为整数
cv2.drawContours(img3,[rect],0,(255,0,0),2)                     #绘制最小外接矩形
cv2.imshow('Convex Hull',img3)                                  #显示结果图像
cv2.waitKey(0)                                                  #按任意键结束等待
```

运行结果如图 7-11 所示。

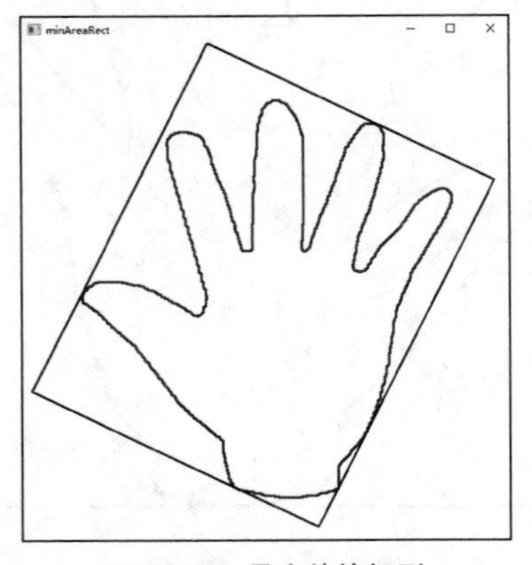

图 7-11　最小外接矩形

7.2.5 最小外接圆

minEnclosingCircle()函数用于获取可容纳轮廓的最小外接圆，其基本格式如下：

```
center,radius=cv2.minEnclosingCircle(contour)
```

说明如下。

- center：最小外接圆的圆心坐标，形式为(*x*,*y*)。计算出来的坐标是浮点型。
- radius：半径，是浮点型。
- contour：输入的轮廓。

【例 7–7】以图 7-5 所示图像为例，获取可容纳轮廓的最小外接圆，示例代码如下：

```
import cv2
import numpy as np
img=cv2.imread('pic/hand.jpg')                      #读取图像
cv2.imshow('original',img)                          #显示原图像
gray=cv2.cvtColor(img,cv2.COLOR_BGR2GRAY)  #将其转换为灰度图像
ret,img2=cv2.threshold(gray,125,255,cv2.THRESH_BINARY)          #二值化阈值处理
c,h=cv2.findContours(img2,cv2.RETR_TREE,cv2.CHAIN_APPROX_SIMPLE)#查找轮廓
img3=np.zeros(img.shape, np.uint8)+255              #按原图像大小创建一张白色图像
cv2.drawContours(img3,c,-1,(0,0,255),2)             #绘制轮廓
 (x,y),radius=cv2.minEnclosingCircle(c[0])          #获取最小外接圆
center = (int(x),int(y))
radius = int(radius)
cv2.circle(img3,center,radius,(255,0,0),2)          #绘制最小外接圆
cv2.imshow('Convex Hull',img3)
cv2.waitKey(0)
```

运行结果如图 7-12 所示。

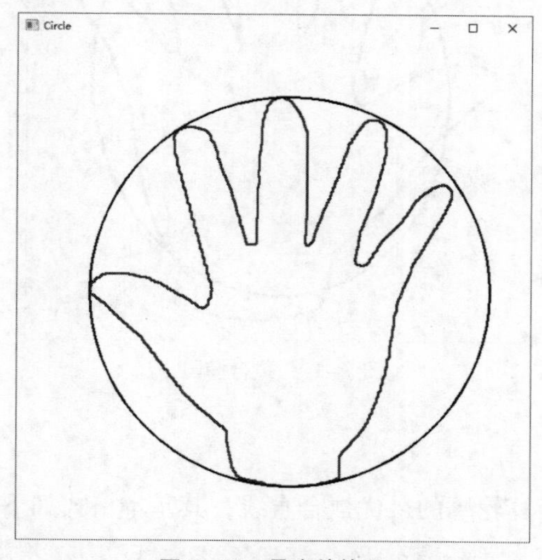

图 7–12 最小外接圆

7.2.6 拟合椭圆

拟合椭圆即拟合到轮廓的椭圆，可以用来描述物体的整体形状。可先用 fitEllipse()函数返回轮廓的拟合椭圆，再用 ellipse()函数绘制拟合椭圆，fitEllipse()函数基本格式如下：

```
ellipse=cv2.fitEllipse(contour)
```

说明如下。

- ellipse：返回的拟合椭圆。
- contour：输入的轮廓。

【例 7-8】以图 7-5 所示图像为例，获取轮廓的拟合椭圆，示例代码如下：

```
import cv2
import numpy as np
img=cv2.imread('pic/hand.jpg')                          #读取图像
cv2.imshow('original',img)                              #显示原图像
gray=cv2.cvtColor(img,cv2.COLOR_BGR2GRAY)               #转换为灰度图像
ret,img2=cv2.threshold(gray,125,255,cv2.THRESH_BINARY)              #二值化阈值处理
c,h=cv2.findContours(img2,cv2.RETR_TREE,cv2.CHAIN_APPROX_SIMPLE) #查找轮廓
img3=np.zeros(img.shape, np.uint8)+255                  #按原图像大小创建一张白色图像
img3=cv2.drawContours(img3,c,-1,(0,0,255),2)            #绘制轮廓
ellipse = cv2.fitEllipse(c[0])                          #计算拟合椭圆
cv2.ellipse(img3,ellipse,(255,0,0),2)                   #绘制拟合椭圆
cv2.imshow('Convex Hull',img3)
cv2.waitKey(0)
```

运行结果如图 7-13 所示。

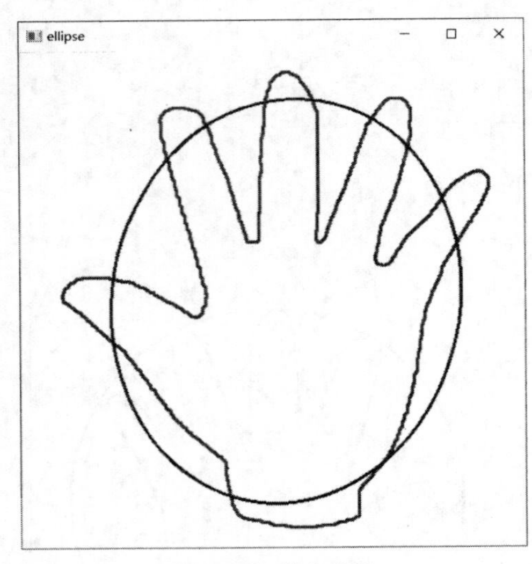

图 7-13　拟合椭圆

7.2.7　拟合直线

fitLine()函数可用于计算轮廓的最优拟合直线，其基本格式如下：

```
line=cv2.fitLine(contour,distType,param,reps,aeps)
```

说明如下。

- line：返回的拟合直线。
- contour：用于计算拟合直线的轮廓。
- distType：距离类型参数，决定如何计算拟合直线，通常值为 cv2.DIST_L2，表示欧氏距离。

- param：距离参数，与距离类型参数有关，其值为 0 时，函数将自动选择最优值。
- reps：计算拟合直线需要的径向精度，通常值为 0.01。
- aeps：计算拟合直线需要的角度精度，通常值为 0.01。

【例 7–9】以图 7-5 所示图像为例，计算轮廓的最优拟合直线，示例代码如下：

```
rows,cols = img.shape[:2]
[vx,vy,x,y] = cv2.fitLine(cnt, cv2.DIST_L2,0,0.01,0.01)
lefty = int((-x*vy/vx) + y)
righty = int(((cols-x)*vy/vx)+y)
cv2.line(img,(cols-1,righty),(0,lefty),(0,255,0),2)
```

运行结果如图 7-14 所示。

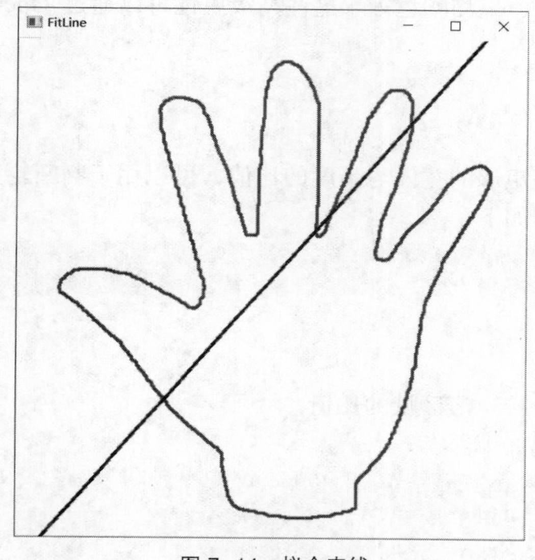

图 7–14　拟合直线

7.3　轮廓的特征

7.3　轮廓的特征

7.3.1　轮廓面积

轮廓面积即轮廓包围的区域的像素数目。可以由 contourArea()函数获得，单位为像素，其基本格式如下：

```
area = cv2.contourArea(cnt)
```

说明如下。

- cnt：输入的轮廓。
- area：轮廓包围的区域的像素数目。

7.3.2　轮廓周长

轮廓周长即轮廓的闭合曲线的总长度，可以使用 arcLength()函数获取，其基本格式如下：

```
perimeter = cv2.arcLength(cnt,closed=True)
```

说明如下。

- cnt：输入的轮廓。
- closed：指定轮廓是否闭合。默认为 True，表示轮廓是闭合的。

需要注意的是，面积和周长的计算结果取决于图像的表示方式（像素坐标、实际物理单位等）以及图像的分辨率。在进行比较或分析时，应确保使用相同的表示方式和图像设置。

7.4 轮廓的高级属性

前面介绍过面积、周长等属性，在这里将介绍轮廓的一些高级属性，如宽高比、范围、坚实度、等效直径、极点、平均颜色等。这些高级属性可以通过 OpenCV 等图像处理库提供的函数来计算和提取。

7.4.1 宽高比

宽高比是轮廓的外接矩形的宽度与高度的比值，可以用于判断轮廓是否为正方形。

【例 7-10】示例代码如下：

```
x,y,w,h = cv2.boundingRect(cnt)
aspect_ratio = float(w)/h
```

7.4.2 范围

范围是轮廓区域与外接矩形区域的比值。

【例 7-11】示例代码如下：

```
area = cv2.contourArea(cnt)
x,y,w,h = cv2.boundingRect(cnt)
rect_area = w*h
extent = float(area)/rect_area
```

7.4.3 坚实度

坚实度是轮廓面积与凸包面积之比。

【例 7-12】示例代码如下：

```
area = cv2.contourArea(cnt)
hull = cv2.convexHull(cnt)
hull_area = cv2.contourArea(hull)
solidity = float(area)/hull_area
```

7.4.4 等效直径

等效直径是与轮廓面积相等的圆的直径。

【例 7-13】示例代码如下：

```
area = cv2.contourArea(cnt)
equi_diameter = np.sqrt(4*area/np.pi)
```

7.4.5 极点

极点是指轮廓的顶部、底部、最右侧和最左侧的点。

【例 7–14】示例代码如下：

```
leftmost = tuple(cnt[cnt[:,:,0].argmin()][0])
rightmost = tuple(cnt[cnt[:,:,0].argmax()][0])
topmost = tuple(cnt[cnt[:,:,1].argmin()][0])
bottommost = tuple(cnt[cnt[:,:,1].argmax()][0])
```

7.4.6　平均颜色

平均颜色是指对象的平均颜色或灰度模式下物体的平均强度。一种常见的方法是使用mean()函数结合图像掩模来计算图像的平均颜色，该函数基本格式如下：

```
mean_val = cv2.mean(img,mask)
```

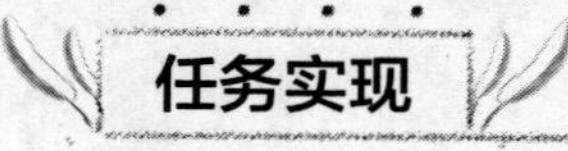

【任务分析】

本项目要实现利用轮廓特征对大豆样本进行形状分选、计数，可分为以下 4 个子任务。

- 任务 1：根据颜色分割图像。
- 任务 2：查找图像中所有轮廓。
- 任务 3：判别轮廓形状是否为圆。
- 任务 4：在圆心处标序号并计数。

物品自动计数

【工作流程】

在项目二中介绍过图像处理通常可以分 3 个步骤：图像获取（读取图像）、图像处理、结果呈现（显示结果）。本项目较为复杂，图像处理这一步骤可以进一步分解。工作流程如图 7-15 所示。

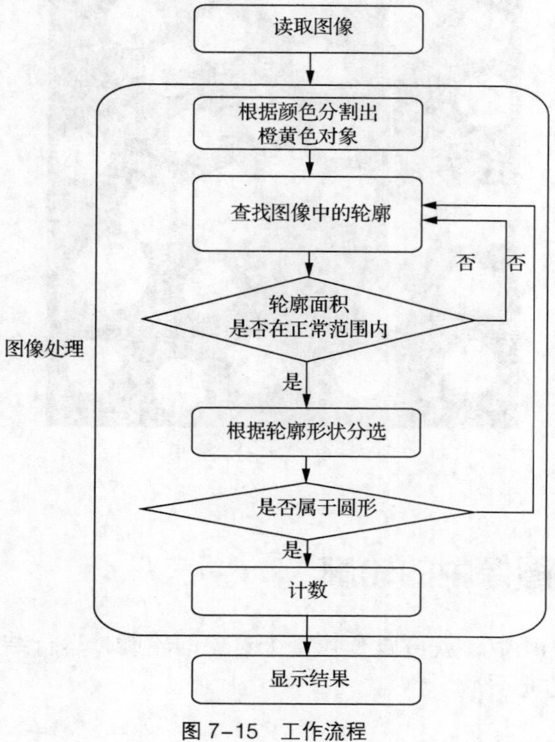

图 7–15　工作流程

任务 7.1 根据颜色分割图像

相对于 RGB 色彩空间，HSV 色彩空间能够非常直观地表达颜色的明暗和色调。因此颜色分割一般不在 RGB 色彩空间进行，而采用 HSV 色彩空间。大豆为橙黄色，橙黄色在 HSV 色彩空间中 H 值的范围为 11～25，首先将图像转换到 HSV 色彩空间，设定 HSV 颜色的高低阈值，使用 inRange()函数即可根据颜色分割图像，输出的结果图像与输入的原图像大小相同，只有黑白两色，白色为阈值范围内的图像。

【例 7-15】从图 7-1 所示的图像中分割出橙黄色对象，示例代码如下：

```
import cv2
import numpy as np
#读取图像，并将其转换到 HSV 色彩空间
img = cv2.imread('pic/beans.jpg')
hsv = cv2.cvtColor(img, cv2.COLOR_BGR2HSV)
cv2.imshow("img", img)
#选取颜色，根据 HSV 颜色范围设定阈值
lower = np.array([10, 50, 50])      #HSV 颜色的低阈值
upper = np.array([16, 255, 255])    #HSV 颜色的高阈值
mask = cv2.inRange(hsv, lower, upper)
cv2.imshow("inRange", mask)
```

运行结果如图 7-16 所示，可以看出根据颜色进行图像分割后，橙黄色对象被分割出来。

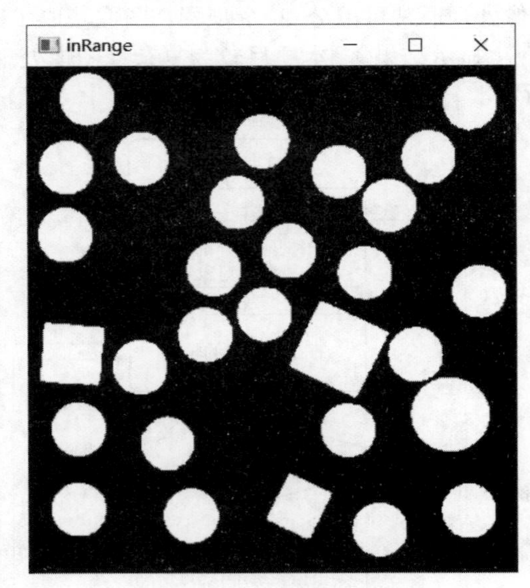

图 7-16 颜色分割结果

任务 7.2 查找图像中的轮廓

利用 findContours()函数，就可以查找每个对象的轮廓，运行结果如图 7-17 所示，这些对象包括大豆和正方形异物。

图 7-17　查找轮廓结果

任务 7.3　判别轮廓形状是否为圆

接下来需要根据轮廓形状来区分大豆和异物，圆为大豆，正方形为异物。如何判断轮廓的形状是不是圆，方法很多，这里提供一种思路，可根据轮廓面积与最小外接圆面积之比来判断。

用 minEnclosingCircle()函数获取最小外接圆的半径，然后再用半径计算最小外接圆的面积，如图 7-18 所示。如果轮廓为圆，则轮廓面积与其最小外接圆的面积接近，考虑到大豆一般为圆或椭圆，这里设定轮廓面积与其最小外接圆面积之比的阈值为 0.9。如果轮廓不是圆，例如正方形与最小外接圆的面积之比是 $2/\pi$，约为 0.637。因此，可以根据面积之比是否小于 0.9 来判断是否为圆。

图 7-18　最小外接圆

【例 7-16】根据轮廓面积与最小外接圆面积之比来判断轮廓的形状是否为圆，示例代码如下：

```
for i in range(len(contours)):
    c = contours[i]
    area = cv2.contourArea(c)
    #求最小外接圆的面积，如果轮廓面积与最小外接圆面积的差距较大，可判断不是圆
    (x,y), radius = cv2.minEnclosingCircle(c)  #获取最小外接圆
    #cv2.circle(draw, (int(x),int(y)), int(radius), (255, 255, 0), 2)  #绘制最小外接圆
    minCircleArea=np.pi*radius*radius
```

```
        if(area<minCircleArea*0.9): #轮廓面积与其最小外接圆面积之比是否小于 0.9，来判断轮廓是否为圆
            continue
```

任务 7.4 在圆心处标序号并计数

变量 beanNo 存储对大豆（圆轮廓）的计数，利用 minEnclosingCircle()函数获取到的最小外接圆的圆心坐标(x,y)，再用 putText()函数以圆心坐标(x,y)为起始坐标绘制 beanNo 值。

```
draw=cv2.putText(draw, str(beanNo), (int(x),int(y)), 1,1,(0,0,200), 1)
```

【例 7-17】本项目的完整示例代码如下：

```
import cv2
import numpy as np
#读取图像，并将其转换到 HSV 色彩空间
img = cv2.imread('pic/beans.jpg')
hsv = cv2.cvtColor(img, cv2.COLOR_BGR2HSV)
cv2.imshow("img",
 img)

#选取颜色，根据 HSV 颜色范围设定阈值
lower = np.array([10, 50, 50])   #HSV 颜色的低阈值
upper = np.array([16, 200, 255])  #HSV 颜色的高阈值
mask = cv2.inRange(hsv, lower, upper)
cv2.imshow("inRange",
 mask)
#查找并绘制轮廓
contours,hirearchy=cv2.findContours(mask, cv2.RETR_TREE, cv2.CHAIN_APPROX_SIMPLE)
draw=cv2.drawContours(img,contours,-1,(

0,0,0),1) #用黑色绘制轮廓

#根据形状去掉异物并对大豆记数，以圆心坐标为起始坐标标序号
beanNo = 1 #大豆序号
for i in range(len(contours)):
    c = contours[i]
    area = cv2.contourArea(c)
   # 求最小外接圆的面积，如果轮廓面积与最小外接圆面积的差距较大，可判断不是圆
    (x,y), radius = cv2.minEnclosingCircle(c)  #获取最小外接圆
    minCircleArea=np.pi*radius*radius
    if(area<minCircleArea*0.9):
        continue
     #以圆心坐标为起始坐标标序号
    beanNo += 1
    draw=cv2.putText(draw, str(beanNo), (int(x),int(y)), 1,1,(0,0,200), 1)

print("大豆数量：",beanNo)
cv2.imshow("draw",draw)
cv2.waitKey(0)
```

为大豆标序号的结果如图 7-19 所示。

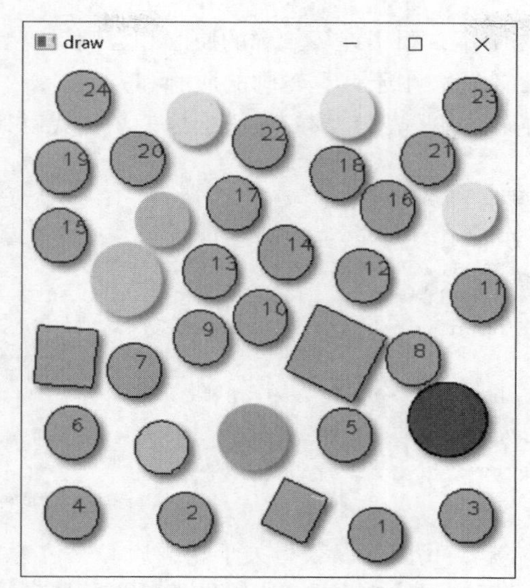

图 7-19　大豆计数结果

注意，在实际项目中，图像质量可能不佳，可以通过滤波、腐蚀等图像预处理操作去除噪点，增强对比度。如果发现自动计数与实际明显出现偏差，出现多数或者漏数，需要调整 HSV 图像颜色阈值参数和形状的判断标准。

提高与拓展

【提高】轮廓的特征矩

轮廓的特征矩是一种用于描述轮廓形状的数学工具。轮廓的特征矩在计算机视觉和图像处理中有广泛的应用，例如，在目标检测中，可以通过计算轮廓的面积来判断目标的大小；在形状匹配中，可以通过比较轮廓的质心或面积来确定两个轮廓的相似度；在图像分类中，可以使用轮廓的特征矩作为输入特征向量进行模式识别。

矩是通过对轮廓边界点的坐标进行加权计算得到的。一阶矩（也称为几何矩）描述了轮廓的形心和位置。二阶矩（也称为中心矩）描述了轮廓的形状分布和旋转特性。

OpenCV 提供了 moments()函数，用于计算图像或轮廓的各种矩。moments()函数的语法如下：

```
M = cv2.moments(array, binaryImage)
```

说明如下。

- array：输入的图像或轮廓，通常是一个二值图像。
- binaryImage：布尔值，指定输入是否为二值图像。如果值为 True，则表示输入为二值图像；如果值为 False，则表示输入为灰度图像。
- M：返回值，一个字典类型的对象，包含许多不同的矩，其中一些常用的矩如下。
  - m00：轮廓的零阶矩，用于计算轮廓的面积。
  - m10：轮廓的一阶矩，用于计算轮廓的 x 轴方向上的质心坐标。
  - m01：轮廓的一阶矩，用于计算轮廓的 y 轴方向上的质心坐标。
  - m20：轮廓的二阶矩，用于计算轮廓的质心和方向。

- m02：轮廓的二阶矩，用于计算轮廓的质心和方向。
- m11：轮廓的二阶矩，用于计算轮廓的质心和方向。

【例 7-18】计算轮廓的矩，并输出轮廓的质心坐标，示例代码如下：

```
    import cv2
    #读取图像并进行二值化处理
    image = cv2.imread("pic/qiqiaoban.jpg")
    gray = cv2.cvtColor(image, cv2.COLOR_BGR2GRAY)
    ret, binary = cv2.threshold(gray, 200, 255, cv2.THRESH_BINARY)
    contours, h = cv2.findContours(binary, cv2.RETR_EXTERNAL, cv2.CHAIN_APPROX_SIMP
LE)#寻找轮廓
    M = cv2.moments(contours[0])  #计算第一个轮廓的矩
    cX=int(M["m10"]/M["m00"])      #轮廓质心的横坐标
    cY=int(M["m01"]/M["m00"])      #轮廓质心的纵坐标
    print("质心坐标:", cX, cY)
```

通过计算一阶矩和二阶矩，我们可以获得关于轮廓质心、位置、形状分布和旋转特性的信息，这些信息可以帮助我们从图像中提取有用的几何和空间信息，进而完成各种图像分析和处理任务。在实际应用中，还可以考虑对轮廓进行归一化或标准化处理，以确保不同尺度的图像或对象之间的特征矩具有可比性。

【拓展】可以挑战专业画师的 AI 绘画

2022 年，AI 绘画应用如雨后春笋不断出现，让人惊叹 2022 年是“AI 绘画元年”！常见的 AI 绘画应用有 Disco Diffusion（后文简称 DD）、Midjourney 等，DD 是 2021 年上半年诞生的一个开源项目，是一个年轻的 TTI（Text to Image，文本生成图像）开发社区集体努力的成果。Midjourney 相对于 DD 界面更友好、生成时间更短（生成一张图像需要 1min 左右）、细节更精细、完整度更高。图 7-20 和图 7-21 所示图像都是 AI 根据文字直接生成的。

图 7-20 AI 生成图像 1

生成描述词：达·芬奇的机器人恐龙技术草图，非常精细

图 7-21 AI 生成图像 2

生成描述词：一只小狗敬畏地看着一个巨大圆柱形空间站中的一座大城市，史诗般的，充满活力的

看到这样高质量的绘画作品，网络上很多人都担忧人类画师要失业了。其实在 1839 年照

相机被发明之时，法国画家保罗·德拉罗什看到摄影作品后，就得出一个著名的结论：绘画已“死”。的确，摄影技术给绘画带来了巨大的冲击，传统的现实主义绘画尤其是肖像画的市场逐步被抢占。但是绘画真的“死”了吗？没有。摄影技术的出现让人们在古典绘画的基础上，学会了更多元的观察和思考方式，才有了后来印象派、立体主义和超现实主义等新风格的诞生。而如今，AI 技术再次给绘画带来巨大的冲击，但是更多的专业画师将 AI 作为自己的助手，在 AI 软件中输入描述语、色彩、风格等参数，制作作品的示范文件，可以快速出图，以便与客户或者上级沟通。他们还能导入自己的草图，帮助 AI 更好地理解描述词，再后期修改补绘，调整细节，减少了很多重复的劳动。

目前，国内也有很多免费的 AI 绘画应用，试试看，输入自己想画的内容、风格等参数，让 AI 为你创作一张画吧，你一定会感受到 AI 的魅力。

思考与练习

1. 单选题

（1）在 OpenCV 中，图像轮廓是指（　　）。

A. 图像中的边缘线　　B. 图像中的闭合曲线

C. 图像中的明暗变化区域　　D. 图像中的颜色分布

（2）可计算轮廓面积的函数是（　　）。

A. arcLength()　　B. contourArea()

C. approxPolyDP()　　D. convexHull()

（3）下列关于利用 findContours()函数查找轮廓的说法错误的是（　　）。

A. 可以从灰度图像中查找图像轮廓

B. 查找一个三角形的轮廓，顶点可能有 30 个

C. 可以只查找外层轮廓

D. 要查找轮廓的图像必须是二值图像

（4）在图像轮廓中，以下能用于获取轮廓的外接矩形的函数是（　　）。

A. boundingRect()　　B. minAreaRect()

C. fitEllipse()　　D. convexHull()

（5）当需要绘制轮廓时，以下可以用于设置轮廓颜色的参数是（　　）。

A. thickness　　B. color　　C. hierarchy　　D. mode

2. 简答题

（1）简述轮廓的概念和作用。

（2）请简要描述轮廓的高级属性。

（3）什么是凸包？在图像轮廓中，如何获取轮廓的凸包？

（4）图像轮廓的面积和周长分别代表什么意义？

（5）简述如何判断该轮廓是否为圆。

3. 操作题

（1）从图 7-22 所示的书法作品中提取轮廓，用于制作描红字帖。

图 7-22　书法作品

（2）以图 7-4 所示图像为例，计算 7 个图形的面积。

（3）细胞计数是生物医学领域的一项常用操作，以图 7-23 所示图像为例，实现细胞计数功能。提示：先用滤波或者开运算去除细胞图像中的噪点，然后用 Otsu 算法进行二值化阈值处理。

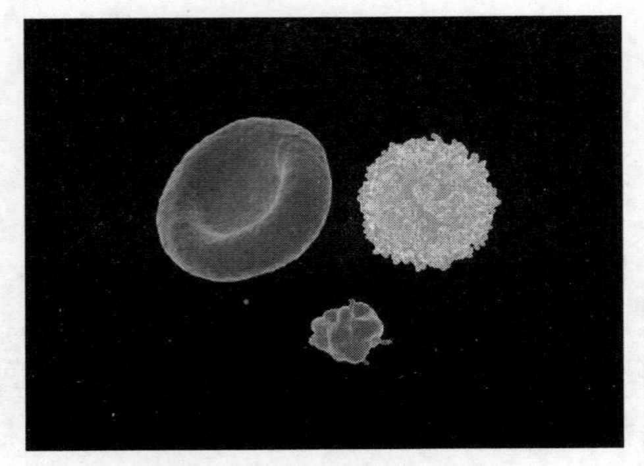

图 7-23　荧光细胞涂片样例

项目八

全景照片拼接——图像特征点

全景照片通常是指符合人双眼视角的垂直视角大约在 90° 以上、水平视角大约在 180°（甚至 360°）以上的完整场景范围的照片，可以最大限度地展示更加真实的场景，给人一种身临其境的感觉。

由于相机的传感器尺寸和镜头的限制，相机拍摄的照片视角比较小。那全景照片是怎么制作出来的呢？一般需要在同一个地点，转动相机的拍摄角度，拍摄多张有重叠区域的普通照片，然后将多张普通照片拼接成一张全景照片。

本项目将带大家实现全景照片拼接，在使用 Python 和 OpenCV 来完成项目的过程中，我们将学习特征点检测、特征匹配、霍夫变换等方法。

知识目标

了解图像的特征点的含义。

熟悉角点检测的 3 种方法。

熟悉特征点检测的 3 种方法。

熟悉特征匹配的 3 种方法。

熟悉霍夫变换提取直线段、圆。

技能目标

能用 OpenCV 进行角点检测。

能用 OpenCV 进行尺度不变特征点检测。

能用 OpenCV 进行特征匹配。

能用 OpenCV 实现以霍夫变换提取直线段、圆。

能利用图像的特征匹配实现全景照片拼接。

情景描述

武汉·中国光谷因“光”得名，1976 年 3 月，中国第一根石英光纤诞生在这里，这是光谷之名的由来。1988 年，武汉市政府以武汉邮电科学研究院（现烽火科技集团有限公司）为基础，在东湖周边建立了东湖高新区。2001 年，东湖高新区被批准为国家光电子信息产业基地，即“武汉·中国光谷”。一路追“光”发展，光谷成为创新创业的热土，创下了很多“中国第一”“世界之最”：这里是全国最大的光器件研发生产基地、国内最大的激光产业基地，也是全球最大的光纤光缆研制基地；全球首款 128 层三维闪存芯片在这里发布，创造了 3 项业界之最，填补了国内技术空白；全球首个超高通量“火眼”实验室在这里建成并投用，走向全国、走向海外；我国首个 400GB 硅光模块在这里研发成功，让中国之“光”持续领跑全球；全国首条全流程 5G 智能制造生产线在这里落地，为领跑 5G 产业抢占先机……

图 8-1 和图 8-2 是在武汉光谷广场拍摄的两张照片，本项目要求将这两张照片拼接在一起，形成一张全景照片，拼接效果如图 8-3 所示。

图 8-1　光谷广场 1

图 8-2　光谷广场 2

图 8-3　全景照片拼接效果

知识准备

8.1 特征点的含义

图像的特征点（Feature Point），或称兴趣点（Interest Point）、关键点（Key Point）是指图像中具有独特性和易于识别的区域，例如角点、边缘、斑点等。OpenCV 可以检测并提取图像的特征，并对其进行描述，以便实现物体识别、图像搜索、图像匹配、视觉跟踪、三维重建等功能。

以图 8-4 所示图像为例，角点通常在图像中角落或边缘的交叉处，具有较明显的灰度变化的位置，A、B 属于角点；边缘位于物体或纹理之间的边界，C、D 属于边缘；E、F 为非特征点，用户无法根据 E、F 在图像中进行定位。

图 8-4　特征点

8.2　角点检测

8.2　角点检测

角点是特征点的一种特例，一般来说是两条边或边界线的交点，它是图像中各个方向上梯度变化最大的区域。角点通常是图像中的显著特征，具有独特性和稳定性，因此角点检测在许多计算机视觉任务中都有广泛应用。OpenCV 提供了多种角点检测方法。

8.2.1　哈里斯角点检测

哈里斯角点检测是被最早提出的角点检测算法之一。它通过计算图像中每个像素的灰度变化和梯度信息，来评估该点是否为角点。OpenCV 提供了 cornerHarris()函数用于角点检测，其基本格式如下：

```
dst=cv.cornerHarris(src, blockSize, ksize, k[, dstBackup[, borderType]])
```

说明如下。

- dst：返回结果，可以将其看作一个与原图像大小相同的灰度图像，每个像素值代表原图像对应像素的角点评分。
- src：单通道 8 位或浮点图像。
- blockSize：邻域大小，常用值为 3，但是如果图像的分辨率较高，则可以考虑使用较大的值。
- ksize：索贝尔算子的大小。
- k：自由参数，算法稳定性和 k 有关，而 k 的值是一个经验值，一般为 0.04。
- dstBackup：可选参数，表示输出图像，一般不使用。
- borderType：边框类型，为可选参数。

【例 8-1】围棋起源于中国，使用矩形格状棋盘及黑白二色圆棋子进行对弈，现今正规棋盘上有纵横各 19 条线，361 个交叉点。以图 8-5 所示图像为例，进行哈里斯角点检测，示例代码如下：

```
import cv2
import numpy as np
img=cv2.imread('pic/weiqi.jpg')                              #读取图像
gray = cv2.cvtColor(img,cv2.COLOR_BGR2GRAY)                  #转换为灰度图像

dst = cv2.cornerHarris(gray,4,ksize=3,k=0.04)                #执行角点检测
img[dst>0.2*dst.max()]=[0,255,0]                             #将角点设置为绿色
cv2.imshow('corners',img)                                    #显示检测结果
cv2.waitKey(0)
```

将哈里斯角点检测返回的结果保存在 dst 中，将 dst 中角点评分比较高的点判断为角点，本示例中将评分大于最大值的 0.2 的点判断为角点，然后将原图像对应坐标处的像素设置为绿色。运行结果如图 8-6 所示。

图 8-5　围棋棋盘局部

图 8-6　哈里斯角点检测结果

8.2.2　Shi-Tomasi 角点检测

Shi-Tomasi 角点检测是史建波（Jianbo Shi）和卡洛·托马西（Carlo Tomasi）在哈里斯角点检测的基础上提出的检测方法，它引入了一个角点响应度度量指标，称为最小特征值。OpenCV 提供了 goodFeaturesToTrack()函数用于 Shi-Tomasi 角点检测，其基本格式如下：

```
dst=cv.goodFeaturesToTrack(src, maxCorners, qualityLevel, minDistance)
```

说明如下。

- dst：返回结果，为检测到的所有角点的坐标。
- src：8 位单通道灰度图像。
- maxCorners：返回的角点的最大数量。
- qualityLevel：可接受的角点的质量级别，该值一般为 0.01～0.1。
- minDistance：返回的角点之间的最小欧氏距离，小于此距离的点可忽略。

goodFeaturesToTrack()函数会根据质量对剩余的角点进行降序排序，返回最大数量内的最佳角点，丢弃最小欧氏距离范围内的所有附近角点。

【例 8-2】以图 8-5 所示图像为例，进行 Shi-Tomasi 角点检测，示例代码如下：

```
import cv2
import numpy as np
```

```
import matplotlib.pyplot as plt
img = cv2.imread('pic/weiqi.jpg')                    #读取图像
gray = cv2.cvtColor(img,cv2.COLOR_BGR2GRAY)          #转换为灰度图像
gray = np.float32(gray)                              #转换为浮点型
corners = cv2.goodFeaturesToTrack(gray,60,0.1,10)    #检测角点
corners = np.int0(corners)                           #转换为整数
for i in corners:
   x,y = i.ravel()
cv2.circle(img,(x,y),4,(0,0,255),-1)                 #在角点坐标处绘制圆点
cv2.imshow('corners',img)                            #显示检测结果
cv2.waitKey(0)
```

运行结果如图 8-7 所示。检测到的结果中 corners 保存的是角点的坐标，用这些坐标在原图像中绘制圆点。

图 8-7　Shi-Tomasi 角点检测结果

8.2.3　优化哈里斯角点检测

经典的哈里斯角点检测对图像中的噪声和边缘敏感，容易产生误检测和冗余检测。优化哈里斯角点检测是对经典的哈里斯角点检测的改进版本，旨在提高角点检测的准确率和稳定性。优化哈里斯角点检测通过 cornerSubPix()函数迭代找到角点的亚像素精确位置，其基本格式如下：

```
dst=cv2.cornerSubPix(src,corners, winSize, zeroZone, criteria)
```

说明如下。

- dst：返回结果，存储优化后的角点信息。
- src：8 位单通道或浮点图像。
- corners：哈里斯角点的质心坐标。
- winSize：搜索窗口的大小。该参数定义了用于寻找亚像素角点的邻域范围，通常是一个二元组 (winSize_x, winSize_y)，表示水平和垂直方向上的搜索窗口大小。

- zeroZone：用于指定搜索窗口中心中应该忽略的区域，是一个二元组 (zeroZone_x, zeroZone_y)，表示在角点搜索中忽略的区域大小。如果设置为 (-1, -1)，则不忽略。
- criteria：优化检测的终止条件，当达到指定的迭代次数或达到一定的精度时停止迭代。

要将角点位置精确到亚像素级精度，首先利用 Shi-Tomasi 角点检测，获得角点坐标，再调用 cornerSubPix()函数找到角点的亚像素精确位置。

【例 8-3】以图 8-5 所示图像为例进行优化哈里斯角点检测，示例代码如下：

```
import cv2
import numpy as np
import matplotlib.pyplot as plt
img=cv2.imread('pic/weiqi.jpg')
gray = cv2.cvtColor(img,cv2.COLOR_BGR2GRAY)                #转换为灰度图像
gray = np.float32(gray)                                    #转换为浮点类型
corners = cv2.goodFeaturesToTrack(gray,60,0.1,10)          #第一次角点检测
print("Shi-Tomasi 角点检测的一个坐标：",corners[0])
criteria  = (cv2.TERM_CRITERIA_EPS +
             cv2.TERM_CRITERIA_MAX_ITER, 20, 0.01)         #定义优化检测的终止条件
SubPixcorners = cv2.cornerSubPix(gray,
            corners,(5,5),(-1,-1),criteria) #优化哈里斯角点检测
print("优化哈里斯角点检测的一个坐标：",SubPixcorners[0])
SubPixcorners = np.intp(SubPixcorners)      #转换为整数
for i in SubPixcorners:
    x,y = i.ravel()                         #转换成一维数组
    cv2.circle(img,(x,y),3,(0,255,0),-1)    #用圆点标注找到的角点
cv2.imshow('SubPixcorners',img)             #显示检测结果
cv2.waitKey(0)
```

运行结果如图 8-8 所示，从图中可能看不出与 Shi-Tomasi 角点检测结果的区别，但从输出的角点坐标可以看出优化哈里斯角点检测的精度更高。

图 8-8　优化哈里斯角点检测结果

```
Shi-Tomasi 角点检测的一个坐标：  [[330.  168.]]
优化哈里斯角点检测的一个坐标：  [[330.3488 168.879 ]]
```

8.2.4 特征点检测

哈里斯角点检测有一个缺点，即如果图像的尺度变化，哈里斯角点检测就可能失效。如图 8-9 所示，左侧方框中是一个角点，当图像放大后，方框中的部分可能被检测为边缘。

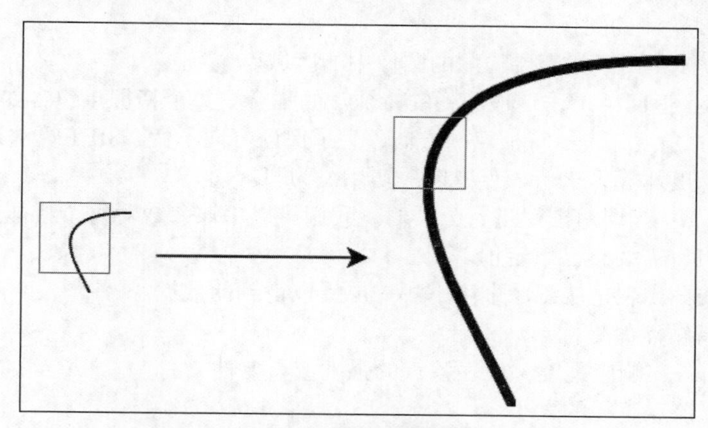

图 8-9 角点的尺度变化

1. SIFT 特征点检测

尺度不变特征变换（Scale-Invariant Feature Transform，SIFT）算法运用了图像金字塔实现尺度不变性。SIFT 算法实质是在不同的尺度空间中查找特征点，对图像旋转、尺度缩放、亮度变化等保持不变性，对视角变化、仿射变换、噪点去除等也保持一定程度的稳定性。

SIFT 算法可以在存在噪声和部分遮挡的情况下进行可靠的特征查找，被广泛应用于图像匹配、目标识别、三维模型重建等多个计算机视觉任务。

OpenCV 中使用 SIFT 特征点检测的基本步骤如下。

（1）创建 SIFT 对象。

（2）调用 SIFT 对象的 detect()函数对输入的灰度图像进行特征点检测，该函数将返回一个特征点列表。

（3）用 drawKeypoints()函数绘制特征点。

SIFT.create()函数可用于创建 SIFT 对象，基本格式如下：

```
ret=cv.SIFT.create([nfeatures, nOctaveLayers, contrastThreshold, edgeThreshold,
sigma, descriptorType])
```

说明如下，其参数全部为可选参数。该函数通常不需要传递任何参数，调用该函数会返回一个包含默认参数设置的 SIFT 对象。

- ret：函数的返回值，用于保存这个 SIFT 特征检测器对象，可以使用它来调用 SIFT 算法的方法
- nfeatures：指定了在特征检测过程中要保留的最佳特征点的数量，特征按其得分进行排序（以 SIFT 算法作为局部对比度进行测量）。默认值为 0。
- nOctaveLayers：高斯金字塔最少层数，由图像自动计算得出。默认值为 3。
- contrastThreshold：对比度阈值，用于过滤区域中的弱特征。阈值越大，检测产生的特征越少。默认值为 0.04。
- edgeThreshold：用于过滤掉类似边缘特征的阈值。注意，其含义与 contrastThreshold 的不同，edgeThreshold 的值越大，滤出的特征越少。默认值为 10。
- sigma：代表高斯滤波器的标准差。在 SIFT 算法中，通过调整 sigma 的值，可以控制

高斯滤波器的模糊程度。默认值为 1.6。

SIFT 对象的 detect()函数可用于检测特征点，基本格式如下：

```
keypoints=sift.detect(image[, mask])
```

说明如下。

- image：要检测的图像。
- mask：掩模，用于指定要检测的图像中的区域。
- keypoints：返回结果，是检测到的特征点的集合。每个特征点包含如下信息。
  - angle：角度，表示特征点的方向，为了保证方向不变，SIFT 算法通过对特征点周围邻域进行梯度运算，求得该点方向。初始值为-1。
  - class_id：当要对图片进行分类时，我们可以用该参数对每个特征点进行区分，未设定时值为-1，需要自己设定值。
  - octave：代表是从图像金字塔哪一层提取得到的数据。
  - pt：特征点的坐标。
  - response：响应程度，代表该点的强度或重要性。
  - size：该点直径的大小。

SIFT 对象的 drawKeypoints()函数用于在特征点的位置绘制小圆圈。如果将标志的值设为 cv.DRAW_MATCHES_FLAGS_DRAW_RICH_KEYPOINTS，它将在特征点的位置绘制带有尺度和方向信息的小圆圈，这些圆圈会根据特征点尺度和方向进行缩放和旋转，从而更加详细地显示出特征点的结构。该函数基本格式如下：

```
outImage=cv.drawKeypoints(image, keypoints, outImage[, color[, flags]])
```

说明如下。

- image：原图像。
- keypoints：原图像中的特征点。
- outImage：输出图像。
- flags：标志，标记设置绘图特征，标志位的值由 DrawMatchesFlags 定义。DrawMatchesFlags 是一个枚举类型，用于指定在特征匹配过程中绘制匹配结果时的一些标志位。这些标志位影响着匹配结果的可视化方式。标志位的值如下。
  - cv.DRAW_MATCHES_FLAGS_DEFAULT：默认标志，表示使用默认绘制方式。
  - cv.DRAW_MATCHES_FLAGS_DRAW_RICH_KEYPOINTS：在输出的图像上绘制特征点和匹配线，而不是在原始图像上绘制。
  - cv.DRAW_MATCHES_FLAGS_DRAW_OVER_OUTIMG：不绘制单个的特征点，只绘制特征点之间的匹配关系。
  - cv.DRAW_MATCHES_FLAGS_NOT_DRAW_SINGLE_POINTS：在绘制特征点时包含特征点的尺度和方向信息

【例 8-4】以图 8-5 所示图像为例，使用 SIFT 算法进行特征点检测，示例代码如下：

```
import cv2
import numpy as np
import matplotlib.pyplot as plt
img = cv2.imread('pic/weiqi.jpg')
gray= cv2.cvtColor(img,cv2.COLOR_BGR2GRAY)          #转换为灰度图像
sift = cv2.SIFT.create()                            #设置 SIFT 特征点检测
kp = sift.detect(gray,None)                         #检测特征点
img2 = cv2.drawKeypoints(img,kp,None,
```

```
        flags=cv2.DRAW_MATCHES_FLAGS_DRAW_RICH_KEYPOINTS)      #绘制特征点
cv2.imshow('SIFT',img2)                                  #显示检测结果
cv2.waitKey(0)
```

运行结果如图 8-10 所示，绘制特征点时使用了 DRAW_MATCHES_FLAGS_DRAW_RICH_KEYPOINTS，图中圆圈标记检测到的角点，圆圈大小显示角点大小，圆心处的线段标记该角点的方向。

图 8-10　SIFT 特征点检测结果

2. Fast 特征点检测

Fast 特征点检测主要根据 1 个像素周围 16 个像素的强度和阈值等参数来判断该像素是否为特征点，并通过快速的特征检测来提高检测速度。Fast 特征点检测的基本步骤与 SIFT 特征点检测的基本步骤相似。

（1）创建 Fast 对象。

（2）调用 Fast 对象的 detect()函数执行特征点检测。该函数将返回一个特征点列表。每个特征点对象均包含特征点的角度、坐标、响应强度和邻域大小等信息。如果只想搜索图像的一部分，则可以通过掩模实现。每个特征点都具有特殊的结构，有许多属性，如其(x,y)坐标、有意义的邻域大小、指定其方向的角度、特征点的响应强度等。

（3）用 drawKeypoints()函数绘制特征点。

【例 8-5】以图 8-5 所示图像为例进行 Fast 特征点检测，示例代码如下：

```
import cv2
img = cv2.imread('pic/weiqi.jpg')                      #打开图像，默认为 BGR 格式
fast = cv2.FastFeatureDetector.create()                #设置 FAST 特征点检测
kp = fast.detect(img,None)                             #检测特征点，不使用掩模
img2 = cv2.drawKeypoints(img, kp, None, color=(0,0,255))      #绘制特征点
cv2.imshow('FastFeatureDetector',img2)                        #显示绘制了特征点的图像
```

运行结果如图 8-11 所示。

Fast 特征点检测的默认阈值为 10，也可以用 cv.FastFeatureDetector.setThreshold()函数设置

阈值，函数格式如下：

```
cv.FastFeatureDetector.setThreshold(threshold)
```

【例 8-6】设置阈值为 20，进行一次 Fast 特征点检测，并输出特征点的详细信息。接续例 8-5 中的代码，示例代码如下：

```
fast.setThreshold(20)                        #设置阈值为 20
kp = fast.detect(img,None)                   #检测特征点，不使用掩模
n=0
for p in kp:
    print("第%s 个特征点,坐标："%(n+1),p.pt,'响应强度：',p.response,
          '邻域大小：',p.size,'角度：',p.angle)
    n+=1
img3 = cv2.drawKeypoints(img, kp, None, color=(0,0,255))
cv2.imshow('Threshold=20',img3)              #显示绘制了特征点的图像
cv2.waitKey(0)
```

运行结果如图 8-12 所示，可以看出阈值不同，检测到的特征点数量也不同。

图 8-11　Fast 特征点检测结果

图 8-12　阈值为 20 时的 Fast 特征点检测结果

输出结果如下：

```
第 1 个特征点，坐标： (182.0, 3.0) 响应强度： 20.0 邻域大小： 7.0 角度： -1.0
第 2 个特征点，坐标： (529.0, 3.0) 响应强度： 33.0 邻域大小： 7.0 角度： -1.0
第 3 个特征点，坐标： (38.0, 4.0) 响应强度： 27.0 邻域大小： 7.0 角度： -1.0
第 4 个特征点，坐标： (160.0, 8.0) 响应强度： 27.0 邻域大小： 7.0 角度： -1.0
第 5 个特征点，坐标： (164.0, 12.0) 响应强度： 28.0 邻域大小： 7.0 角度： -1.0
……
第 1001 个特征点，坐标： (416.0, 507.0) 响应强度： 31.0 邻域大小： 7.0 角度： -1.0
第 1002 个特征点，坐标： (414.0, 508.0) 响应强度： 30.0 邻域大小： 7.0 角度： -1.0
```

3. ORB 特征点检测

ORB（Oriented FAST and Rotated BRIEF）特征点检测以 Fast 特征点检测和 BRIEF 描述符为基础进行了改进，性能可以达到实时检测的要求。此外，ORB 特征点检测能够估计角点的方向，使得检测到的特征点具有一定的旋转不变性。

ORB 特征点检测的步骤和 SIFT、Fast 特征点检测的步骤基本相似，这里不再详述。

【例 8-7】以图 8-5 所示图像为例进行 ORB 特征点检测，示例代码如下：

```
import cv2
img = cv2.imread('pic/weiqi.jpg')                    #打开图像，默认为 BGR 格式
orb = cv2.ORB.create()                               #设置 ORB 特征点检测
kp = orb.detect(img,None)                            #检测特征点
kp, des = orb.detectAndCompute(img,None)             #检测特征点和计算描述符
img2 = cv2.drawKeypoints(img, kp, None, color=(0,0,2550))#绘制特征点
cv2.imshow('ORBdetect',img2)                         #显示绘制了特征点的图像
cv2.waitKey(0)
```

运行结果如图 8-13 所示。

图 8-13　ORB 特征点检测结果

8.3　特征匹配

8.3　特征匹配

特征匹配是指建立了图像之间的几何对应关系，使它们可以在一个共同的参考系中进行变换、比较和分析，获得图像的特征点以及描述符之后，就可以对图像的特征进行匹配。特征匹配器主要有以下两大类。

- 暴力匹配器（Brute-Force Matcher，BF Matcher）。
- FLANN 匹配器。

通常，在计算图像 A 是否包含图像 B 的特征区域时，将图像 A 称为训练图像，将图像 B 称为查询图像。图像 A 的特征点描述符称为训练描述符，图像 B 的特征点描述符称为查询描述符。

8.3.1　暴力匹配器

暴力匹配器使用特征点描述符进行特征比较。在比较时，暴力匹配器首先在查询描述符中取一个特征点描述符，将其与训练描述符中的所有特征点描述符进行比较，每次比较后会给出一个欧氏距离，欧氏距离越短表示匹配度越高。将所有描述符比较完后，暴力匹配器将返回匹配结果列表。

OpenCV 提供 detectAndCompute()函数计算特征描述符，基本格式如下：

```
keypoints,descriptors=cv.Feature2D.detectAndCompute(image, mask[, descriptors[,
useProvidedKeypoints]])
```

说明如下。

- keypoints：检测到的特征点。
- descriptors：数组，包含了每个特征点对应的特征描述符，描述符是用来描述特征点周围区域特征的向量。
- image：输入的图像，即待检测特征的图像
- mask：可选参数，掩模图像，用于指定在哪些区域进行特征检测。如果不需要掩模，则可以传入一个全白的图像或者设为 None。
- descriptors：可选参数，输出参数，用于存储计算得到的特征描述符。
- useProvidedKeypoints：可选参数，如果设置为 True，则表示使用提供的关键点进行计算描述符，否则会在图像中检测关键点。

OpenCV 中使用暴力匹配器进行特征匹配的步骤如下。

（1）读取训练图像和查询图像。

（2）进行特征点检测，把两张图像的特征点放到各自对应的特征描述符中（即提取特征描述符）。

（3）创建暴力匹配器 BFMatcher 对象。

（4）根据步骤（2）已经提取出的特征描述符，通过 BFMatcher 对象进行最佳匹配，将匹配结果保存到 DMatch 里面。其中 BFMatcher 是 OpenCV 中的一个特征匹配器，它是一种简单但有效的特征匹配方法，它会对两张图像中的每一个特征描述符进行暴力比较，以找出最佳的匹配。DMatch 是 OpenCV 中用于存储特征点匹配信息的数据结构，它记录了两张图像中特征点的匹配关系。DMatch 结构体包含了查询图像中特征点的索引、训练图像中特征点的索引，以及这两个特征点之间的距离或相似度。

（5）定义输出图像 matchImg，然后通过 drawMatches()函数，把两张图像中的特征点和特征匹配的结果绘制并显示出来。

接下来详细介绍创建暴力匹配器对象、执行特征匹配、绘制匹配结果图像的方法。

1. 创建暴力匹配器对象

OpenCV 的 BFMatcher.create()函数可用于创建暴力匹配器对象，其基本格式如下：

```
bf = cv2.BFMatcher.create([normType[,crossCheck]])
```

说明如下。

- bf：返回的暴力匹配器对象。
- normType：距离测量类型，默认值为 cv2.NORM_L2。通常，SIFT、SURF 等的描述符使用 cv2.NORM_L1 或 cv2.NORM_L2，ORB、BRISK 或 BRIEF 等的描述符使用 cv2.NORM_HAMMING。
- crossCheck：暴力匹配器为每个查询描述符找到 k 个距离最近的匹配描述符，默认值为 False。crossCheck 的值为 True 时，只返回满足交叉验证条件的匹配结果。

2. 执行特征匹配

暴力匹配器对象有两个函数可以执行特征匹配，一是 match()函数，返回最佳匹配结果；二是 knnmatch()函数，返回指定数量的最佳匹配结果。

match()函数基本格式如下：

```
matches=cv.DescriptorMatcher.match(queryDescriptors, trainDescriptors[, mask])
```

说明如下。

- matches：返回的匹配结果，它是一个 DMatch 对象列表。每个 DMatch 对象表示特征点的一个匹配结果，其 distance 属性表示距离，距离越短匹配度越高。
- queryDescriptors：查询描述符。
- trainDescriptors：训练描述符。

knnmatch()函数可返回 k 个最佳匹配结果，其中参数 k 由用户指定，基本格式如下：

```
matches=cv.DescriptorMatcher.knnmatch(queryDescriptors, trainDescriptors,k[, mask])
```

除参数 k 以外，其他参数与 match()函数中的参数相同，这里不再说明。

3. 绘制匹配结果图像

获得匹配结果后，可调用 drawMatches()函数或 drawMatchesKnn()函数绘制匹配结果图像。两者的基本格式和参数完全相同。

以 drawMatches()函数为例，函数执行后将水平排列并显示训练图像和查询图像，还会绘制两张图像匹配的特征点的连线，以显示最佳匹配结果。函数基本格式如下：

```
outImg = cv2.drawMatches(img1, keypoints1, img2, keypoints2, matches1to2,
outImgBackup[, matchColor[, singlePointColor[, matchesMask[, flags]]]])
```

说明如下。

- outImg：返回的匹配结果图像，图像中查询图像与训练图像中匹配的特征点和两点之间的连线为彩色。
- img1：训练图像。
- keypoints1：img1 的特征点。
- img2：查询图像。
- keypoints2：img2 的特征点。
- matches1to2：img1 与 img2 的匹配结果。
- outImgBackup：备用参数，一般值为 None。
- matchColor：特征点和连线的颜色，默认使用随机颜色。
- singlePointColor：单个特征点的颜色，默认使用随机颜色。
- matchesMask：掩模，用于决定绘制哪些匹配结果图像，默认值为空，表示绘制所有匹配结果图像。
- flags：标志，可选值如下。
  - cv2.DrawMatchesFlags_DEFAULT：默认值，绘制两张图像的匹配项和特征点，没有围绕特征点的圆圈以及特征点的大小和方向。
  - cv2.DrawMatchesFlags_DRAW_OVER_OUTIMG：根据输出图像的现有内容进行绘制。
  - cv2.DrawMatchesFlags_NOT_DRAW_SINGLE_POINTS：不会绘制单个特征点。
  - cv2.DrawMatchesFlags_DRAW_RICH_KEYPOINTS：在特征点周围绘制与特征点大小和方向相同的圆圈。

【例 8-8】以图 8-1 所示图像和 8-2 所示图像为例，使用暴力匹配器进行特征匹配并绘制匹配结果图像，示例代码如下：

```
import cv2
import matplotlib.pyplot as plt
img1 = cv2.imread('pic/guanggu1.jpg',cv2.IMREAD_GRAYSCALE)
img2 = cv2.imread('pic/guanggu2.jpg',cv2.IMREAD_GRAYSCALE)
```

```
orb = cv2.ORB.create()                                   #设置ORB特征点检测
kp1, des1 = orb.detectAndCompute(img1,None)              #检测特征点和计算描述符
kp2, des2 = orb.detectAndCompute(img2,None)              #检测特征点和计算描述符

bf = cv2.BFMatcher.create(cv2.NORM_HAMMING,crossCheck=True) #创建暴力匹配器
ms = bf.match(des1,des2)                                 #执行特征匹配
ms = sorted(ms, key = lambda x:x.distance)               #按距离排序
#绘制前20个匹配结果图像
img3 = cv2.drawMatches(img1,kp1,img2,kp2,ms[:20],None,
            flags=cv2.DrawMatchesFlags_NOT_DRAW_SINGLE_POINTS)
cv2.imshow("img3",img3)
cv2.waitKey(0)
```

运行结果如图8-14所示。

图8-14　暴力匹配器特征匹配结果

8.3.2 FLANN匹配器

FLANN（Fast Library for Approximate Nearest Neighbors）为近似最近邻的快速库，它包含一组算法，这些算法针对大型数据集中的快速最近邻搜索和高维特征进行了优化。对于大型数据集，它的运行速度比暴力匹配器的速度更快。函数基本格式如下：

```
flann = cv.FlannBasedMatcher(index_params,search_params)
```

在创建FLANN匹配器时，需要传递两个字典参数，即index_params和search_params，说明如下。

- index_params：用于指定索引树的算法类型和数量。

对于SIFT和SURF算法，可使用下面代码来设置。

```
FLANN_INDEX_KDTREE = 1
index_params = dict(algorithm = FLANN_INDEX_KDTREE, trees = 5)
```

对于ORB算法，可使用下面代码来设置。

```
FLANN_INDEX_LSH = 6
index_params = dict(algorithm = FLANN_INDEX_LSH,table_number = 6, key_size =
12,multi_probe_level = 1)
```

- search_params：用于指定索引树的遍历次数，遍历次数越多，匹配结果越精确，通常将其值设置为50即可，如search_params = dict(checks=50)。

【例 8-9】以图 8-1 所示图像和 8-2 所示图像为例，使用 FLANN 匹配器进行特征匹配并绘制匹配结果图像，示例代码如下：

```
import cv2
import matplotlib.pyplot as plt
img1 = cv2.imread('pic/guanggu1.jpg',cv2.IMREAD_GRAYSCALE)
img2 = cv2.imread('pic/guanggu2.jpg',cv2.IMREAD_GRAYSCALE)
orb = cv2.ORB.create()                                      #设置 SIFT 特征点检测
kp1, des1 = orb.detectAndCompute(img1,None)     #检测特征点和计算描述符
kp2, des2 = orb.detectAndCompute(img2,None)     #检测特征点和计算描述符
FLANN_INDEX_LSH = 6     #定义 FLANN 参数
index_params= dict(algorithm = FLANN_INDEX_LSH,
                table_number = 6,
                key_size = 12,
                multi_probe_level = 1)
search_params = dict(checks=50)
flann = cv2.FlannBasedMatcher(index_params,search_params)#创建 FLANN 匹配器
matches = flann.match(des1,des2)                            #执行特征匹配
draw_params = dict(matchColor = (0,255,0),        #设置特征点和连线为绿色
                singlePointColor = (255,0,0),   #设置单个特征点为蓝色
                matchesMask = None,
                flags = cv2.DrawMatchesFlags_DEFAULT)
img3 = cv2.drawMatches(img1,kp1,img2,kp2,matches[:20],None,
**draw_params)                #绘制匹配结果图像
cv2.imshow('FlannBasedMatcher',img3)
cv2.waitKey(0)
```

运行结果如图 8-15 所示。

图 8-15　FLANN 匹配器特征匹配结果

8.3.3　对象查找

经过特征匹配后，可找到查询图像在训练图像中的最佳匹配结果，从而可在训练图像中精确查找到查询图像。获得最佳匹配结果后，调用 findHomography()函数获得训练图像的透视变换矩阵，再调用项目三介绍的 perspectiveTransform()函数将向量按照透视变换矩阵进行变换，可获得查询图像在训练图像中的位置。

findHomography()函数可用于对象查找，基本格式如下：

```
retv,mask=cv2.findHomography(srcPoints, dstPoints[, method[,
ransacReprojThreshold]])
```

说明如下。

- retv：返回的透视变换矩阵。
- mask：返回的查询图像在训练图像中的最佳匹配结果掩模。
- srcPoints：查询图像匹配结果的坐标。
- dstPoints：训练图像匹配结果的坐标。
- method：用于计算透视变换矩阵的方法。
- ransacReprojThreshold：允许的最大重投影误差。

【例 8-10】以图 8-1 所示图像和 8-2 所示图像为例，使用 findHomography()函数进行特征匹配并绘制匹配结果图像，实现对象查找。示例代码如下：

```
import cv2
import numpy as np
import matplotlib.pyplot as plt
img1 = cv2.imread('pic/guanggu1.jpg',cv2.IMREAD_GRAYSCALE)
img2 = cv2.imread('pic/guanggu2.jpg',cv2.IMREAD_GRAYSCALE)
orb = cv2.ORB.create()                                  #设置 ORB 特征点检测
kp1, des1 = orb.detectAndCompute(img1,None)      #检测特征点和计算描述符
kp2, des2 = orb.detectAndCompute(img2,None)      #检测特征点和计算描述符
bf = cv2.BFMatcher.create(cv2.NORM_HAMMING,crossCheck=True) #创建匹配器
ms = bf.match(des1,des2)                                      #执行特征匹配
ms = sorted(ms, key = lambda x:x.distance)                    #按距离排序
matchesMask = None
if len(ms)>10:  #在有足够数量的匹配结果后，才计算查询图像在训练图像中的位置
    querypts = np.float32([ kp1[m.queryIdx].pt for m in ms ]).reshape(-1,1,2)
#计算查询图像匹配结果的坐标
    trainpts = np.float32([ kp2[m.trainIdx].pt for m in ms ]).reshape(-1,1,2)
#计算训练图像匹配结果的坐标
    retv, mask = cv2.findHomography(querypts,trainpts, cv2.RANSAC)    #执行查询图像
和训练图像的透视变换
    matchesMask = mask.ravel().tolist()    #计算最佳匹配结果的掩模，用于绘制匹配结果图像
    h,w = img1.shape
    pts = np.float32([ [0,0],[0,h-1],[w-1,h-1],[w-1,0] ]).reshape(-1,1,2)
    #获取向量的透视变换矩阵，获得查询图像在训练图像中的位置
    dst = cv2.perspectiveTransform(pts,retv)
    #用白色矩形在训练图像中显示出查询图像的范围
    img2 = cv2.polylines(img2,[np.int32(dst)],True,(255,255,255),5)
#绘制内部连线（如果成功找到对象）或匹配特征点（如果失败）
img3 = cv2.drawMatches(img1,kp1,img2,kp2,ms,None,
                    matchColor = (0,255,0),        #用绿色绘制匹配特征点的连线
                    singlePointColor = None,
                    matchesMask = matchesMask,   #绘制掩模内的匹配结果
                    flags=cv2.DrawMatchesFlags_NOT_DRAW_SINGLE_POINTS)
cv2.imshow('findHomography', img3)
cv2.waitKey(0)
```

运行结果如图 8-16 所示。

图 8-16　对象查找结果

8.4　霍夫变换

8.4　霍夫变换

图像分析中一个常见问题是检测某些简单的线段、圆、椭圆。霍夫变换是一种特征提取技术，最初被设计用来检测图片中的线段，之后不仅能识别线段，也能够识别圆、椭圆等几何图形。尽管在某些情况下可以用于找到描述的特征，但其适用性会受到图像复杂性、参数设置以及噪声等因素的影响。因此，在实际应用中，需要根据具体任务和图像特性选择最合适的方法。

在 OpenCV 中，HoughLines()函数用于调用霍夫线变换，HoughLinesP()函数用于调用概率霍夫线变换，以及 HoughCircles()函数用于调用霍夫圆变换。

8.4.1　霍夫线变换

OpenCV 中 HoughLines()函数使用霍夫线变换算法检测图像中的线段，输入的图像必须是 8 位的单通道二值图像，通常会在霍夫线变换之前，对图像执行阈值处理或 Canny 边缘检测，其基本格式如下：

```
lines=cv2.HoughLines(image,rho,theta,threshold)
```

说明如下。

- lines：输出参数，检测到的线段，用极坐标空间表示。
- image：要检测的图像，必须是 8 位的单通道二值图像。
- rho：距离的精度，以像素为单位，通常值为 1。
- theta：角度的精度，通常值为 np.pi/180，表示搜索所有可能的角度。
- threshold：阈值。阈值越小，检测出的直线段越多，通常值为 0。

【例 8-11】以图 8-5 所示图像为例，用红色绘制查找到的线段，示例代码如下：

```
import cv2
import numpy as np
img=cv2.imread('pic/weiqi.jpg')                          #读取图像 shape6
cv2.imshow('original',img)                               #显示原图像
```

```
# gray=cv2.cvtColor(img,cv2.COLOR_BGR2GRAY)                #转换为灰度图像
edges = cv2.Canny(img,50,150,apertureSize =3)              #执行边缘检测
lines=cv2.HoughLines(edges,1,np.pi/180,150)                #霍夫线变换
for line in lines:                                         #逐条绘制直线段
    rho,theta=line[0]
    a=np.cos(theta)
    b=np.sin(theta)
    x0, y0 = a*rho, b*rho
    pt1 = ( int(x0+1000*(-b)), int(y0+1000*(a)) )          #计算直线段端点
    pt2 = ( int(x0-1000*(-b)), int(y0-1000*(a)) )          #计算直线段端点
    cv2.line(img, pt1, pt2, (0, 0,255), 2)                 #绘制直线段
cv2.imshow('HoughLines',img)                               #显示结果图像
cv2.waitKey(0)
```

运行结果如图 8-17 所示。

图 8-17　霍夫线变换结果

8.4.2 概率霍夫线变换

OpenCV 中的 HoughLinesP()函数可调用概率霍夫线变换。此函数在 HoughLines()函数的末尾加了一个代表概率的 P，表明它可以采用概率霍夫线变换来找出二值图像中的线段，是霍夫线变换的优化。概率霍夫线变换执行效率更高，而且输出参数为线段上的点坐标，比霍夫线变换的极坐标更直观，因此，在一般情况下，HoughLinesP()函数更为常用。该函数基本格式如下：

```
lines=cv2.HoughLinesP(image,rho,theta,threshold[,minLineLength[,maxLineGap]])
```

说明如下。

- lines：输出参数，检测到的线段，为 numpy.ndarray 类型，每个元素是一条线段上两个端点的坐标。
- image：原图像，必须是 8 位的单通道二值图像，通常会在进行概率霍夫线变换之前，对图像执行阈值处理或 Canny 边缘检测。
- rho：距离的精度（以像素为单位），通常值为 1。
- theta：角度的精度，通常值为 np.pi/180，表示搜索所有可能的角度。

- threshold：阈值，值越小则检测出的直线段越多。
- minLineLength：可接受的直线段的最短长度，如果有超过阈值个数的像素构成了一条线段，但是这条线段很短，就不会接受该线段作为检测结果，而认为这条线段的产生仅仅是由于图像中的若干个像素恰好随机构成直线关系。默认值为 0。
- maxLineGap：共线线段之间的像素的最大间隔。如果有超过阈值个数的像素构成了一条线段，但是这组像素之间的距离都很远，就不会接受该线段作为检测结果，而认为这条线段的产生仅仅是由于图像中的若干个像素恰好随机构成直线关系。默认值为 0。

【例 8-12】以图 8-5 所示图像为例，用蓝色绘制查找到的线段，示例代码如下：

```
import cv2
import numpy as np
img=cv2.imread('pic/weiqi.jpg')                                    #读取图像
cv2.imshow('original',img)                                         #显示原图像
gray=cv2.cvtColor(img,cv2.COLOR_BGR2GRAY)                          #转换为灰度图像
edges = cv2.Canny(gray,50,150,apertureSize =3)                     #执行边缘检测
lines=cv2.HoughLinesP(edges,1,np.pi/180,1,
                minLineLength=100,maxLineGap=10)                   #概率霍夫线变换
img3=img.copy()
for line in lines:                                                 #逐条绘制直线段
    x1,y1,x2,y2=line[0]
    cv2.line(img, (x1,y1), (x2,y2), (255, 0,0), 2)
cv2.imshow('HoughLinesP',img)                                      #显示结果图像
cv2.waitKey(0)
```

运行结果如图 8-18 所示，可以看出概率霍夫线变换的检测效果更好。

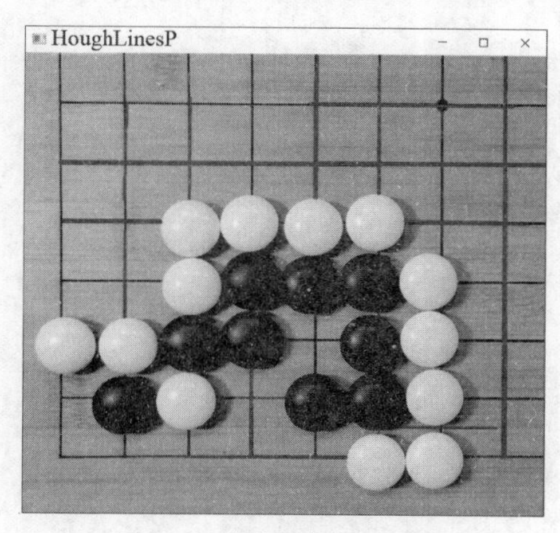

图 8-18　概率霍夫线变换结果

8.4.3　霍夫圆变换

OpenCV 中 HoughCircles()函数可利用霍夫圆变换查找图像中的圆，其基本格式如下：

```
circles=cv2.HoughCircles(image,method,dp,minDist
[param1[,param2[,minRadius[,maxRadius]]]])
```

说明如下。

- circles：返回的圆。数据类型为三元组，形式为(*x*,*y*,*radius*)。

- image：原图像，必须是 8 位的单通道二值图像。通常先对图像执行阈值处理或 Canny 边缘检测。
- method：查找方法，可选值为 cv2.HOUGH_GRADIENT 和 cv2.HOUGH_GRADIENT_ALT。
- dp：累加器分辨率，它与输入图像的分辨率成反比。例如，如果 dp=1，则累加器与输入图像的分辨率相同；如果 dp=2，则累加器的宽度和高度是输入图像的一半。
- minDist：霍夫圆变换检测到的圆的圆心之间的最短距离。
- param1：对应 Canny 边缘检测的高阈值（低阈值是高阈值的一半），默认值为 100。
- param2：表示在检测阶段圆心要累积多少个投票才能被认为是圆。较大的值意味着更准确的检测，但也可能导致遗漏一些圆。默认值是 100。
- minRadius：最小圆半径，半径小于该值的圆不会被检测出来。默认值为 0，此时该参数不起作用。
- maxRadius：最大圆半径，半径大于该值的圆不会被检测出来。默认值为 0，此时该参数不起作用。

【例 8-13】以图 8-5 所示图像为例，进行霍夫圆变换，示例代码如下：

```
import cv2
import numpy as np
img=cv2.imread('pic/weiqi.jpg')                                   #读取图像
cv2.imshow('original',img)                                        #显示原图像
gray=cv2.cvtColor(img,cv2.COLOR_BGR2GRAY)                         #转换为灰度图像
circles= cv2.HoughCircles(gray,cv2.HOUGH_GRADIENT,1,50,
                       param2=30,minRadius=10,maxRadius=40)#霍夫圆变换
circles = np.uint16(np.around(circles))
img2=img.copy()
for i in circles[0,:]:
    cv2.circle(img2,(i[0],i[1]),i[2],(0,255,0),2)                 #绘制圆
    cv2.circle(img2,(i[0],i[1]),2,(0,255,0),3)                    #绘制圆心
cv2.imshow('circles',img2)                                        #显示结果图像
cv2.waitKey(0)
```

运行结果如图 8-19 所示。

图 8-19　霍夫圆变换结果

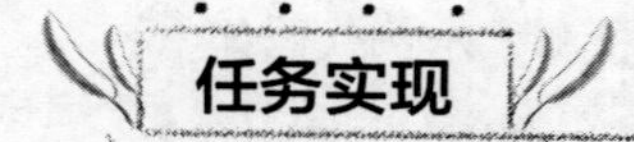

任务实现

【任务分析】

本项目要求将图 8-1 所示的光谷广场 1 和 8-2 所示的光谷广场 2 拼接在一起。由于两张图像的视角不同，需要对其中一张图像进行透视变换，将其转换为和另一张图像一样的视角，最后将图像拼接在一起，呈现在更大的画布上。本项目需要完成以下任务。

- 任务 1：特征点检测。
- 任务 2：特征匹配。
- 任务 3：对第二张图像进行透视变换。
- 任务 4：图像拼接。

【工作流程】

本项目的工作流程如图 8-20 所示。

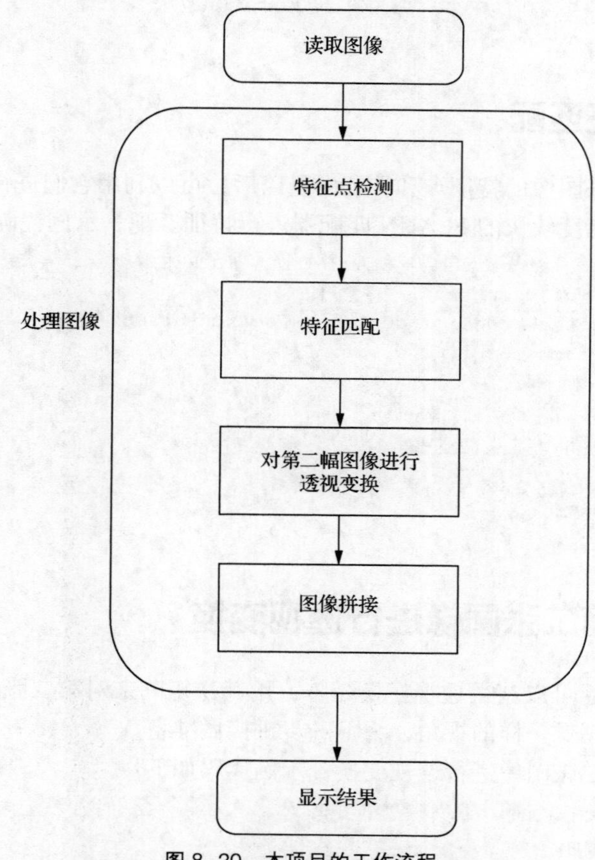

图 8-20　本项目的工作流程

任务 8.1　特征点检测

提取图像中的特征点，并对每个特征点周围的区域计算特征向量。可以使用 SIFT 算法或者 ORB 算法。

【例 8-14】用 ORB 算法对图 8-1 和图 8-2 所示图像进行特征点检测，示例代码如下：

```
import cv2
import numpy as np
from matplotlib import pyplot as plt
def show(name,img):
    cv2.imshow(name, img)
    cv2.waitKey(0)

MIN = 10
FLANN_INDEX_KDTREE = 0

imageA = cv2.imread('pic/guanggu1.jpg') #查询图像
imageB = cv2.imread('pic/guanggu2.jpg') #训练图像
orb= cv2.ORB.create()
kp1,descrip1 = orb.detectAndCompute(imageA,None)
kp2,descrip2 = orb.detectAndCompute(imageB,None)
```

任务 8.2　特征匹配

在分别提取好两张图像的特征点和特征向量以后，可以利用它们进行特征匹配。

【例 8-15】使用速度较快的 FLANN 匹配器进行特征匹配，示例代码如下：

```
indexParams = dict(algorithm = FLANN_INDEX_KDTREE, trees = 5)
searchParams = dict(checks=50)
flann=cv2.FlannBasedMatcher(indexParams,searchParams)
match=flann.knnMatch(descrip1,descrip2,k=2)
good=[]
#过滤特征点
for i,(m,n) in enumerate(match):
    if(m.distance<0.75*n.distance):
        good.append(m)
```

任务 8.3　对第二张图像进行透视变换

特征匹配完成之后可以获得透视变换矩阵，用其逆矩阵来对第二张图像进行透视变换，将其转换为和第一张图像一样的视角，为下一步拼接做准备。

【例 8-16】对第二张图像进行透视变换，示例代码如下：

```
#当筛选后的匹配对大于 10 时，计算视角变换矩阵
if len(good) > MIN:
    src_pts = np.float32([kp1[m.queryIdx].pt for m in good]).reshape(-1,1,2)
    ano_pts = np.float32([kp2[m.trainIdx].pt for m in good]).reshape(-1,1,2)
    #执行查询图像和训练图像的透视变换
    M,mask = cv2.findHomography(src_pts,ano_pts,cv2.RANSAC,5.0)
    #执行透视变换，获得查询图像在训练图像中的位置
    warpImg = cv2.warpPerspective(imageB, np.linalg.inv(M), (imageA.shape[1]+
imageB.shape[1], imageB.shape[0]))
    direct=warpImg.copy()
```

```
    imageA = direct[0:imageA.shape[0], 0:imageB.shape[1]]

cv2.imshow('warpPerspective', warpImg)#显示透视变换结果
```

运行结果如图 8-21 所示。

图 8-21　透视变换结果

任务 8.4　图像拼接

透视变换完成后就可以直接拼接图像了，将第一张图像通过 NumPy 直接加到透视变换后的第二张图像的左边，覆盖重合的部分，得到拼接图像。

【例 8-17】进行图像拼接，示例代码如下：

```
#将图像 A 传入 result 图像的最左端
imageA = warpImg[0:imageB.shape[0], 0:imageB.shape[1]]
cv2.imshow('result', warpImg)
cv2.waitKey(0)
```

直接拼接效果如图 8-22 所示。

图 8-22　直接拼接效果

提高与拓展

【提高】无缝拼接

从图 8-22 可以看出，直接拼接得到的图像有比较明显的接缝，这里还需要在图像之间实现平滑过渡。为了让左右两图拼接更自然，可以通过加权平均法，或者使用拉普拉斯金字塔进行图像融合。

【例 8–18】这里使用加权平均法对两张图像进行融合。把图 8-1 叠在左边，然后对图 8-1 和图 8-2 重叠部分进行加权处理，重叠部分离图 8-1 近的，图 8-1 的权重就高一些，离图 8-2 近的，图 8-2 的权重就高一些，然后把加权后的图像相加，使得两图平滑相接。示例代码如下：

```
    rows,cols=imageA.shape[:2]
    print(rows)
    print(cols)
    for col in range(0,cols):
        #开始重叠图像的最左端
        if imageA[:, col].any() and warpImg[:, col].any():
            left = col
            print(left)
            break

    for col in range(cols-1, 0, -1):
        #重叠图像的最右端
        if imageA[:, col].any() and warpImg[:, col].any():
            right = col
            break
    #加权处理
    res = np.zeros([rows, cols, 3], np.uint8)
    for row in range(0, rows):
        for col in range(0, cols):
            if not imageA[row, col].any():  #填充两张原图不重合的部分
                res[row, col] = warpImg[row, col]
            elif not warpImg[row, col].any():
                res[row, col] = imageA[row, col]
            else:
                srcImgLen = float(abs(col - left))
                testImgLen = float(abs(col - right))
                alpha = srcImgLen / (srcImgLen + testImgLen)
                res[row, col] = np.clip(imageA[row, col] * (1 - alpha) + warpImg[row, col]
* alpha, 0, 255)

    warpImg[0:imageA.shape[0], 0:imageA.shape[1]]=res
    show('res',warpImg)
```

最后的拼接效果如图 8-3 所示，图像无缝拼接形成一张全景图像，效果良好。

【拓展】VR 技术下的《清明上河图》，带你“穿越”回千年前的汴京

北宋张择端的《清明上河图》是中国乃至世界绘画史上独一无二的作品，属于国宝级文物。图 8-23 所示为《清明上河图》的局部。

图 8-23 《清明上河图》的局部

整张画卷反映的是北宋时期汴京（今河南开封）的风光，画卷描绘了清明时节北宋都城汴京的民俗风景。此画用笔兼工带写，设色淡雅，不同于一般的界画，即所谓“别成家数”。构图采用鸟瞰式全景法，以“散点透视法”组织画面。画中所描绘的景物，大至寂静的原野、浩瀚的河流、高耸的城郭；小到舟车里的人物、摊贩的陈设货物、市招上的文字，丝毫不失。全画可分为 3 段：

首段写市郊景色，茅檐低伏，阡陌纵横，其间人物往来。中段以“上土桥”为中心，另画汴河及两岸风光。中间那座规模宏敞、状如飞虹的木结构桥梁，概称“虹桥”，即“上土桥”。桥上车马来往如梭，商贩密集，行人熙攘。后段描写的是市区街道，城内商店鳞次栉比，街上行人摩肩接踵，车马轿驼络绎不绝。行人中有绅士、官吏、仆役、贩夫、走卒、车轿夫、作坊工人、说书艺人、理发匠、医生、看相算命者、贵家妇女、行脚僧人、顽皮儿童，甚至还有乞丐。他们衣冠各异，同在街上，而忙闲不一，苦乐不均。城中有牛、骡、驼、驴等牲畜，交通工具车、轿以及大小船只。房屋、桥梁、城楼等各有特色，体现了宋代建筑的特征。

《清明上河图》具有很高的历史价值和艺术价值，是一张中国古代民俗长卷，它基于长卷形式，以精妙工笔全景摄入北宋末期首都的城郊乡野、街道车马、河桥舟船、商铺民居，以及士农工商各业人物的市井百态，可谓北宋时期的“百科全书”。

从 1949 年起，《清明上河图》就保存在故宫博物院。直到 2002 年，上海博物馆为庆祝建馆五十周年举办 72 件国宝展，《清明上河图》再一次“出宫”，受到了热烈欢迎。

如今，VR 技术让这张国宝画卷“动了起来”，在各地巡回展出，带着参观者“穿越”回千年前的汴京。2011 年，动态版《清明上河图》于新加坡迎来海外首秀，数十万人前来观展。

VR 技术是什么？

VR（Virtual Reality）技术，即虚拟现实技术，又称虚拟实境技术或灵境技术，是 20 世纪发展起来的一项全新的实用技术。VR 技术涉及计算机、电子信息、仿真等技术，其基本实现方式是以计算机技术为主，利用并综合三维图形技术、多媒体技术、仿真技术、显示技术、伺服技术等多种高科技的发展成果，借助计算机等设备创造一个可提供三维视觉、触觉、嗅觉等多种感觉的、逼真的虚拟世界，从而使处于虚拟世界中的人产生一种身临其境的感觉。

VR 技术可以让人们深化理解，扩展思维空间。当一种古老的艺术品碰上 VR 技术时，数年前的繁华重现，让人身临其境。可以说，VR 技术为传统文化艺术的传承赋予了新的活力。

思考与练习

1. 单选题

（1）特征点检测是计算机视觉中的一项任务，它的主要作用是（ ）。

A. 图像分类　　B. 物体检测
C. 特征提取和描述　　D. 图像分割

（2）下列算法常用于角点检测的（ ）。

A. SIFT　　B. SURF
C. 哈里斯角点检测　　D. HOG

（3）在特征匹配中，描述符是用来表示特征点的局部特征信息的，下列描述符常用于特征匹配的（ ）。

A. HOG　　B. LBP　　C. ORB　　D. Canny

（4）下列算法中常用于实现特征匹配中的尺度不变的是（ ）。

A. SIFT　　B. SURF
C. 哈里斯角点检测　　D. HOG

（5）下列特征点检测算法中具有旋转不变性的是（ ）。

A. SIFT　　B. FAST
C. 哈里斯角点检测　　D. LBP

（6）在特征匹配中，常用的匹配度量指标是两个特征描述符之间的（ ）。

A. 欧氏距离　　B. 余弦相似度　　C. 马氏距离　　D. 绝对值差

（7）下列算法中常用于特征点的快速检测的是（ ）。

A. SIFT　　B. SURF
C. 哈里斯角点检测　　D. HOG

2. 判断题（描述正确填 T，描述有误填 F）

（1）角点是图像中灰度变化较大的区域。（ ）

（2）SIFT 算法是一种常用的特征点检测算法。（ ）

（3）哈里斯角点检测对图像旋转、尺度缩放、亮度变化等保持不变性。（ ）

（4）特征匹配的目标是找到两张图像中相同的特征点。（ ）

（5）特征点检测算法具有尺度不变性。（ ）

（6）特征匹配中，欧氏距离越短表示两个特征描述符越相似。（ ）

（7）概率霍夫线变换输出参数为直线段上的极坐标。（ ）

（8）ORB 特征点检测在 FAST 特征点检测基础上进行了改进，性能可以达到实时检测的要求。（ ）

（9）对于大型数据集，FLANN 匹配器的运行速度比暴力匹配器的更快。（ ）

（10）暴力匹配器的输入图像必须是二值图像。（ ）

3. 简答题

（1）什么是特征点，有哪 3 大类？

（2）请简要解释特征点检测的作用和应用领域。

（3）请简述哈里斯角点检测算法的原理及该算法在计算机视觉中的应用。

（4）简述 SIFT 特征点检测的基本步骤。

（5）简述使用暴力匹配器进行特征匹配的步骤。

4．应用题

（1）以图 8-24 所示图像为例，检测出所有的线段。

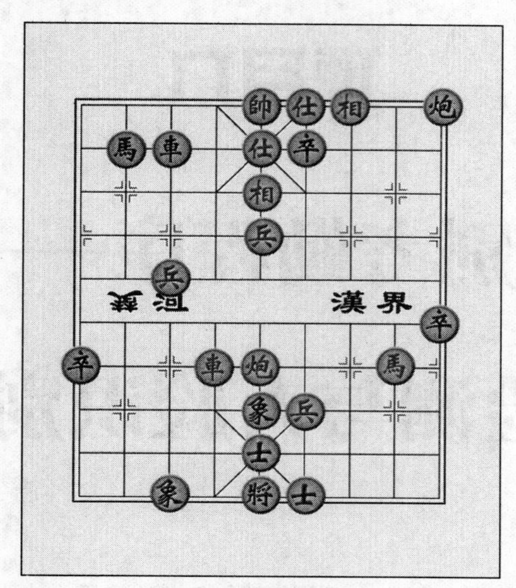

图 8-24　中国象棋

（2）以图 8-24 所示图像为例，用 Shi-Tomasi 角点检测查找出图像中的角点，注意设置合适的阈值。

（3）以图 8-24 所示图像为例，采用 ORB 特征点检测查找出图像中的角点。

（4）以图 8-24 所示图像和图 8-25 所示图像为例，应用 ORB 特征点检测和暴力匹配器，进行特征匹配。

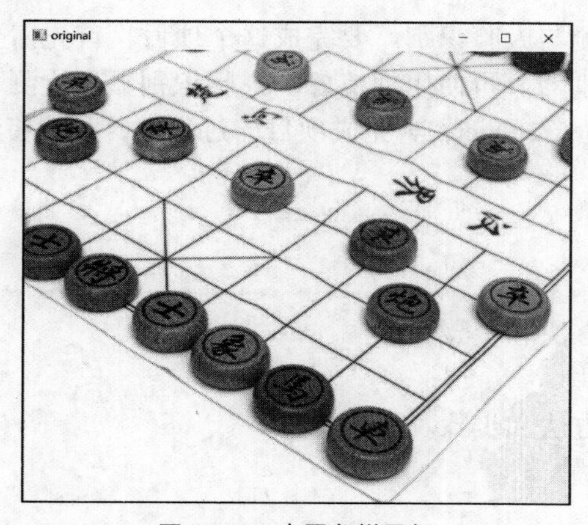

图 8-25　中国象棋局部

项目九

人脸识别考勤程序——人脸检测与人脸识别

人脸检测是一种特殊的目标检测。人脸检测有极多的应用需求，而且由于人脸的特殊性，如目标比较小、特征不明显、面部表情变化、遮挡或光照条件等，对计算机来说是很大的挑战。因此对于人脸检测和人脸识别，已经研究出来很多算法。

人脸识别是 AI 领域的一项拥有极高的实用价值与良好的发展前景的技术，在近年来，通过国内外科技公司与科研机构的努力，人脸识别技术已经取得了重大进展，在正确率高的同时，其应用也越来越广泛，例如小区智能门禁、手机“刷脸”登录与支付等，让我们的生活更为便捷。

本项目将介绍人脸检测与人脸识别。要完成这个项目，首先需要采集人脸图像，这些人脸图像将用于训练人脸识别器。再使用训练好的人脸识别器来检测和识别人脸，并记录考勤时间和姓名。在使用 Python 和 OpenCV 完成项目的过程中，我们将学习两种人脸检测方法和 3 种人脸识别方法。

知识目标

了解人脸检测的基本方法和步骤。

掌握两种人脸检测方法。

了解人脸识别的基本方法和步骤。

掌握 3 种人脸识别方法。

技能目标

能灵活应用人脸检测算法实现人脸采集功能。

能灵活应用人脸识别算法实现考勤程序。

情景描述

人脸在视觉交流中起着重要作用，这是由于人脸中包含大量非语言信息，例如情感年龄、性别、沟通意图等。人脸检测与识别技术一直都是计算机视觉的热门课题，从手机解锁、移动支付、校园门禁、自动驾驶到公安部天网系统，人脸检测与识别技术的应用范围非常广泛。

本项目需要完成两个任务。

一是编写采集人脸图像的程序，运行结果如图 9-1 所示。从摄像头拍摄的照片中检测出人脸图像，再将人脸图像保存为文件，如图 9-2 所示。

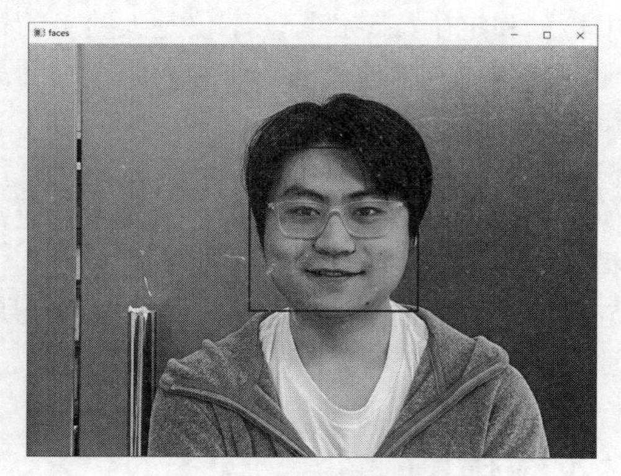

图 9–1　采集人脸图像

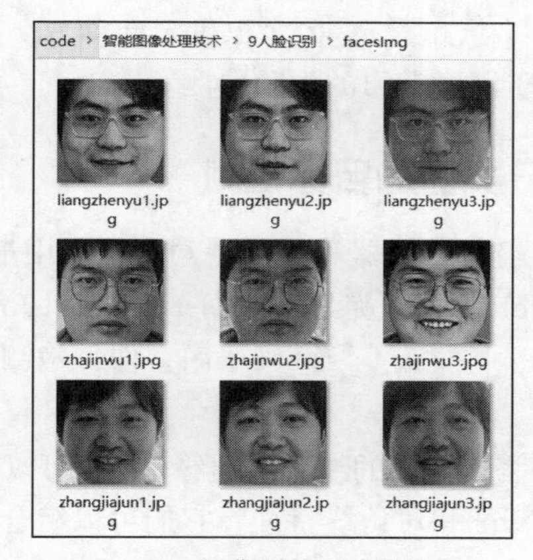

图 9–2　采集到的人脸图像集

二是编写人脸识别考勤程序，识别人脸，记录姓名和考勤时间。人脸识别考勤如图 9-3 所示。

图 9–3　人脸识别考勤

人脸检测（Face Detection）和人脸识别（Face Recognition）是人脸图像处理中两个不同的任务。

人脸检测是指在图像或视频中自动地检测和定位人脸，属于目标检测中的一个领域。目标检测是指在图像或视频中检测和定位特定目标（不仅是人脸）的过程，目标可以是行人、车辆、建筑物或其他感兴趣的物体。人脸检测通常作为人脸识别的前置步骤，用于提取人脸区域以供后续的特征提取和识别操作。

人脸识别是指对已经检测到的人脸进行身份识别，其目标是将检测到的人脸图像与事先存储在数据库中的人脸图像进行比对，从而确定身份。人脸识别通常涉及特征提取和特征匹配操作，其中特征提取是指从人脸图像中提取出一组具有代表性的特征向量，而特征匹配操作是指将提取的特征向量与数据库中的人脸特征进行比对，以确定所匹配的身份。

9.1　人脸检测

9.1　人脸检测

对于人脸检测，OpenCV 提供了两种方法：基于 Haar 级联分类器的人脸检测和基于深度学习的人脸检测。

9.1.1　基于 Haar 级联分类器的目标检测

Haar Cascade 算法（Haar 级联分类器算法）是 OpenCV 中最强大的目标检测算法之一。2001 年保罗 · 维奥拉（Paul Viola）和迈克尔 · 琼斯（Michael Jones）在 CVPR 上发表了一篇经典的论文，提出了这个算法。该算法不但准确率高，而且检测速度快。

1. Haar 特征模型

Haar 特征模型可以有效地表示图像的纹理和边缘信息。可以笼统地把这些信息分成 3 类，即边缘特征、线性特征、中心特征和对角线特征，它们可以组合成特征模型。Haar 特征模型如图 9-4 所示。

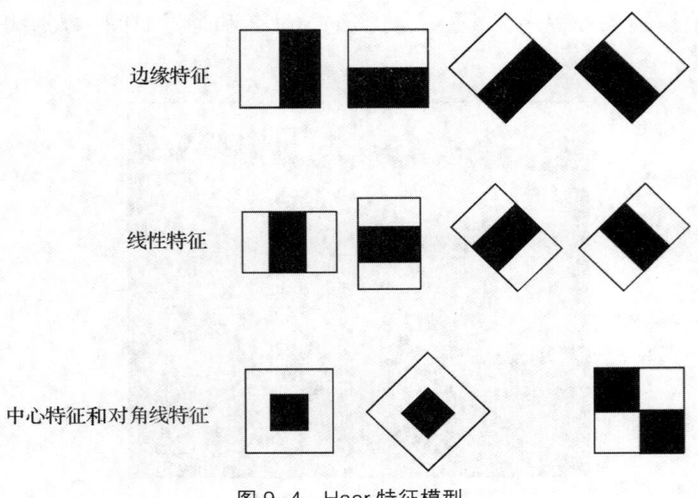

图 9-4　Haar 特征模型

脸部的一些特征能由线性特征简单地描述，如：眼睛比脸颊颜色要深，鼻梁两侧比鼻梁颜色要深，嘴巴比周围颜色要深等，如图 9-5 所示。Haar 特征模型在人脸检测领域中可以局部地契合图像特征。

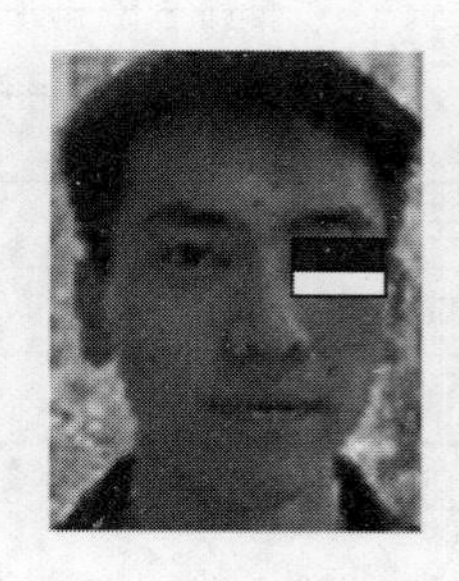
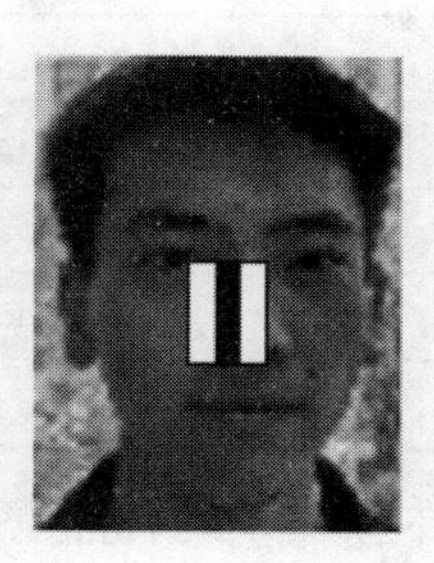

图 9–5　脸部的一些特征

2. 级联分类器

级联分类器是一组弱分类器的串联。这些弱分类器是针对同一个训练集训练的不同分类器，一次只检查图像的一部分，将这些弱分类器集合起来，构成一个更强的最终分类器（强分类器）。可以类比淘金过程，淘一遍后，沙子和金子仍然混合在一起，将其放入另一个筛子，再筛一遍，反复这个过程，最终筛出金子（成功捡到黄金）。一个筛子可以被看作一个弱分类器，多个筛子组成强分类器。

3. 基于 Haar 级联分类器的人脸检测

Haar 的本质是一种监督学习，只要加载对应的预训练模型，即 Haar 特征描述文件，就可以实现人脸检测。准备好 Haar 特征描述文件，其扩展名为.xml。接下来只需要简单的 3 步就可以检测人脸。

（1）加载 Haar 特征描述文件，创建检测器对象。

（2）调用检测器对象的 detectMultiScale()函数，执行检测。

（3）根据检测结果标注目标位置。

OpenCV 提供了多种 Haar 特征描述文件，可用于检测多种目标，除了用于检测人脸，还可以用于检测眼睛、猫脸、车牌号等，如表 9-1 所示。

表 9–1　Haar 特征描述文件

Haar 特征描述文件	检测用途
haarcascade_eye_tree_eyeglasses.xml	眼镜
haarcascade_eye.xml	眼睛
haarcascade_frontalcatface_extended.xml	猫脸
haarcascade_frontalcatface.xml	猫脸
haarcascade_frontalface_alt2.xml	人脸（快速 Harr）
haarcascade_frontalface_alt_tree.xml	人脸
haarcascade_frontalface_alt.xml	人脸
haarcascade_frontalface_default.xml	人脸（默认）
haarcascade_fullbody.xml	全身
haarcascade_lefteye_2splits.xml	左眼
haarcascade_licence_plate_rus_16stages.xml	车牌号

续表

Haar 特征描述文件	检测用途
haarcascade_lowerbody.xml	下半身
haarcascade_profileface.xml	侧脸
haarcascade_righteye_2splits.xml	右眼
haarcascade_russian_plate_number.xml	车牌号
haarcascade_smile.xml	微笑
haarcascade_upperbody.xml	上半身

可以从以下途径获取 Haar 特征描述文件。

（1）安装好 OpenCV 后，Haar 特征描述文件一般就保存在本机的 Python 文件夹 Python\Lib\site-packages\cv2\data\haarcascade 中。

（2）在 OpenCV 源代码中的 data\haarcascade 文件夹中也可以获取。

CascadeClassifier()函数可用于加载 Haar 特征描述文件，返回级联分类器对象，其基本格式如下：

```
faceClassifier=cv2.CascadeClassifier(filename)
```

说明如下。

- faceClassifier：返回的级联分类器对象。
- filename：Haar 特征描述文件的路径及名称。

级联分类器对象的 detectMultiScale()函数可用于执行检测，其基本格式如下：

```
objects=faceClassifier.detectMultiScale(image[,scaleFactor[,minNeighbors[,flags
[,minSize[,maxSize]]]]])
```

说明如下。

- objects：返回的目标矩形，形式为(x,y,w,h)，即左上角的横、纵坐标，以及宽度和高度。
- image：输入图像，通常为灰度图像。
- scaleFactor：可选参数，图像缩放比例。
- minNeighbors：可选参数，构成目标矩形的最少相邻矩形个数。
- flags：可选参数，在 OpenCV 1.x 中使用，高版本中通常省略该参数。
- minSize：可选参数，目标矩形的最小尺寸。
- maxSize：可选参数，目标矩形的最大尺寸。

可以通过调节 detectMultiScale()函数的参数来提高人脸识别准确率。该函数的 minSize 和 maxSize 参数用于设置最小尺寸（小于 minSize 的对象将不被检测到）和最大尺寸（大于 maxSize 的对象将不被检测到）。

【例 9-1】以图 9-6 所示图像为例，实现人脸检测，并用矩形标注出人脸的位置，示例代码如下：

```
import cv2
img=cv2.imread('pic/photo.jpg')                          #读取输入图像
gray = cv2.cvtColor(img,cv2.COLOR_BGR2GRAY)              #转换为灰度图像
#加载人脸检测器
face = cv2.CascadeClassifier('model/haarcascade_frontalface_alt.xml')
faces = face.detectMultiScale(gray)                      #执行人脸检测
for x,y,w,h in faces:
```

```
    cv2.rectangle(img,(x,y),(x+w,y+h),(0,255,0),2)    #绘制矩形标注人脸
cv2.imshow('faces',img)                                #显示检测结果
cv2.waitKey(0)
```

图 9-6　人脸图像

运行结果如图 9-7 所示，绿色方框内为标记出来的人的脸部。

图 9-7　基于 Haar 级联分类器的人脸检测结果

【例 9-2】以图 9-6 所示图像为例，在人脸范围内检测眼睛，用圆标示眼睛的位置，示例代码如下：

```
import cv2
img=cv2.imread('pic/photo.jpg')                          #读取输入图像
gray = cv2.cvtColor(img,cv2.COLOR_BGR2GRAY)              #转换为灰度图像
#加载人脸检测器
face = cv2.CascadeClassifier('model/haarcascade_frontalface_alt.xml')
#加载眼睛检测器
eye = cv2.CascadeClassifier('haarcascade_eye.xml')
```

```
faces = face.detectMultiScale(gray)                        #执行人脸检测
for x,y,w,h in faces:
    cv2.rectangle(img,(x,y),(x+w,y+h),(255,0,0),2)         #绘制矩形标注人脸
    roi_eye = gray[y:y+h, x:x+w]                           #在人脸范围内检测眼睛
    eyes = eye.detectMultiScale(roi_eye)                   #检测眼睛
    for (ex,ey,ew,eh) in eyes:                             #用圆标注眼睛
        cv2.circle(img[y:y+h, x:x+w],(int(ex+ew/2),
                int(ey+eh/2)),int(max(ew,eh)/2),(0,255,0),2)
cv2.imshow('faces',img)                                    #显示检测结果
cv2.waitKey(0)
```

运行结果如图 9-8 所示。图中用绿色圆标出了眼睛。

图 9-8　基于 Haar 级联分类器的眼睛检测结果

9.1.2　基于深度学习的人脸检测

除了基于 Haar 级联分类器的人脸检测外，早在 2017 年 9 月，OpenCV 3.3 就引入了深度神经网络（Deep Neural Network，DNN）模块。该模块支持多种开源深度学习框架，包括 TensorFlow、Caffe 等，兼容热门网络 ResNet、VGG、.NET、InceptionResNetV2、MobileNet 等。

利用 OpenCV 的 DNN 模块，我们可以直接加载预训练好的模型进行检测，开发简单、高效，而不需要花费成千上万张图像和数小时来训练神经网络模型，而且基于深度学习的人脸检测准确率比之前的级联分类器的更高。

1. 基本检测步骤

（1）加载预训练模型，创建检测器。

（2）将待检测图像转换为图像块数据。

（3）将图像块数据设置为模型的输入数据。

（4）执行前向推理，进行目标检测任务。

（5）根据检测结果（标签、可信度、目标位置坐标），在原图像中标注人脸。

2. 以 TensorFlow 框架为例进行详细讲解

（1）使用 TensorFlow 预训练模型执行人脸检测，首先需要调用 readNetFromTensorflow() 函数加载以下两个文件。

- opencv_face_detector_uint8.pb：包含网络结构、权重的预训练模型文件。
- opencv_face_detector.pbtxt：定义模型结构的配置文件。

模型文件和配置文件可从哪里获得？

OpenCV 源代码中的 sources\samples\dnn\face_detector 文件夹中提供了配置文件 pbtxt，但未提供训练模型文件。可运行该文件夹中的 download_weights.py 下载训练模型文件。

其中，readNetFromTensorflow()是 OpenCV 中 dnn 模块的一个函数，用于从 TensorFlow 模型文件中加载预训练的神经网络模型，其基本格式如下：

```
net = cv2.dnn.readNetFromTensorflow(model[, config])
```

说明如下。

- model：TensorFlow 模型文件的路径，该文件通常使用.pb 作为扩展名。
- config：可选参数，模型的配置文件路径，该文件通常使用.pbtxt 作为扩展名。如果模型文件中已经包含网络结构的信息，则可以省略该参数。但是，如果模型文件只包含权重信息，而没有网络结构的信息，则需要提供对应的配置文件。
- net：返回值，加载的神经网络模型。

（2）调用 blobFromImage()函数，将待检测图像转换为图像块数据。

blobFromImage()是 OpenCV 中 dnn 模块的一个函数，用于将输入图像转换为神经网络模型所需的 blob 格式，其基本格式如下：

```
blob = cv2.dnn.blobFromImage(image[, scalefactor[, size[, mean[, swapRB[, crop]]]]])
```

说明如下。

- image：输入的图像数据。
- scalefactor：可选参数，缩放因子，用于与输入图像的像素值相乘。默认值为 1.0，表示不进行缩放。
- size：可选参数，输出的 blob 大小，指定为(width, height)的元组。默认值为(0, 0)，表示保持输入图像的尺寸不变。
- mean：可选参数，均值减法的参数，用于指定每个通道的像素值应减去的均值。默认值为(0, 0, 0)，表示不进行均值减法。
- swapRB：可选参数，布尔值，表示是否交换图像的红色（R）通道和蓝色（B）通道。默认值为 False，表示不进行通道交换。
- crop：可选参数，布尔值，表示是否对输入图像进行中心裁剪。默认值为 False，表示不进行裁剪。
- blob：返回值，是一个多维数组，通常作为神经网络模型的输入数据。

> **注意：**blobFromImage()函数通常用于对输入图像进行预处理，以符合神经网络模型的输入要求。不同的模型可能对输入的大小、缩放因子、均值减法等有不同的要求，因此需要根据具体模型的要求来选择合适的参数值。

blobFromImage()函数输入图像的颜色通道顺序通常是蓝、绿、红（B、G、R），而不是常见的红、绿、蓝（R、G、B）。如果需要将通道顺序转换为 R、G、B，可以将 swapRB 参数的值设置为 True。

（3）调用检测器的 setInput()函数，将图像块数据设置为模型的输入数据。

setInput()函数的作用是将输入数据设置到神经网络模型的输入层，以供后续的前向推理使用，其基本格式如下：

```
setInput(blob[, name[, scalefactor[, mean[, size[, swapRB[, crop]]]]]])
```

说明如下。

- blob：一个包含输入数据的多维数组，通常是通过 blobFromImage()函数生成的。
- name：可选参数，输入层名称或索引。默认值为""，表示使用神经网络模型的默认输入层。
- scalefactor：可选参数，缩放因子，用于与输入图像的像素值相乘。默认值为 1.0，表示不进行缩放。
- mean：可选参数，均值减法的参数，用于指定每个通道的像素值应减去的均值。默认值为空元组，表示不进行均值减法。
- size：可选参数，输出的 blob 大小，指定为(width, height)的元组。默认值为空元组，表示保持输入图像的尺寸不变。
- swapRB：可选参数，布尔值，表示是否交换图像的红色（R）通道和蓝色（B）通道。默认值为 False，表示不进行通道交换。
- crop：可选参数，布尔值，表示是否对输入图像进行中心裁剪。默认值为 False，表示不进行裁剪。

（4）调用检测器的 forward()函数执行向前推理，进行目标检测任务。

forward()函数是用于执行神经网络模型的前向推理的函数，其基本格式如下：

```
output = forward([names])
```

说明如下。

- names：可选参数，一个包含输出层名称或索引的列表。默认值为 None，表示返回所有输出层的结果。
- output：返回值，前向推理的结果，通常是一个多维数组或一个包含多个多维数组的列表，表示检测到的一个或多个人脸的位置坐标。

（5）根据检测结果（标签、可信度、目标位置坐标），在原图像中标注人脸。

遍历 forward()检测到的人脸坐标列表，用 rectangle()函数绘制出人脸的外接矩形框。

【例 9-3】以图 9-6 所示图像为例，应用基于 TensorFlow 的人脸检测，示例代码如下：

```
import cv2
import numpy as np
img = cv2.imread("pic/photo.jpg")                        #读取图像
h, w = img.shape[:2]                                     #获得图像尺寸
dnnnet  =  cv2.dnn.readNetFromTensorflow("model/opencv_face_detector_uint8.pb",
"model/opencv_face_detector.pbtxt")
blobs = cv2.dnn.blobFromImage(img, 1.0, (300, 300), #创建图像块数据
                    [104., 117., 123.], False, False)
dnnnet.setInput(blobs)                                   #将块数据设置为输入
detections = dnnnet.forward()                            #执行计算，获得检测结果列表
for i in range(0, detections.shape[2]):                  #可能返回多个人脸检测结果，遍历
    confidence = detections[0, 0, i, 2]                  #获得可信度
    if confidence > 0.6:                                 #输出可信度高于 60%的结果
        box = detections[0, 0, i, 3:7] * np.array([w, h, w, h]) #获得人脸在图像中的坐标
        x1,y1,x2,y2 = box.astype("int") #目标位置
        cv2.rectangle(img, (x1, y1), (x2, y2), (255, 0, 0), 2)#标注人脸范围
cv2.imshow('faces',img)
cv2.waitKey(0)
```

运行结果如图 9-9 所示，可以看出标记出的脸部区域与基于 Haar 级联分类器检测的相比更加精确。

以图 9-10 所示图像为例，检测人脸。图中两个人的脸部都是斜侧的，先试着使用基于 Haar 级联分类器的人脸检测方法，通过加载正脸、侧脸的 Haar 特征描述文件，调整 detectMultiScale() 函数的 minNeighbors、minSize 参数，但是都没有检测到人脸。

图 9-9　基于 TensorFlow 的人脸检测结果

【例 9-4】以图 9-10 所示图像为例，使用基于深度学习的人脸检测方法，在图中标识出可信度，将可信度转换为百分制，用 putText()函数显示在矩形区域上方，结果如图 9-11 所示。示例代码如下：

```
    import cv2
    import numpy as np
    import time
    from matplotlib import pyplot as plt
    dnnnet  =  cv2.dnn.readNetFromTensorflow("model/opencv_face_detector_uint8.pb",
"model/opencv_face_detector.pbtxt")
    img=cv2.imread('pic/profileface.jpg')                    #读取图像
    h, w = img.shape[:2]                                     #获得图像尺寸
    blobs = cv2.dnn.blobFromImage(img, 1.0, (300, 300), #创建图像块数据
                        [104., 117., 123.], False, False)
    dnnnet.setInput(blobs)                              #将块数据设置为输入
    detections = dnnnet.forward()                       #执行计算，获得检测结果
    print(detections)
    faces = 0
    for i in range(0, detections.shape[2]):             #迭代，输出可信度高的人脸检测结果
        confidence = detections[0, 0, i, 2]             #获得可信度
        if confidence > 0.6:                            #输出可信度高于 60%的结果
            faces += 1
            box = detections[0, 0, i, 3:7] * np.array([w, h, w, h]) #获得人脸在图像中的坐标
            x1,y1,x2,y2 = box.astype("int")
            y = y1 - 10 if y1 - 10 > 10 else y1 + 10          #计算可信度输出位置
            text = "%.3f"%(confidence * 100)+'%'
            cv2.rectangle(img, (x1, y1), (x2, y2), (255, 0, 0), 2)#标注人脸范围
```

```
        cv2.putText(img,text, (x1, y),                    #输出可信度
                    cv2.FONT_HERSHEY_SIMPLEX, 0.9, (0, 0, 255), 2)
    cv2.imshow('faces',img)
    cv2.waitKey(0)
```

图 9-10 照片

图 9-11 基于深度学习的人脸检测结果

9.1.3 人脸检测方法的比较

人脸检测方法有多种，每种方法都有其优势和适用场景。在实际应用中，选择合适的人脸检测方法需要综合考虑具体的场景需求，如检测的性能要求、数据集的多样性等。这里我们对两种常见人脸检测方法进行比较。

1. 基于 Haar 级联分类器的人脸检测

优点：架构简单、速度快，可以检测不同比例的目标。模型小、计算要求低，因此可以轻松地在嵌入式设备上运行。

缺点：只能分别检测正面和侧面的人脸图像，容易出现误报检测。

虽然有很多其他方法的准确率会超越它，不过对于准确率要求不太高的场景还是比较适合的。

2. 基于深度学习的人脸检测

利用现代深度学习算法，检测既准确又快速；适用于不同人脸方向（包括上、下、左、右等）的人脸检测，甚至在人脸被部分遮挡下仍能工作；可以检测各种尺度的人脸。

9.2 人脸识别

9.2 人脸识别

目前 OpenCV 中人脸识别算法没有被集成在基础模块中，而是被放在扩展模块（opencv-contrib-python）中。扩展模块保存的是功能未稳定的算法，或者由于专利保护期而不能放在基础模块中的算法，包括脸部识别、文本识别、边缘检测、追踪等算法。要使用人脸识别算法，需要安装 OpenCV 扩展模块。

可以在“命令提示符”窗口中使用 pip 命令安装 OpenCV 扩展模块，命令如下：

```
pip install opencv-contrib-python
```

提示，如果速度较慢，建议从国内源进行安装，例如：

```
pip install opencv-contrib-python  -i https://pypi.tuna.tsinghua.edu.cn/simple
```

OpenCV 目前支持多种人脸识别算法，以下是一些常用的人脸识别算法。

- Eigenfaces（特征脸）：一种经典的人脸识别算法，它使用主成分分析（PCA）对人脸

图像数据进行特征提取。

- Fisherfaces（线性判别分析）：一种基于线性判别分析的人脸识别算法。
- LBPH（局部二值模式直方图）：一种基于纹理特征的人脸识别算法。它通过计算人脸图像中每个像素的局部二值模式并构造直方图来进行人脸识别。

根据具体的需求和应用场景可以选择合适的算法来实现人脸识别任务，接下来详细讲解这些算法使用方法。

9.2.1　基于特征脸的人脸识别

特征脸是指用于人脸识别的一组特征向量。特征脸识别方法在 1987 年首次被提出，后来由麻省理工学院媒体实验室的马修·特克（Matthew Turk）和亚历克斯·彭特兰（Alex Pentland）将其用于人脸识别。特征脸识别方法是将人脸识别推向真正可用的第一种方法。这里简单介绍基于特征脸的人脸识别的原理。

1. 基于特征脸的人脸识别原理

（1）收集一组人脸图像集作为训练样本，集合包含不同人脸的多个样本，并且每个样本应包含相同的人脸动作和表情，如图 9-12 所示。

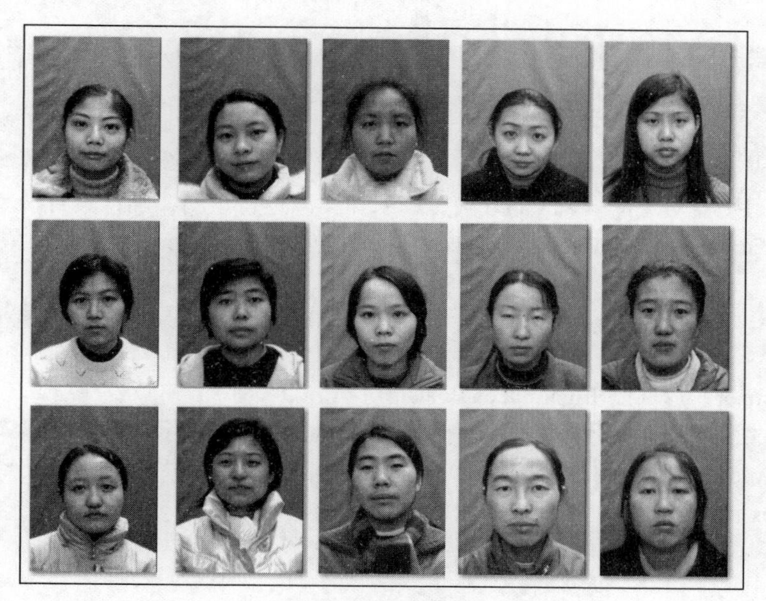

图 9-12　人脸图像集

（2）计算得到人脸平均图像，即把集合中所有图像遍历一遍进行累加，然后取平均值，得到的人脸平均图像如图 9-13 所示。

图 9-13　人脸平均图像

（3）计算每张人脸图像和人脸平均图像的差值，即用集合里的每个人脸图像减去步骤（2）中的人脸平均图像。

（4）用协方差矩阵计算特征向量。这些特征向量如果转换成图像矩阵来显示的话很像人脸，所以称为特征脸，如图 9-14 所示。

（5）识别人脸。

输入要识别的人脸图像，遍历特征脸集合，求该图像与第 k 个特征脸的欧氏距离，当距离小于阈值时，认为要判别的人脸和训练集内的第 k 个人脸是同一个人的。

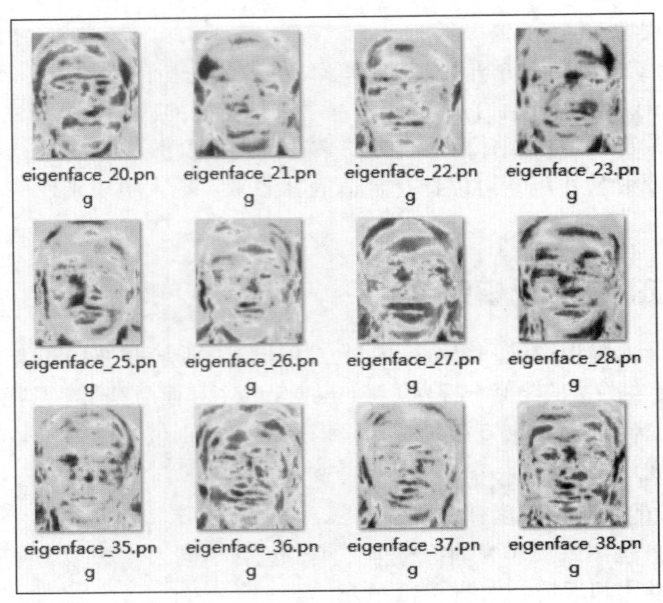

图 9-14　特征脸

2. 人脸识别的基本步骤

在 OpenCV 中，人脸识别的基本步骤如下。

（1）先创建识别器对象。

（2）调用识别器对象的 train()方法，用已知图像训练模型。

（3）调用识别器对象的 predict()方法，用未知图像进行预测，确认其身份。

调用 cv2.face.EigenFaceRecognizer.create()函数创建 EigenFaces 识别器对象，函数的基本格式如下：

```
recognizer=cv2.face.EigenFaceRecognizer.create([num_components[,threshold]])
```

说明如下。

- recognizer：返回的 EigenFaces 识别器对象。
- num_components：分析时的分量个数，默认值为 0，表示根据实际输入决定。
- threshold：人脸识别时采用的阈值。

EigenFaces 识别器对象的 train()方法的基本格式如下：

```
recognizer.train(src,labels)
```

说明如下。

- src：用于训练的已知图像数组。所有图像必须为灰度图像，且大小要相同。
- labels：标签数组，每个标签必须是整型。标签数组与训练图像数组中的人脸一一对应，同一个人的人脸标签应设置为相同值。

EigenFaces 识别器对象的 predict()方法的基本格式如下：

```
label,confidence=recognizer.predict(testimg)
```

说明如下。

- testimg：待识别的人脸图像。必须为灰度图像，且与训练图像大小相同。
- label：返回的标签值。predict()方法在对一张待测人脸图像进行判断时，会寻找与当前图像距离最近的人脸图像。与哪张人脸图像距离最近，就将待识别人脸图像识别为其对应的人脸图像。

- confidence：返回值，表示识别结果的可信度或置信度分数。0 表示完全匹配，具体的结果会因算法实现和数据集特性而有所不同。因此，在应用中要根据具体情况进行实际测试和验证。

进行识别之前，需要准备一个包含多张人脸图像的训练图像集，每张人脸图像需要对齐并适当裁剪，确保人脸位置和尺寸的一致性。

【例 9-5】准备好训练图像，如图 9-15 所示，以及测试图像，如图 9-16 所示。进行人脸识别，示例代码如下：

```
import cv2
import numpy as np

#读取图像，要求人脸图像大小一致
face0_1=cv2.imread('faces/zhajinwu1.jpg',0)        #读取为灰度图像
face0_2=cv2.imread('faces/zhajinwu2.jpg',0)
face1_1=cv2.imread('faces/liangzhenyu1.jpg',0)
face1_2=cv2.imread('faces/liangzhenyu2.jpg',0)
train_images=[face0_1,face0_2,face1_1,face1_2]  #创建训练图像数组
labels=np.array([1,1,2,2])                      #创建标签数组，标签值类型为整型
#字典，保存标签与其对应的姓名
nameLabels={1:"zhajinwu",2:"liangzhenyu"}
#创建 EigenFaces 识别器
recognizer=cv2.face.EigenFaceRecognizer.create()
recognizer.train(train_images,labels)

faceROI=cv2.imread('faces/zhajinwu3.jpg',0)          #读取测试图像
label,confidence=recognizer.predict(faceROI)         #识别人脸
print("姓名：", nameLabels[label])
```

图 9-15　训练图像

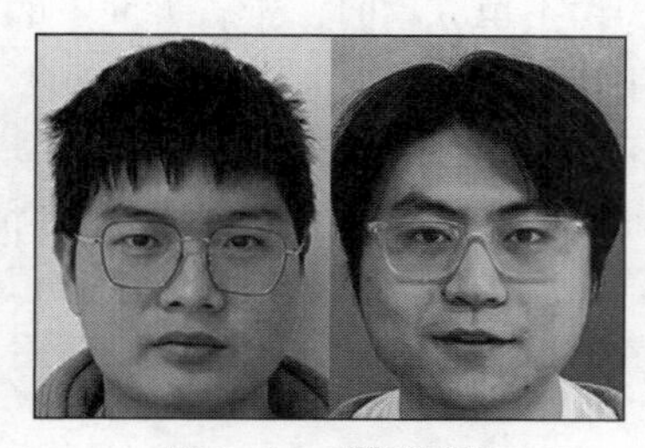

图 9-16　测试图像

识别后的输出结果如下：

```
姓名： zhajinwu
```

9.2.2 基于线性判别分析的人脸识别

Fisherfaces 算法是由罗纳德·费希尔（Ronald Fisher）提出的，基于线性判别分析（Linear Discriminant Analysis，LDA）理论，本质上是一种有监督学习方法。通常情况下，待匹配人脸图像要和人脸库内的多张人脸图像匹配，所以这是一个多分类的情况。

基于线性判别分析的人脸识别的基本步骤如下。

（1）调用 cv2.face.FisherFaceRecognizer.create()函数创建 FisherFaces 识别器。

（2）调用识别器的 train()方法，用已知图像训练模型。

（3）调用识别器的 predict()方法，用未知图像进行识别。

只有第一步创建 FisherFaces 识别器的函数与基于特征脸的人脸识别的不同，后两步完全相同，这里不再介绍。创建 FisherFaces 识别器对象函数的基本格式如下：

```
retval = cv2.face.FisherFaceRecognizer.create( [, num_components[, threshold]] )
```

- num_components：在主成分分析中要保留的分量个数。当然，该参数的值通常要根据输入数据来具体确定，并没有一定之规。一般来说，80 个分量就足够了。
- threshold：进行人脸识别时所采用的阈值。

9.2.3 基于 LBPH 的人脸识别

局部二值模式直方图（Local Binary Patterns Histogram，LBPH）算法是一种基于纹理特征的人脸识别算法。它将人脸图像划分为局部区域，对每个局部区域提取局部二值模式，然后构造 LBPH。通过比较人脸图像的 LBPH，可以计算出人脸之间的相似度，从而进行人脸识别。

（1）调用 cv2.face.LBPHFaceRecognizer.create()函数创建 LBPH 识别器。

（2）调用识别器的 train()方法以便使用已知图像训练模型。

（3）调用识别器的 predict()方法以便使用未知图像进行识别，确认身份。

cv2.face.LBPHFaceRecognizer.create()函数的基本格式如下：

```
recognizer= cv2.face.LBPHFaceRecognizer.create([,radius[,neighbors[,grid_x
[,grid_y[,threshold]]]]])
```

说明如下。

- recognizer：返回的 LBPH 识别器对象。
- radius：邻域的半径大小。
- neighbors：邻域内像素的数量，默认值为 8。
- grid_x：将 LBPH 划分为多个单元格时，水平方向上的单元格数量，默认值为 8。
- grid_y：将 LBPH 划分为多个单元格时，垂直方向上的单元格数量，默认值为 8。
- threshold：人脸识别时采用的阈值。

基于 LBPH 的人脸识别只有第一步创建 LBPH 识别器与基于特征脸的人脸识别的不同，后两步完全相同，这里不再详细介绍。注意，LBPH 识别器的 predict()方法返回的可信度参数 confidence，与特征脸识别中的置信度是不同的。检测结果数值本身并不提供关于匹配程度或置信度的信息。如果需要获得置信度或可信度分数，可以使用其他方法，例如计算匹配相似度或使用阈值进行判断。

9.2.4 三种算法的联系和区别

在 OpenCV 中，EigenFaceRecognizer 类、FisherFaceRecognizer 类都是 BasicFaceRecognizer

的子类，而 BasicFaceRecognizer 和 LBPHFaceRecognizer 类都继承于 FaceRecognizer 类，如图 9-17 所示，因此人脸识别的这三种方法的基本格式与用法相同。

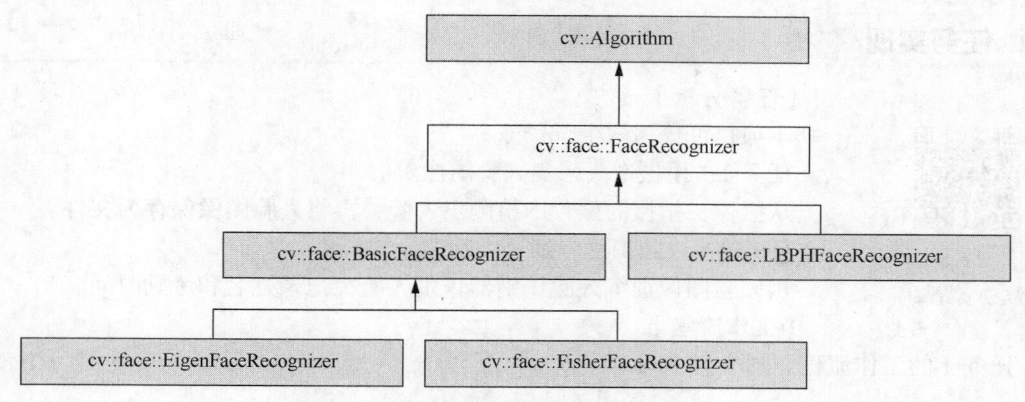

图 9-17　FaceRecognizer 类的继承关系

注意，3 种算法的置信度含义有所不同。

在 LBPH 中：通常情况下，认为小于 50 的值是可以接受的，如果值大于 80 则认为差别较大。

在 EigenFaces 中：值通常为 0～20000，只要值低于 5000 都被认为是相当可靠的识别结果。

在 Fisherfaces 中：值通常为 0～20000，只要值低于 5000 都被认为是相当可靠的识别结果。值为 0 表示完全匹配。

特别注意，使用 EigenFaces 和 Fisherfaces 算法进行人脸识别时，训练图像和测试图像必须全部为大小相同。使用 LBPH 算法进行人脸识别时对训练图像和测试图像未做要求。

OpenCV 的 FaceRecognizer 类中实现了一些经典的人脸识别算法，这些算法在一些简单的人脸识别任务中仍然具有一定的效果，但在实际应用中面临着很多挑战，如下。

- 人脸识别的准确性和可靠性易受影响，如光照条件的变化、阴影、背景干扰等。人脸在不同的角度和姿态，例如戴眼镜、口罩、帽子等，都可能导致无法获取或准确匹配关键特征。因此，在进行人脸识别时，需要充分考虑并处理这些因素，以提高识别的准确性和可靠性。
- 人脸识别算法的性能在很大程度上依赖于用于训练和测试的数据集。如果数据集中的样本与实际应用中的情况存在偏差，例如种族、性别、年龄等方面的偏差，那么算法的性能可能会受到影响。
- 人脸识别技术在应用中可能引发了隐私和安全问题，包括个人隐私泄露、滥用识别技术等，因此需要合理的系统设计方案、隐私保护措施和法律法规来解决这些问题。
- 人脸识别算法可能需要耗费较多计算资源和处理时间，特别是在处理大规模人脸数据或实时应用中，因此，算法的效率和实时性都面临挑战。

随着人脸识别领域的不断发展，出现了许多新的和更先进的人脸识别算法，如基于卷积神经网络的人脸识别和面部关键点检测算法，以及一些基于注意力机制、生成对抗网络等的创新算法。例如在商超中的“刷脸”付款机，一般都采用了更安全的三维人脸识别技术，并且在此基础上加入活体检测技术。三维人脸识别在获取人脸数据时比二维人脸识别多了一维深度的信息，即通过红外深度摄像头获取一张 RGB 图像外加深度（D）图像，合起来就是 RGBD 图像。

如果你对人脸识别算法感兴趣，可能需要查阅相关的文献，学习使用其他 AI 框架，如 PyTorch、TensorFlow 等，这些框架提供了更多样的算法，可以满足更复杂的人脸识别需求。

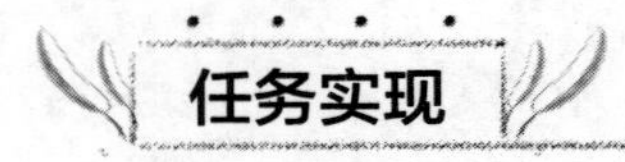

任务实现

【任务分析】

本项目可分为两个子任务：

任务 1：用摄像头采集人脸图像。

从摄像头拍摄的照片中检测出人脸，再将人脸图像保存为文件。

任务 2：人脸识别考勤

用人脸图像训练人脸识别器识别人脸，记录姓名和考勤时间。

【工作流程】

任务 1 的工作流程如图 9-18 所示。

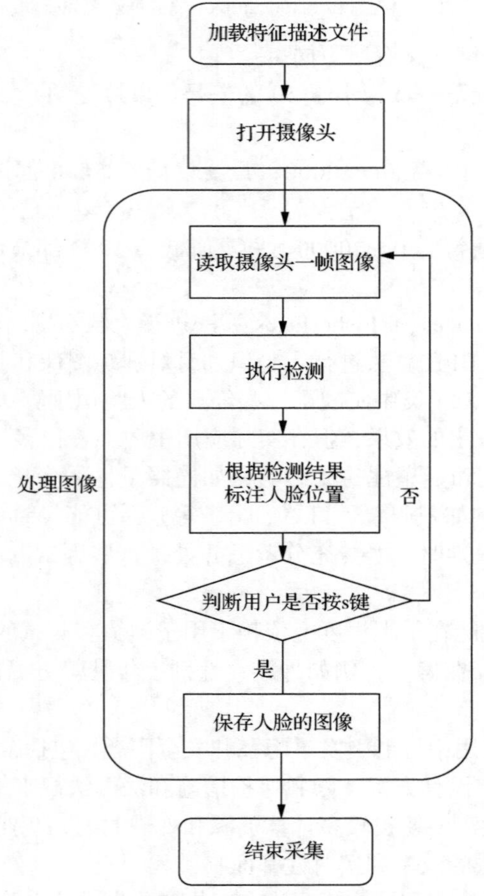

图 9-18 任务 1 的工作流程

任务 2 的工作流程如图 9-19 所示。

需要提前采集待识别的学生一组照片，用姓名标注采集到的照片。

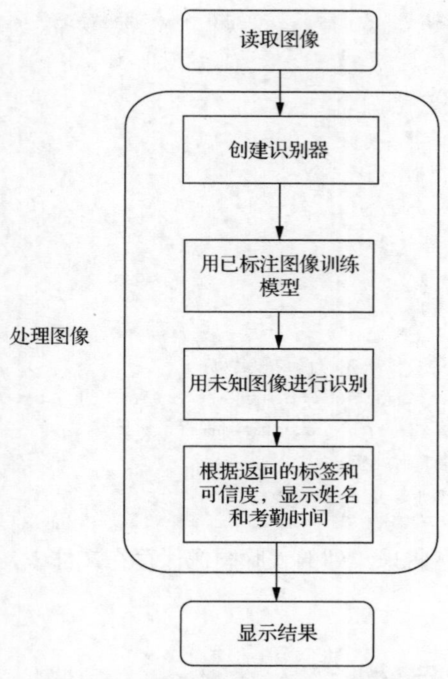

图 9-19　人脸识别任务 2 的工作流程

任务 9.1　用摄像头采集人脸图像

要完成这个任务，先打开默认摄像头，再从摄像头拍摄的照片检测出人脸图像，将人脸图像保存为文件。文件的命名方式为“姓名+序号.jpg”。

【例 9-6】每次为一个人采集 3 张图像，示例代码如下：

```
import cv2
import numpy as np

name = 'wuhui'#设置当前要采集的学生姓名，用作保存图像的文件的名称
num = 1 #记录采集的数量，也用作保存图像的文件的名称
cascade = cv2.CascadeClassifier('
model/haarcascade_frontalface_alt.xml')

camera = cv2.VideoCapture(0)    #创建视频捕捉器对象
if not camera.isOpened:
    print('不能打开摄像头')
    exit(0)     #不能打开摄像头时，执行 exit(0)结束程序
while True:
    #读取摄像头图像
    ret, frame = camera.read()

    #将图像转换为灰度图像
    gray = cv2.cvtColor(frame, cv2.COLOR_BGR2GRAY)
    #检测人脸图像
```

```
        faces = cascade.detectMultiScale(gray, scaleFactor=1.3, minNeighbors=5)
        for (x, y, w, h) in faces:
            #提取人脸图像
            faceImg = frame.copy()
            faceImg = faceImg[y:y + h, x:x + w]
            #在人脸图像上绘制边框
            cv2.rectangle(frame, (x, y), (x + w, y + h), (0, 255, 0), 2)
        cv2.imshow('faces',frame)                                   #显示帧

        key = cv2.waitKey(50)
        if key == ord("s"):                  #按“s”键保存图像
            #设置保存人脸图像的文件所在的目录和名称
            imagePath = 'faceImg//' + name + str(num) + '.jpg'
            cv2.imwrite(imagePath, faceImg)#保存人脸图像
            num += 1    #人脸图像数量
            print('Captured:', imagePath)
    camera.release()
```

运行结果如图 9-1 所示，将采集到的人脸图像保存在文件中，如图 9-2 所示。

任务 9.2　人脸识别考勤

本任务要求实现人脸识别考勤功能。

【例 9-7】用任务 9.1 采集到的人脸图像来训练人脸识别器，识别一张照片上的人脸图像，记录姓名和考勤时间。示例代码如下：

```
import cv2
import cv2
import numpy as np
import time

#字典，保存标签与其对应的姓名
nameLabels={1:"zhajinwu",2:"liangzhenyu"}
#读取图像，人脸图像必须大小一致
face1_1=cv2.imread('facesImg/zhajinwu1.jpg',0)
face1_2=cv2.imread('facesImg/zhajinwu2.jpg',0)
face2_1=cv2.imread('facesImg/liangzhenyu1.jpg',0)
face2_2=cv2.imread('facesImg/liangzhenyu2.jpg',0)
SIZE=(100,100)
face1_1=cv2.resize(face1_1,SIZE)
face1_2=cv2.resize(face1_2,SIZE)
face2_1=cv2.resize(face2_1,SIZE)
face2_2=cv2.resize(face2_2,SIZE)
train_images=[face1_1,face1_2,face2_1,face2_2] #创建训练图像数组
labels=np.array([1,1,2,2])                     #创建标签数组，标签值类型为整型

recognizer=cv2.face.FisherFaceRecognizer.create()   #创建 FisherFaces 识别器
recognizer.train(train_images,labels)               #执行训练操作

def faceDet(img):
    #加载人脸识别器
```

```
    gray = cv2.cvtColor(img, cv2.COLOR_BGR2GRAY)
    face = cv2.CascadeClassifier('model/haarcascade_frontalface_default.xml')
    faces = face.detectMultiScale(gray)  # 执行人脸识别
    for x, y, w, h in faces:
        cv2.rectangle(img, (x, y), (x + w, y + h), (255, 0, 0), 2)  # 绘制矩形标注人脸
        roi = gray[y:y + h, x:x + w]
        return roi

#读取测试图像，要求大小和训练图像一样
testimg=cv2.imread('faces/jinwuTest.jpg')                #读取测试图像
face=faceDet(testimg)
faceROI = cv2.resize(face,SIZE)
cv2.imshow('faceROI', faceROI)

label,confidence=recognizer.predict(faceROI)             #识别人脸图像

if(confidence<10000):#0 表示完全匹配，confidence 的值低于 5000 被认为是相当可靠的识别结果
   print("姓名：", nameLabels[1],confidence)
else:
   print("无法识别")

local_time = time.localtime(time.time())
formatted_time = time.strftime("%Y-%m-%d %H:%M:%S", local_time)
print("考勤时间：",formatted_time)

cv2.putText(testimg,nameLabels[1],(10,30),
         cv2.FONT_HERSHEY_SIMPLEX,1,(0,255,0),1,cv2.LINE_AA)#绘制文本
cv2.imshow('faces', testimg)
cv2.waitKey(0)
```

运行结果如图 9-3 所示，可以看出程序正确识别出了人脸。示例程序是用静态图像进行的识别，也可以修改为调用摄像头，用实时采集到的图像来进行人脸识别。

提高与拓展

【提高】HOG 特征检测器与行人检测

行人检测和人脸检测一样，也是目标检测的一个分支。行人检测主要用来判断输入图像中是否包含行人，若检测到行人，则给出其具体的位置信息。

OpenCV 提供了 HOG 特征检测器实现行人检测。HOG 特征即方向梯度直方图（Histogram of Oriented Gradient）特征，在对象识别与模式匹配中是一种常见的特征，通过计算和统计图像局部区域的方向梯度直方图来构成物体的特征，最初用来识别人脸，现在结合支持向量机（Support Vector Machine，SVM）分类器，已经被广泛应用于更多的目标检测中，尤其在行人检测中获得了极大的成功。

HOG 特征检测器有很多优点，首先，由于 HOG 特征检测器是在图像的局部方格单元上进行操作的，所以它对图像几何变形与光照影响的处理都能保持很好的稳定性；其次，只要求行人大体上能够保持直立的姿势，容许行人有一些细微的肢体动作，这些细微的肢体动作

可以被忽略而不影响检测效果。

OpenCV 提供了 HOG 特征检测器实现行人检测。创建检测器对象的函数的基本格式如下：

```
hog = cv2.HOGDescriptor()
```

这个函数默认设置窗口大小为(64,128)、块大小为(16,16)、块步长为(8,8)、单元格大小为(8,8)、方向 bin 的数目为 9。

OpenCV 中提供了多尺度、多目标的检测函数 detectMultiScale()。通常搜索目标的模板大小是固定的，但是不同图像的大小不同，所以目标对象的大小也是不定的。多尺度即不断缩放图像（缩放到与模板匹配），通过模板滑动窗函数搜索、匹配，使同一张图像在不同尺度下都能得到匹配值。detectMultiScale()函数的输出是多尺度合并的结果，该函数为了提高自带的行人检测器的识别准确率，提供了多个参数，基本格式如下：

```
(rects, weights) = detectMultiScale(image, [, winStride [, padding [, scale [,
useMeanshiftGrouping]]]])
```

说明如下。

- winStride：表示 HOG 检测窗口的移动步长。
- padding：表示边缘扩充的像素个数。
- scale：表示构造图像金字塔时使用的缩放因子，默认值为 1.05。
- useMeanshiftGrouping：表示是否消除重叠的检测结果，默认值为 False，一般不用该参数，因为速度较慢。
- image：输入的图像。

该函数的返回值为行人对应的矩形框和权重值。

使用 HOGDescriptor()函数实现行人检测，基本流程如下。

（1）初始化 HOG 描述符 hog = cv2.HOGDescriptor()。

（2）将支持向量机分类器设置为预训练的行人检测器，通过 HOGDescriptor_getDefaultPeopleDetector()函数加载。

（3）使用 detecMultiScale()函数检测图像中的行人，返回值为行人对应的矩形框和权重值。

（4）遍历检测到的矩形框，将其绘制在图像中。

【例 9-8】以图 9-20 所示图像为例检测行人，示例代码如下：

```
import cv2 as cv
#载入图像
src = cv.imread("pic/pedestrian1.jpg")
cv.imshow("input", src)
#实例化 HOGDescriptor()函数，设置支持向量机分类器为预训练好的行人检测器
hog = cv.HOGDescriptor()
hog.setSVMDetector(cv.HOGDescriptor.getDefaultPeopleDetector())
#使用 detectMultScale()函数检测行人
(rects, weights) = hog.detectMultiScale(src,
                                        winStride=(4, 4),
                                        padding=(8, 8),
                                        scale=1.25,
                                        useMeanshiftGrouping=False)
#将检测到的行人对应的矩形框绘制出来，并输出最终结果

for (x, y, w, h) in rects:
    cv.rectangle(src, (x, y), (x + w, y + h), (0, 255, 0), 2)

cv.imshow("hog-detector", src)
```

```
    cv.waitKey(0)
    cv.destroyAllWindows()
```

图 9-20　行人检测示例

运行结果如图 9-21 所示。

图 9-21　行人检测结果

【拓展】这个大学的男生、女生的“平均脸”长这样

2023 年，北京航空航天大学发布该校本科新生大数据，这两张图像分别是该校 2023 级本科男、女新生的“平均脸”，如图 9-22 所示，这两张“平均脸”受到了网友关注。

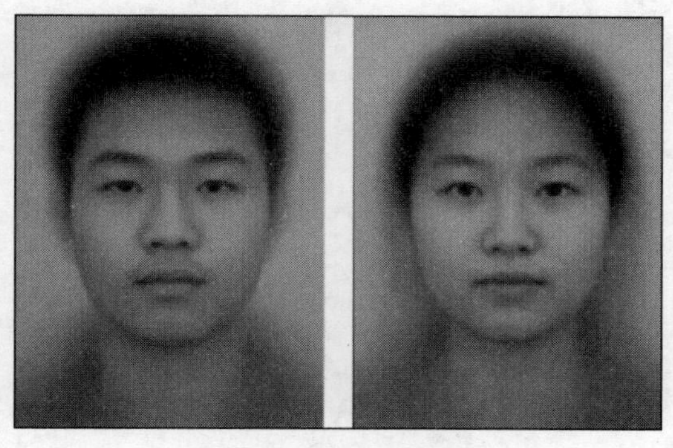

图 9-22　新生“平均脸”

那么，新生“平均脸”是如何合成的？

据了解，新生“平均脸”的合成由该校学生处学生大数据中心完成。制作过程中，男生和女生的人脸数据分开计算，合成使用的软件是MATLAB，过程主要分为以下3个部分。

（1）定位人脸标志点：利用人脸标志点定位技术来精确识别和标记每张脸上的特征点，通常基于68个关键特征点，涵盖了眼睛、鼻子、嘴巴、脸颊等位置，如图9-23所示；

（2）对齐和裁剪照片：由于不同照片中的人脸可能存在大小、角度和位置的差异，因此通常需要缩放、旋转和裁剪照片，以使所有的特征点都在同一位置上对齐。

（3）平均化处理：将收集到的人脸照片进行平均化处理，即将每张照片中对应的特征点进行平均。例如，将所有照片中的眼睛位置进行求和平均，得到一个平均眼睛位置。同样的方法可以应用到其他人脸特征上，最终得到一个平均脸。

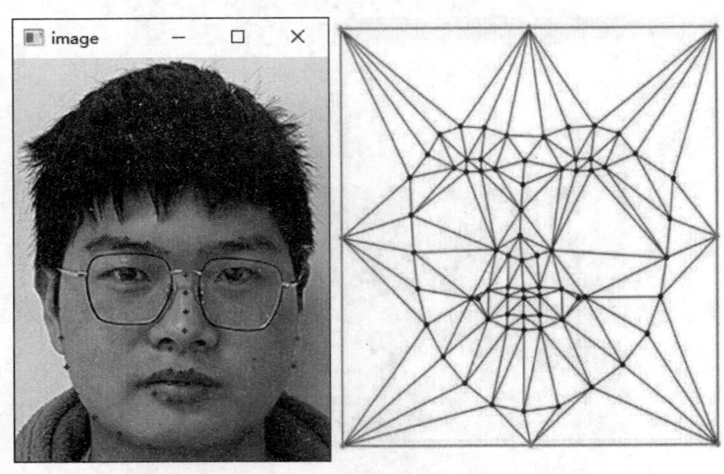

图9-23　人脸的68个特征点

下面我们一起了解一下检测人脸的68个特征点的方式。该检测基于一种机器学习技术实现，利用一个预训练的人脸特征点检测模型，即对许多人脸图像进行训练，以学习人脸关键点的特征。使用该模型，可以在计算机视觉应用中自动定位和识别人脸关键点，从而实现人脸识别、人脸对齐、表情识别等功能。该模型是由Dlib提供的。

【例9-9】检测人脸的68个特征点，示例代码如下：

```
import cv2
import dlib
path = "faces/photo.jpg"
img = cv2.imread(path)
gray = cv2.cvtColor(img, cv2.COLOR_BGR2GRAY)

#人脸检测
detector = dlib.get_frontal_face_detector()
#人脸关键点检测器
predictor = dlib.shape_predictor("shape_predictor_68_face_landmarks.dat")
#获取人脸位置信息
dets = detector(gray, 1)  #“1”处的参数表示采样次数 upsample_num_times; 0 表示识别的人脸少点，1 表示识别的人脸多点，2 表示识别的人脸更多，包括小脸

for i in range(len(dets)):
```

```
        shape = predictor(img, dets[i])  #寻找人脸的 68 个特征点
        #遍历所有点，输出其坐标，并圈出来
        for pt in shape.parts():
            pt_pos = (pt.x, pt.y)
            cv2.circle(img, pt_pos, 2, (0, 0, 255), -1)  # img, center, radius, color,
thickness
    cv2.imshow("image", img)
    cv2.waitKey(0)  #等待键盘输入
    cv2.destroyAllWindows()
```

思考与练习

1. 单选题

（1）在 OpenCV 中，用于人脸检测的经典算法是（　　）。

A. Haar Cascade　B. Eigenfaces　C. 高斯滤波　D. 霍夫变换

（2）以下可以在图像中检测人脸并返回人脸位置信息的函数是（　　）。

A. findContours()　B. calcHist()

C. CascadeClassifier()　D. threshold()

（3）以下关于人脸识别的说法正确的是（　　）。

A. 人脸识别通过比对人脸的外貌特征进行身份验证或辨识

B. 人脸识别只能识别正脸，无法处理侧脸或遮挡的情况

C. 人脸识别技术不需要使用任何机器学习算法

D. 人脸识别只能用于静态图像，无法处理实时视频流

（4）在 OpenCV 中，使用 LBPH 算法进行人脸识别时，需要先进行的步骤是（　　）。

A. 人脸检测　B. 图像降噪　C. 特征提取　D. 数据标注

（5）以下可以提高人脸检测的准确率的方法是（　　）。

A. 提高图像的亮度　B. 降低图像的分辨率

C. 使用多个级联分类器　D. 忽略人脸周围的背景

（6）在 OpenCV 中，人脸检测的特征描述文件是（　　）。

A. haarcascade_frontalface_default.xml　B. lbph_cascade.xml

C. haar_cascade.xml　D. frontalface_cascade.xml

（7）在 OpenCV 中，用于加载深度学习人脸检测模型的函数是（　　）。

A. load_model()

B. load_cascade()

C. readNetFromTensorflow()

D. createEigenFaceRecognizer()

2. 简答题

（1）使用 pip 命令安装扩展模块时，命令是什么？

（2）简要解释人脸检测和人脸识别的区别。

（3）基于深度学习的目标检测有什么优势？

（4）简述 OpenCV 目前支持的人脸识别算法。

（5）简述利用 Haar 级联分类器进行人脸检测的步骤。

（6）简述利用 OpenCV 进行人脸识别的步骤。

（7）请简述利用 LBPH 算法进行人脸识别的基本原理。

3. 应用题

（1）对一段视频进行人脸检测，并将检测到的人脸区域用蓝色矩形框标注出来。

（2）基于深度学习的目标检测实现人脸检测功能，并将检测到的人脸区域用圆圈标注出来。

（3）特征描述文件 haarcascade_russian_plate_number.xml 可以用于车牌定位，请用此文件对车牌进行检测，并用红色矩形框标注出来。

（4）特征描述文件 haarcascade_smile.xml 可以用于检测微笑表情。使用摄像头采集的图像作为输入，实时检测微笑表情，用蓝色矩形框标出人脸，红色矩形框标出微笑表情。

（5）准备自己的一组照片作为训练图像和测试图像，选择一种人脸识别算法，例如 Eigenface 进行人脸识别。